G. Moschytz · M. Hofbauer
Adaptive Filter

Springer
*Berlin
Heidelberg
New York
Barcelona
Hong Kong
London
Milan
Paris
Singapore
Tokyo*

George Moschytz · Markus Hofbauer

Adaptive Filter

Eine Einführung in die Theorie
mit Aufgaben
und MATLAB-Simulationen
auf CD-ROM

Mit 75 Abbildungen und einer CD-ROM

Springer

Professor Dr. George S. Moschytz
ETH Zürich, Institut für Signal-
und Informationsverarbeitung
Sternwartstrasse 7, 8092 Zürich, SCHWEIZ
e-mail: moschytz@isi.ee.ethz.ch
URL: http://www.isi.ee.ethz.ch/~moschytz

Dipl. El.-Ing. Markus Hofbauer
ETH Zürich, Institut für Signal-
und Informationsverarbeitung
Sternwartstrasse 7, 8092 Zürich, SCHWEIZ
e-mail: hofbauer@isi.ee.ethz.ch
URL: http://www.isi.ee.ethz.ch/~hofbauer

ISBN 3-540-67651-1   Springer-Verlag Berlin Heidelberg New York

Die Deutsche Bibliothek – CIP-Einheitsaufnahme.
Moschytz, George S.:
Adaptive Filter: eine Einführung in die Theorie mit Aufgaben und
MATLAB-Simulationen auf CD-ROM / George S. Moschytz; Markus Hofbauer.
- Berlin; Heidelberg; New York; Barcelona; Hongkong; London;
Mailand; Paris; Singapur; Tokio: Springer, 2000
ISBN 3-540-67651-1

Dieses Werk ist urheberrechtlich geschützt. Die dadurch begründeten Rechte, insbesondere die der Übersetzung, des Nachdrucks, des Vortrags, der Entnahme von Abbildungen und Tabellen, der Funksendung, der Mikroverfilmung oder der Vervielfältigung auf anderen Wegen und der Speicherung in Datenverarbeitungsanlagen, bleiben, auch bei nur auszugsweiser Verwertung, vorbehalten. Eine Vervielfältigung dieses Werkes oder von Teilen dieses Werkes ist auch im Einzelfall nur in den Grenzen der gesetzlichen Bestimmungen des Urheberrechtsgesetzes der Bundesrepublik Deutschland vom 9. September 1965 in der jeweils geltenden Fassung zulässig. Sie ist grundsätzlich vergütungspflichtig. Zuwiderhandlungen unterliegen den Strafbestimmungen des Urheberrechtsgesetzes.

Springer-Verlag Berlin Heidelberg New York
ein Unternehmen der BertelsmannSpringer Science+Business Media GmbH

© Springer-Verlag Berlin Heidelberg 2000
Printed in Germany

Die Wiedergabe von Gebrauchsnamen, Handelsnamen, Warenbezeichnungen usw. in diesem Werk berechtigt auch ohne besondere Kennzeichnung nicht zu der Annahme, daß solche Namen im Sinne der Warenzeichen- und Markenschutz-Gesetzgebung als frei zu betrachten wären und daher von jedermann benutzt werden dürften.

Der Springer-Verlag ist nicht Urheber der Daten und Programme. Weder der Springer-Verlag noch die Autoren übernehmen Haftung für die CD-ROM und das Buch, einschließlich ihrer Qualität, Handels- oder Anwendungseignung. In keinem Fall übernehmen der Springer-Verlag oder die Autoren Haftung für direkte, indirekte, zufällige oder Folgeschäden, die sich aus der Nutzung der CD-ROM oder des Buches ergeben.

Satz: Reproduktionsfertige Vorlagen von den Autoren
Einbandgestaltung: MEDIO, Berlin

Gedruckt auf säurefreiem Papier   SPIN 10771132   62/3141/tr   5 4 3 2 1 0

Vorwort

Adaptive Filter werden erfolgreich bei Anwendungen eingesetzt, die in einer Umgebung eingebettet sind, in der die Statistik der verarbeiteten Signale unbekannt und oft auch zeitlich veränderlich ist. Adaptionsalgorithmen sorgen dafür, dass Wissen über die Statistik 'erlernt' wird und die Filterparameter entsprechend optimiert und bei Änderungen nachgeführt werden. In diesem Sinne sind adaptive Filter herkömmlichen zeitinvarianten Filtern überlegen und eröffnen so neue Möglichkeiten in der Signalverarbeitung. Anspruchsvolle Aufgaben, wie z.B. die akustische Echokompensation bei Freisprecheinrichtungen können mit Hilfe von adaptiven Filtern bewältigt werden.

Adaptive Filter finden in den unterschiedlichsten Gebieten Anwendung. Klassische Anwendungen stammen beispielsweise aus der Signalverarbeitung, der Telekommunikation, der Regelungstechnik, der Biomedizin, der Seismologie, der Radar- und der Sonartechnik. Mit der ständig wachsenden Rechenleistung digitaler Signalprozessoren, die gleichzeitig immer günstiger erhältlich sind, und der ständigen Weiterentwicklung der Adaptionsalgorithmen, werden adaptive Filter bzw. die adaptive Signalverarbeitung weiter an Bedeutung gewinnen.

Das vorliegende Buch basiert auf Unterlagen zum ersten Teil der Vorlesung 'Adaptive Filter und Neuronale Netze', die an der Eidgenössischen Technischen Hochschule Zürich (ETH) seit 1994 unter regem Zuspruch gehalten wird. Der Text stellt eine Einführung in die Theorie der adaptiven Filter dar und hat die Vermittlung der Grundlagen zum Ziel, ohne dabei Anspruch auf Abgeschlossenheit zu erheben. Als Einstieg und Motivation werden zunächst typische Anwendungsbeispiele aus den Bereichen der Signalverarbeitung und der Kommunikationstechnik beschrieben. Nach einer ausführlichen Diskussion des Wiener-Filters, das die Grundlage der adaptiven Filterung bildet, werden wichtige Adaptionsalgorithmen für FIR-basierte adaptive Filter hergeleitet und deren Konvergenzverhalten analysiert. Aufgaben und die auf CD-ROM vorliegenden MATLAB-Simulationsprogramme dienen der Veranschaulichung und der weiteren Vertiefung der Theorie.

Das Buch wendet sich an Studenten im Fachstudium der Elektrotechnik und der Informatik, aber auch an berufstätige Ingenieure, Physiker und Mathematiker.

Die erforderlichen Grundlagen werden weitgehend wiederholt, weshalb nur elementare Kenntnisse aus der Signalverarbeitung, der linearen Algebra und der Wahrscheinlichkeitsrechnung vorausgesetzt werden.

An dieser Stelle möchten wir den Mitgliedern des Instituts für Signal- und Informationsverarbeitung (ISI), die bei der Entstehung dieses Buches mitgewirkt haben, herzlich danken:

Herrn Dr. Max Dünki danken wir herzlich für die Ausarbeitung des handgeschriebenen Teils des Manuskripts und für die zahlreichen Hinweise und Änderungsvorschläge, die den Text wesentlich bereichert haben.

Besonderer Dank geht an die Herren Marcel Joho und Pascal Vontobel für die zahlreichen fruchtbaren Diskussionen und an Herrn Dr. August Kälin für eine Anregung bez. des Vergleichs des RLS- und LMS-Algorithmus.

Den Herren Dr. Martin Hänggi, Peter Wellig, Marcel Joho, Hanspeter Schmid, Pascal Vontobel und Dieter Arnold danken wir für ihre massgebenden Beiträge bei der Gestaltung der Aufgaben und der MATLAB-Simulationen.

Schliesslich sprechen wir den Herren Heinz Mathis, Stefan Moser, Thomas von Hoff und Daniel Lippuner für die Durchsicht des Textes und das Anbringen von Korrektur- und Änderungsvorschlägen und Herrn Hanspeter Schmid für die Unterstützung in LaTeX-Fragen unseren herzlichen Dank aus.

Zürich, im Juli 2000

G. S. Moschytz
M. A. Hofbauer

Inhaltsverzeichnis

1 **Einführung** 1
  1.1 Einleitung 1
      1.1.1 Aufgaben adaptiver Filter 2
      1.1.2 Inhaltsübersicht 6
  1.2 Klassifizierung von typischen Anwendungen adaptiver Filter . . . 8
      1.2.1 Systemidentifikation 8
      1.2.2 Inverse Modellierung 9
      1.2.3 Lineare Prädiktion 9
      1.2.4 Elimination von Störungen 10
  1.3 Beispiele adaptiver Filter 10
      1.3.1 Adaptive Störgeräuschunterdrückung 10
      1.3.2 Entfernung der Netzstörung bei einem klinischen Diagnostikgerät 12
      1.3.3 LPC-Analyse von Sprachsignalen 14
      1.3.4 Adaptive Differentielle 'Pulse-Code-Modulation' (ADPCM) 18
      1.3.5 Egalisation bei drahtloser Multipfad-Übertragung 19
      1.3.6 Adaptive Entzerrung bei der Datenübertragung über die Telefonleitung 21
      1.3.7 Adaptive Echokompensation 25
      1.3.8 Zusammenfassung der Beispiele 29
  1.4 Stochastische Prozesse 30
      1.4.1 Verteilungs- und Dichtefunktionen 31
      1.4.2 Erwartungswert, Korrelations- und Kovarianzfunktion . . . 32
      1.4.3 Stationarität und Ergodizität 33
      1.4.4 Unabhängigkeit, Unkorreliertheit und Orthogonalität . . . 35

2 **Grundlagen adaptiver Filter** 37
  2.1 Strukturen adaptiver Filter 38

2.2	Das FIR-basierte adaptive Filter	39
2.3	Lineare optimale Filterung	41
	2.3.1 Fehlersignal $e[k]$ und mittlerer quadratischer Fehler (MSE)	41
	2.3.2 Autokorrelationsmatrix $\mathbf{R}$ und Kreuzkorrelationsvektor $\underline{p}$	43
	2.3.3 Wiener-Filter: Minimierung der Fehlerfunktion $J(\underline{w})$ und optimaler Gewichtsvektor $\underline{w}^o$	46
	2.3.4 Orthogonalitätsprinzip: Wiener-Filterung als Estimationsproblem	50
	2.3.5 Weitere Eigenschaften der Fehlerfunktion $J(\underline{w})$	55
	2.3.6 Eigenschaften der Eigenwerte und Eigenvektoren der Autokorrelationsmatrix $\mathbf{R}$	61
	2.3.7 Geometrische Bedeutung der Eigenvektoren und Eigenwerte	69
2.4	Dekorrelation des Eingangssignals und Konditionierung	73
	2.4.1 Konditionszahl	73
	2.4.2 Diskrete Karhunen-Loève-Transformation	74

3 Gradienten-Suchalgorithmen für FIR-basierte adaptive Filter 77

3.1	Newton-, Gradienten-Verfahren und LMS-Algorithmus	79
	3.1.1 Das Newton-Verfahren	79
	3.1.2 Das Gradienten-Verfahren	79
	3.1.3 Der LMS-Algorithmus	82
3.2	Konvergenzeigenschaften der Gradienten-Suchalgorithmen	88
	3.2.1 Konvergenz des Gradienten-Verfahrens	88
	3.2.2 Konvergenz des LMS-Algorithmus	92
	3.2.3 Grenzen der Schrittweite μ	96
	3.2.4 Die Konvergenzzeit	99
	3.2.5 Die Lernkurve	103
	3.2.6 Gradientenvektor, LMS-approximierter Gradientenvektor und Gradientenrauschvektor	106
	3.2.7 Der Überschussfehler J_{ex} und die Fehleinstellung M beim LMS-Algorithmus	111
	3.2.8 Simulation: Systemidentifikation durch den LMS-Algorithmus	118
3.3	Varianten des LMS-Algorithmus	119
	3.3.1 Der normierte LMS-Algorithmus (NLMS)	119
	3.3.2 Der komplexe LMS-Algorithmus	120
	3.3.3 Der Newton-LMS-Algorithmus	121
	3.3.4 Der P-Vektor- oder Griffiths-Algorithmus	124

INHALTSVERZEICHNIS

       3.3.5   Der Vorzeichen-LMS-Algorithmus 125

4 Least-Squares-Adaptionsalgorithmen   **127**
   4.1   Das Least-Squares-Schätzproblem 128
   4.2   Der RLS-Algorithmus 133
       4.2.1   Initialisierung und Rechenaufwand des RLS-Algorithmus . 140
   4.3   Der RLS-Algorithmus mit Vergessensfaktor 142
   4.4   Analyse des RLS-Algorithmus 146
   4.5   Simulation: Systemidentifikation durch den RLS-Algorithmus . . . 152
   4.6   Der 'Fast'-RLS-Algorithmus 154

5 Adaptive Filter im Frequenzbereich   **157**
   5.1   Der 'Frequency-Domain'-LMS-Algorithmus (FLMS) 158
       5.1.1   Notation 158
       5.1.2   Filterung im Frequenzbereich
                 durch das Overlap-Save-Verfahren 160
       5.1.3   Adaption des Filters im Frequenzbereich 161
       5.1.4   Die Dekorrelationseigenschaft der DFT 166
       5.1.5   Wahl der Parameter beim FLMS-Algorithmus,
                 Rechenaufwand und Fehleinstellung 172
       5.1.6   Simulation:
                 Systemidentifikation durch den FLMS-Algorithmus 174
   5.2   Der 'Partitioned Frequency-Domain'-LMS-Algorithmus (PFLMS) 176

**6 Zusammenfassung und Vergleich der Eigenschaften
der Adaptionsalgorithmen**   **183**
   6.1   Grundlagen 183
   6.2   Adaptionsalgorithmen 184
       6.2.1   LMS-Algorithmus 185
       6.2.2   RLS-Algorithmus 187
       6.2.3   FLMS- und PFLMS-Algorithmus 188
   6.3   Klassifikation der Adaptionsalgorithmen 189
   6.4   Simulation: Vergleich der Konvergenzeigenschaften
       des LMS-, RLS- und FLMS-Algorithmus 189

A Aufgaben und Anleitung zu den Simulationen   **193**
   A.1   Aufgaben 193
   A.2   Lösungen zu den Aufgaben 200
   A.3   Anleitung zu den Simulationen 210

A.3.1 Vorbereitende Überlegungen und Definitionen:
         MSE, J_{min}, $\underline{w}^o$, System-Fehler-Mass Δw_{dB} und ERLE
         im Kontext der Systemidentifikation 210
  A.3.2 Simulationsbeschreibung 215

B Die lineare und die zyklische Faltung   **229**

C Berechnung des Gradienten von Vektor-Matrix-Gleichungen   **233**

Literaturverzeichnis   **237**

Index   **239**

1 Einführung

1.1 Einleitung

Der Begriff der Adaptivität im technischen Sinn bezeichnet die Fähigkeit eines Systems, sich seiner Umgebung anzupassen und auf erwartete oder unerwartete Änderungen zu reagieren. Der Systemausgang, der eine lineare oder auch nichtlineare Funktion des Eingangs ist, wird bei einem adaptiven System laufend angepasst, um die Anforderungen der Umgebung möglichst gut zu erfüllen.

Die Entwicklung von Methoden zum Entwurf und der Analyse von adaptiven Systemen wurde von unterschiedlichen Fachgebieten (Signalverarbeitung, Regelungstechnik, interdisziplinäres Gebiet der künstlichen Intelligenz u.a.) vorangetrieben. Der Begriff der Adaptivität stammt vorwiegend aus dem Kontext der Signalverarbeitung. Die Anpassung von adaptiven System an ihre Umgebung wird ausserhalb der Signalverarbeitung auch als Lernprozess bezeichnet. Bei künstlichen neuronalen Netzwerken beispielsweise, die als nichtlineare adaptive Systeme in der Lage sind, einen komplexen Zusammenhang des Systemeingangs zu einem vorgegebenen Soll-Wert des Ausgangs beliebig genau zu beschreiben, wird von Trainings- bzw. Lernphasen gesprochen.

Beim Lern- oder Adaptionsprozess sind zwei unterschiedliche Verfahren zu unterscheiden: Falls dem System während der Lernphase der Sollwert des Systemausgangs präsentiert wird, kann unmittelbar durch Differenzbildung die Abweichung vom Sollwert bestimmt und diese Information für den weiteren Lernprozess verwendet werden. Dieses Verfahren wird als überwachtes (engl. supervised) Lernen bezeichnet. Steht der Sollwert beim Training hingegen nicht zur Verfügung, spricht man von einem nicht überwachten (engl. unsupervised) Lernen. Die Güte der Systemkonfiguration muss dann nach anderen Kriterien beurteilt werden.

Beim Einsatz adaptiver Systeme im Rahmen der Signalverarbeitung liegen am Systemeingang und -ausgang zeitkontinuierliche oder zeitdiskrete Signale an. Die Bildung des Ausgangssignals als Funktion des Eingangssignals wird als Filterung bezeichnet. Die Filterung ist linear bzw. nichtlinear, wenn der Filterausgang eine lineare bzw. nichtlineare Funktion des Eingangs ist. Ein lineares System oder Filter erfüllt das Superpositionsprinzip: Eine getrennte Verarbeitung mehrerer Eingangssignale und die Addition der jeweiligen Systemausgänge führt zum gleichen Signal wie das einmalige Anlegen der Summe der Eingangssignale. Ein adaptives Filter passt sich jeweils an die Charakteristik der Signale an und ist somit signalabhängig. Es erfüllt das Superpositionsprinzip deshalb nicht und ist in diesem Sinne immer nichtlinear. Trotzdem wird ein adaptives Filter als linear/nichtlinear bezeichnet, wenn der Filterausgang für einen gegebenen Satz von Filterparametern eine lineare/nichlineare Funktion des Eingangs ist.

Mit dem von B. Widrow und M. Hoff entwickelten LMS[1]-Algorithmus steht bereits seit 1960 eine einfaches Verfahren zur überwachten Adaption von linearen adaptiven Filtern zur Verfügung [24]. Seither wurden weitere, komplexere Algorithmen zur überwachten Adaption entwickelt, um den zuweilen anspruchsvollen Anforderungen der Anwendungen gerecht zu werden. Adaptive Systeme, die bei der Adaption ohne das Soll-Ausgangssignal auskommen, werden in der Signalverarbeitung als 'blinde' adaptive Systeme bezeichnet [10] [11]. Die Entwicklungen auf dem Gebiet der 'blinden Adaptionsalgorithmen' sind noch relativ jung.

Bei den meisten adaptiven Filtern handelt es sich um lineare digitale FIR[2]-Filter, deren Koeffizienten einer überwachten Adaption unterliegen. Dieses Buch behandelt die Grundlagen der linearen FIR-basierten adaptiven Filter und die wichtigsten Algorithmen zur überwachten Adaption der Filterkoeffizienten.

1.1.1 Aufgaben adaptiver Filter

Ein Filter (zeitinvariant oder adaptiv) hat die Aufgabe, aus einem Eingangssignal Informationen zu extrahieren. Beim Entwurf eines *zeitinvarianten* Filters ist oft eine Vorstellung über eine Soll-Übertragungsfunktion vorhanden. Die Filterkoeffizienten werden entsprechend dieser Vorgabe festgelegt und während des Filterbetriebs nicht mehr geändert.

Eine weitere Art des Filterentwurfs dient der Lösung des folgenden Schätzproblems: Ein Soll-Ausgangssignal wird als Antwort auf ein Eingangssignal vorgegeben. Das lineare Filter hat dann die Aufgabe, den Zusammenhang zwischen dem Eingangs- und dem Soll-Ausgangssignal zu identifizieren. Dahinter steckt die Vorstellung, dass das Soll-Ausgangssignal, oder zumindest Anteile davon, über ein unbekanntes System mit dem Eingangssignal in Beziehung steht. Das Filter soll das lineare Modell des unbekannten Systems darstellen (Lineare System-Modellierung). Der Filterausgang ist ein Schätzwert des Ausgangs des unbekannten Systems (des Soll-Ausgangswerts), wenn das Filter und das unbekannte System das gleiche Eingangssignal erhalten. Die Differenz von Filterausgang und Soll-Ausgangswert wird als Schätzfehler bezeichnet und fliesst als Fehlersignal

---

[1] engl. Least-Mean-Square.
[2] engl. Finite Impulse Response.

1.1 EINLEITUNG

in ein Mass zur Beurteilung der Güte der Schätzung bzw. der Modellierung des Systems durch das Filter ein. Bei den meisten informationstragenden Signalen ist deren zeitlicher Verlauf im Voraus unbekannt. Die Signale sind stochastischer Natur und bestenfalls durch statistische Grössen, wie z.b. Mittelwerte und Korrelationsfunktionen beschrieben. In einer stationären Umgebung, in der sich die Statistik der Signale zeitlich nicht verändert, ist die Entwurfsstrategie für das optimale lineare Filter zur Schätzung des Soll-Ausgangssignals aus dem Eingangssignal durch die Wiener-Filter-Theorie gegeben: Die Filterkoeffizienten werden hierbei direkt aus den Auto- und Kreuzkorrelationsfunktionen des Eingangs- und des Soll-Ausgangssignals berechnet. Das Wiener-Filter ist in dem Sinne optimal, dass der Mittelwert des quadrierten Fehlersignals (der sog. mittlere quadratische Fehler, MSE[3]) der Schätzung minimal wird. Die Anwendbarkeit des zeitinvarianten Wiener-Filters ist auf stationäre Umgebungen beschränkt. In einer Umgebung, in der sich die Statistik der Signale zeitlich verändert, ist der Einsatz des sog. (zeitvarianten) Kalman-Filters [13] [14] angebracht, bei dessen Optimierung die zeitliche Entwicklung der Statistik ausdrücklich berücksichtigt (modelliert) wird.

Ein adaptives Filter ist geeignet zur Lösung des oben beschriebenen Schätzproblems. Der Einsatz eines adaptiven Filters ist durch zwei Faktoren motiviert:

- Beim Entwurf des Wiener-Filters wird die Kenntnis der Statistik der Signale vorausgesetzt. Bei vielen Anwendungen sind jedoch keine Informationen über die statistischen Eigenschaften der Signale verfügbar, sondern es liegen lediglich Beobachtungen vergangener Werte des Eingangs- und des Soll-Ausgangssignals bis zum aktuellen Zeitpunkt vor. Ein adaptives Filter besitzt die Fähigkeit, den Zusammenhang zwischen Eingangs- und Soll-Ausgangssignal bzw. die den Signalen zu Grunde liegende Statistik selbständig[4] zu erlernen. Die Filterkoeffizienten nähern sich während der Adaption mit der Zeit dem Optimum an. In einer stationären Umgebung wird das Filter zur Wiener-Lösung konvergieren.

- Das adaptive Filter kann langsamen (im Vergleich zur Lernrate des Adaptionsalgorithmus) zeitlichen Änderungen der Statistik bzw. des unbekannten Systems selbständig folgen (engl. Bezeichnung: 'tracking').

Ein adaptives Filter kann somit als 'adaptives Wiener-Filter' interpretiert werden, das sich 'selbst konfiguriert' und zeitlichen Änderungen der Statistik folgen kann (Tabelle 1.1).

---
[3]engl. Mean-Squared Error.
[4]Es handelt sich dennoch um einen überwachten Lernprozess, weil der aktuelle Wert des Soll-Ausgangssignals zur Verfügung steht. Das adaptive Filter konfiguriert sich jedoch insofern selbständig, als dass im Vorfeld nur wenige Rahmenbedingungen (u.a. die Wahl der Filterstruktur, der Filterordnung und des Adaptionsalgorithmus) festzulegen sind; die notwendige Information zur Bestimmung der optimalen Werte der Filterkoeffizienten wird selbständig aus den angelegten Signalen gezogen (engl. Bezeichnung: self-designing).

Lineare optimale Filter		
	Wiener-Filter	adaptives Filter
Voraussetzungen an die Statistik	bekannt stationär	- langsam variierend
Eigenschaften	optimales lineares Filter bezüglich gegebener Statistik	Konvergenz zum Wiener-Filter Erlernen der Statistik und ständiges Nachführen
optimale Werte der Filterkoeffizienten	zeitlich konstant	zeitlich variierend

Tabelle 1.1: Das adaptive Filter als 'adaptives Wiener-Filter'

In Figur 1.1 ist das allgemeine Schema eines adaptiven Filters dargestellt. Die meisten adaptiven Filter und Adaptionsalgorithmen verarbeiten zeitdiskrete Signale, was im Folgenden durch die Notation $x[k] = x(kT)$ (T: Abtastinvervall[5]) zum Ausdruck gebracht wird. Das Filter erhält zum Zeitpunkt k einen neuen Wert

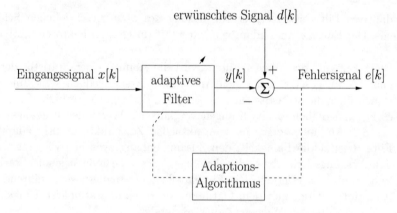

Figur 1.1: Allgemeines Schema eines adaptiven Filters

des Eingangssignals $x[k]$ und berechnet einen neuen Wert des Ausgangssignals $y[k]$ als lineare Funktion des aktuellen und vergangener Eingangswerte. Gleichzeitig wird dem Filter ein neuer Wert des Soll-Ausgangssignals vorgegeben, das bei adaptiven Filtern als erwünschtes Signal $d[k]$ (engl. desired signal) bezeichnet wird. Der Filterausgangswert $y[k]$ soll den Schätzwert des erwünschten Signals $d[k]$ zur Zeit k darstellen. Die Differenz von $d[k]$ und $y[k]$, der Schätzfehler $e[k]$, fliesst in den Adaptionsalgorithmus ein, der eine Korrektur an den Werten der Filterkoeffizienten vornimmt. Der Adaptionsalgorithmus wird mit dem Ziel entworfen, den mittleren quadratischen Fehler zu minimieren. Die laufende Adaption

---
[5]Bei Einhaltung des Abtasttheorems [16][17] geht bei der Abtastung der zeitkontinuierlichen Signale keine Information verloren.

1.1 EINLEITUNG

der Filterkoeffizienten führt dazu, dass das Filter mit der Zeit die Statistik bzw. den gesuchten (linearen) Zusammenhang zwischen Eingangs- und erwünschtem Signal erlernt.

An dieser Stelle ist die Frage nach dem Sinn der Schätzung des erwünschten Signals $d[k]$ berechtigt, wenn dieses ohnehin als Sollwert zur Verfügung steht. Das Ziel der adaptiven Filterung ist, den unbekannten Zusammenhang zwischen Eingangs- und erwünschtem Signal als lineares Modell zu beschreiben. So ist man bei einigen Anwendungen nicht am Ausgangssignal $y[k]$ selbst, sondern an den Modellparametern (den Filterkoeffizienten) interessiert. Es gibt ferner Anwendungen, bei denen das erwünschte Signal $d[k]$ aus zwei gegenseitig unkorrelierten Signalanteilen besteht. Wenn dafür gesorgt wird, dass das Eingangssignal $x[k]$ nur mit einem der beiden Signalanteile von $d[k]$ korreliert ist, stellt der Filterausgang $y[k]$ eine Schätzung des entsprechenden Anteils dar. Dies ermöglicht nach Subtraktion der Schätzung von $d[k]$ eine Trennung der beiden Signalanteile, die vorher in $d[k]$ nur als Summensignal vorlagen[6]. Es ist auch denkbar, dass $d[k]$ nur während einer Start- oder Lernphase vorhanden ist. Wenn sich das unbekannte System zeitlich nur sehr langsam verändert, steht nach der Lernphase mit dem Filterausgang weiterhin eine geeignete Schätzung des erwünschten Signals zur Verfügung.

Es existieren inzwischen eine Vielzahl von Adaptionsalgorithmen für lineare adaptive Filter. Die Stärken und Schwächen dieser Algorithmen werden nach den folgenden Kriterien beurteilt:

- Konvergenzzeit: Ein Mass für die Anzahl benötigter Iterationen, bis sich die Filterkoeffizienten dem Optimum mit genügender Genauigkeit angenähert haben.

- Fehleinstellung: Ein Mass zur Charakterisierung der Genauigkeit eines Algorithmus, bezogen auf das theoretisch erreichbare Optimum.

- Nachführverhalten ('tracking'): Wie gut kann der Algorithmus auf zeitliche Änderungen der Umgebung (der Statistik bzw. des unbekannten Systems) reagieren.

- Rechenaufwand des Algorithmus pro Iteration. Der Rechenaufwand spielt besonders dann eine Rolle, wenn Filter und Algorithmus in einem Echtzeitsystem z.B. auf einem DSP[7] implementiert werden sollen.

- Numerische Robustheit: Empfindlichkeit des Algorithmus gebenüber Rundungsfehlern (Quantisierung bei der AD-Wandlung, endliche Bit-Auflösung etc.).

---

[6]Dies wird z.B. bei der adaptiven Störgeräuschunterdrückung oder der Echokompensation ausgenützt.
[7]Digitaler Signal-Prozessor.

1.1.2 Inhaltsübersicht

Adaptive Filter finden in zahlreichen Gebieten Anwendung. Als Einstieg in die Theorie der adaptiven Filter werden im *ersten Kapitel* klassische Anwendungsbeispiele aus den Bereichen der Signalverarbeitung und der Kommunikationstechnik beschrieben. Dazu gehören die adaptive Störgeräuschunterdrückung, Beispiele aus der Sprachsignalverarbeitung (Sprachmodellierung und -kodierung), die adaptive Egalisation bzw. Entzerrung bei der Datenübertragung über nichtideale Kanäle (z.B. die Telefonleitung) und die adaptive Echokompensation bei Freisprecheinrichtungen. Ferner findet sich am Ende das Kapitels eine Zusammenfassung wichtiger Begriffe der Statistik zur Beschreibung stochastischer Signale – soweit sie für die weitere Abhandlung relevant sind.

Das *zweite Kapitel* befasst sich mit den Grundlagen adaptiver Filter. Hier wird zunächst Stationarität der Umgebung vorausgesetzt und das lineare optimale Filter, das Wiener-Filter, und das entsprechende Minimum des Schätzfehlers berechnet. Eine geometrische Veranschaulichung des Orthogonalitätsprinzips soll zum intuitiven Verständnis der Wiener-Filterung beitragen. Als Gütemass der linearen optimalen Filterung wird der mittlere quadratische Fehler herangezogen. Beim Adaptionsprozess wird die Frage zentral sein, wie das Gütemass variiert, wenn die Filtergewichte von der optimalen Wiener-Lösung abweichen. Es zeigt sich, dass das Gütemass eine quadratische Funktion der Filterparameter ist – die sog. Fehlerfunktion. Die Fehlerfunktion als Fehlerfläche im mehrdimensionalen[8] Raum dargestellt weist die Form eines Paraboloids auf, das ein globales Minimum bei der Wiener-Lösung besitzt. Ferner erweist sich, dass die Statistik des Eingangssignals – beschrieben durch die sog. Autokorrelationsmatrix – einen wesentlichen Einfluss auf die Form dieser Fehlerfläche hat, was sich wiederum auf das Adaptionsverhalten der Algorithmen auswirkt. Aus diesem Grund werden die Eigenschaften der Autokorrelationsmatrix, insbesondere der Zusammenhang ihrer Eigenwerte und Eigenvektoren und der Fehlerfläche ausführlich diskutiert. Für das Konvergenzverhalten der Algorithmen ist die Konditionierung des Eingangssignals von Bedeutung, die durch die Konditionszahl der Autokorrelationsmatrix beschrieben wird.

In den *Kapiteln drei bis fünf* werden Standard-Adaptionsalgorithmen hergeleitet und jeweils das Konvergenzverhalten analysiert. Ferner werden die gewonnenen Erkenntnisse werden durch Simulationen überprüft. Die Herleitung der Adaptionsalgorithmen kann auf zwei Wegen angegangen werden, was entsprechend zu zwei Klassen von Algorithmen führt, den Gradienten-Suchalgorithmen und den Least-Squares-Algorithmen.

Die im *dritten Kapitel* beschriebenen Gradienten-Suchalgorithmen gehen von einem Initialwert der Filterkoeffizienten aus und suchen mit Hilfe des Gradienten der Fehlerfunktion die Fehlerfläche iterativ in kleinen Schritten auf ihr Mini-

---
[8]Dimension: Anzahl Filterparameter plus 1.

mum ab. Die Berechnung des Gradienten ist jedoch nur bei Kenntnis der Statistik der Signale möglich. Vereinfachungen führen zum weit verbreiteten LMS[9]-Algorithmus, der den Gradienten approximativ aus den verfügbaren Werten des Eingangs- und des erwünschten Signals bestimmt. Wegen der Approximation des Gradienten hat der Verlauf der LMS-Adaption bei einem stochastischen Eingangssignal einen zufälligen Charakter. Es kann jedoch unter Einhaltung gewisser statistischer Annahmen bewiesen werden, dass der LMS-Algorithmus im Mittel zur Wiener-Lösung konvergiert. Konvergenzzeit und Fehleinstellung des Algorithmus sind durch die Schrittweite, einem Wahlparameter, beeinflussbar. Ein Nachteil des LMS-Algorithmus ist dessen Abhängigkeit von der Konditionierung des Eingangssignals, was in ungünstigen Fällen zu einer langsamen Konvergenz führt.

Die Klasse der Least-Squares-Algorithmen ist Gegenstand des *vierten Kapitels*. Losgelöst von der Wiener-Filter-Theorie, die das lineare Filter hervorbringt, welches für die Daten im Mittel (im statistischen Sinn) optimal ist, führen die LS-Algorithmen eine Optimierung direkt auf der Basis der vorhandenen Daten durch. Grundlage ist hier ein Verfahren, das in der Linearen Algebra als Methode der kleinsten Fehlerquadrate[10] bekannt ist. Die Suche nach einem rekursiven Schema des Least-Squares-Verfahrens führt zum RLS[11]-Algorithmus, dem Standard-Algorithmus der Klasse der LS-Algorithmen. In einer stationären Umgebung führt mit wachsender Adaptionsdauer auch die Least-Squares-Optimierung zur Wiener-Lösung, so dass LS-Algorithmen und Gradienten-Suchalgorithmen letztlich das gleiche Ziel verfolgen und so ein direkter Vergleich des RLS- und LMS-Algorithmus möglich wird.

Das *fünfte Kapitel* behandelt mit dem FLMS[12]-Algorithmus eine Variante des LMS-Algorithmus, welche die Filterung und die Adaption im Frequenzbereich durchführt. Der Übergang in den Frequenzbereich bringt den Vorteil eines geringeren Rechenaufwands und zudem eine schnelle Konvergenz, die nahezu unabhängig von der Konditionierung des Eingangssignals ist. Der Nachteil der Verarbeitungsverzögerung wird durch die Partitionierung des Filters beim PFLMS[13]-Algorithmus entschärft.

Kapitel sechs fasst wichtige Resultate und Leistungsmerkmale der besprochenen Algorithmen zusammen und vergleicht in einer Simulation die Konvergenzeigenschaften des LMS-, FLMS- und RLS-Algorithmus.

Im *Anhang A* finden sich Aufgabenstellungen mit Lösungen und Anleitungen zur Durchführung der auf CD-ROM vorliegenden MATLAB-Simulationen. Aufgaben und Simulationen dienen der Veranschaulichung und der weiteren Vertiefung der Theorie.

---

[9] engl. Least-Mean-Square.
[10] engl. Method of Least-Squares.
[11] engl. Recursive Least-Squares.
[12] engl. Frequency-Domain LMS.
[13] engl. Partitioned Frequency-Domain LMS.

1.2 Klassifizierung von typischen Anwendungen adaptiver Filter

Anwendungen adaptiver Filter können, obwohl sie oft sehr unterschiedlich scheinen, in vier Klassen eingeteilt werden, nämlich die Systemidentifikation, die Inverse Modellierung, die Prädiktion und die Elimination von Störungen. Entscheidend für die Zugehörigkeit einer Anwendung zu einer Klasse ist die Art und Weise, wie das erwünschte Signal $d[k]$ gewonnen wird und wie es mit dem Filtereingang $x[k]$ in Beziehung steht. Das allgemeine Schema eines adaptiven Filters gemäss Figur 1.1 mit den Signalen $x[k]$, $d[k]$ und $e[k]$ wird dabei unverändert in das Schema der jeweiligen Klasse eingebettet.

1.2.1 Systemidentifikation

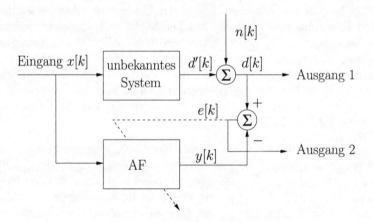

Figur 1.2: Systemidentifikation

Ziel der Systemidentifikation ist es, ein *unbekanntes* System durch ein adaptives Filter als dessen lineares Modell möglichst gut zu approximieren. System und Filter haben den gleichen Eingang $x[k]$. Am Ausgang des unbekannten Systems liegt das erwünschte Signal $d[k]$ an, das im allgemeinen Fall noch einen Signalanteil $n[k]$ enthalten kann, der unkorreliert[14] zum Eingang $x[k]$ ist. Bei perfekter Nachbildung des Systems entspricht der Ausgang des adaptiven Filters $y[k]$ dem Systemausgang $d'[k]$. Das Fehlersignal $e[k]$ besteht dann aus dem Signal $n[k]$. Bei dem Signalanteil $n[k]$ kann es sich um Messrauschen handeln, es ist jedoch auch denkbar, dass $n[k]$ das eigentliche Nutzsignal ist, das nun – vom Anteil $d'[k]$ befreit – am Ausgang 2 zur Verfügung steht. Eine typische Anwendung ist die adaptive Echokompensation (Abschnitt 1.3.7).

---
[14]Der Begriff der Unkorreliertheit wird in Abschnitt 1.4.4 erklärt.

1.2.2 Inverse Modellierung

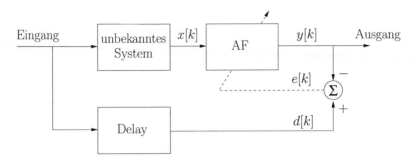

Figur 1.3: Inverse Modellierung

Das adaptive Filter soll hier die inverse Funktion des unbekannten und eventuell gestörten Systems nachbilden, so dass sich der Ausgang $y[k]$ auf eine 'optimale Weise' dem verzögerten Systemeingang annähert. Die Verzögerung entspricht der Signallaufzeit von System und Filter und soll die Kausalität des adaptiven Filters gewährleisten. Typische Anwendungen: adaptive Egalisation und Datenentzerrung (Abschnitte 1.3.5 und 1.3.6).

1.2.3 Lineare Prädiktion

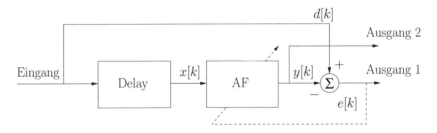

Figur 1.4: Lineare Prädiktion

Bei der Linearen Prädiktion soll der zukünftige Verlauf des Eingangssignals in 'optimaler Weise' aus dem bisherigen Verlauf vorausgesagt werden. Dabei wird der aktuelle Wert als erwünschtes Signal $d[k]$ zur Verfügung gestellt, während am Eingang $x[k]$ des adaptiven Filters vergangene Werte anliegen. Durch den Vorgang der Prädiktion wird ein Parametersatz (die Filterkoeffizienten) gewonnen, die das Signal charakterisieren. Je nach Anwendung ist man an der Vorhersage selbst, am Prädiktionsfehler $e[k]$ oder den Filterkoeffizienten interessiert. Die wichtigsten Anwendungen der Linearen Prädiktion stammen aus der Sprachverarbeitung: LPC-Analyse von Sprache (Abschnitt 1.3.3) oder Adaptive Differentielle 'Puls-Code Modulation' (ADPCM, Abschnitt 1.3.4).

1.2.4 Elimination von Störungen

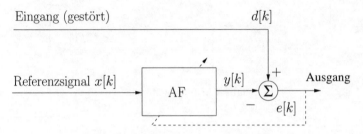

Figur 1.5: Elimination von Störungen

Ziel ist hier, die einem statistischen Nutzsignal überlagerten und unbekannten Störungen zu entfernen. Dazu wird ein Signal $x[k]$ benötigt, das eine Referenz für die Störung ist. Das gestörte Nutzsignal selbst wird dem Filter als erwünschtes Signal $d[k]$ präsentiert. Mit Hilfe der Referenz schätzt das Filter den Störanteil in $d[k]$, so dass schliesslich im Fehlersignal $e[k]$ das entstörte Nutzsignal vorliegt. Typische Anwendung: Adaptive Störgeräuschunterdrückung (Abschnitt 1.3.1), Beamforming (s. Aufgabe 4, Anhang A).

1.3 Beispiele adaptiver Filter

Adaptive Filter wurden bereits in den unterschiedlichsten Gebieten, so z.B. in der Kommunikationstechnik, der Signalverarbeitung, der Biomedizin, der Seismologie oder bei Radar- und Sonaranwendungen, eingesetzt. Im Folgenden werden zu jeder Klasse aus Abschnitt 1.2 wichtige Anwendungen aus dem Bereich der Signalverarbeitung und der Kommunikationstechnik behandelt. Dabei liegt der Schwerpunkt weniger auf technischen Details, sondern eher auf konzeptionellen Überlegungen.

1.3.1 Adaptive Störgeräuschunterdrückung

Bei der adaptiven Störgeräuschunterdrückung (engl. adaptive noise cancellation ANC) geht es darum, ein verrauschtes Signal zu entstören. ANC gehört zur Klasse 'Elimination von Störungen' (siehe Figur 1.5). Die Verwendung eines adaptiven

1.3 BEISPIELE ADAPTIVER FILTER

Filters hat gegenüber anderen Methoden den Vorteil, dass kein a priori-Wissen über die Signal- und die Störquelle vorausgesetzt wird. Stattdessen wird jedoch ein Referenzsignal $x[k]$ benötigt, das einerseits mit der Störquelle in einer unbekannten Weise korreliert ist, anderseits aber möglichst unkorreliert mit der Signalquelle sein soll. Eine Anordnung zur Unterdrückung akustischer Störgeräusche ist in Figur 1.6 dargestellt [2]. Eine Signalquelle und eine Störgeräuschquelle befin-

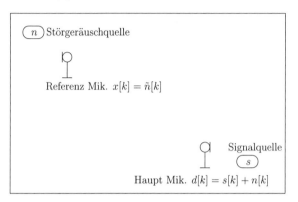

Figur 1.6: Anordnung zur Unterdrückung von akustischen Störgeräuschen

den sich in einem akustisch abgeschlossenen Raum. Das Hauptmikrophon greift das Nutzsignal $s[k]$ und einen Störgeräuschanteil $n[k]$ auf.

$$d[k] = s[k] + n[k] \tag{1.1}$$

Das Referenzmikrophon wird in der Nähe der Störgeräuschquelle positioniert und liefert ein Referenzsignal $x[k] = \tilde{n}[k]$, das idealerweise nur mit dem Störgeräuschanteil $n[k]$ und nicht mit dem Nutzsignal $s[k]$ korreliert ist. Mit Hilfe des Referenzsignals $x[k] = \tilde{n}[k]$ bildet das adaptive Filter (Figur 1.5) den Störgeräuschanteil im Hauptmikrophon nach ($y[k] = \hat{n}[k]$), so dass für den Schätzfehler $e[k]$ gilt:

$$e[k] = d[k] - y[k] = s[k] + n[k] - \hat{n}[k] \tag{1.2}$$

In Kapitel 2 wird gezeigt, dass das adaptive Filter optimal eingestellt ist, wenn der Erwartungswert des quadratischen Fehlers $E\{e^2[k]\}$ minimal ist. Wir nehmen den Erwartungswert von (1.2) und multiplizieren aus:

$$E\{e^2[k]\} = E\{s^2[k]\} + E\{(n[k] - \hat{n}[k])^2\} + 2E\{s[k](n[k] - \hat{n}[k])\} \tag{1.3}$$

Unter der Voraussetzung, dass Signal- und Störquelle unkorreliert[15] sind und das Referenzsignal keine Anteile der Signalquelle enthält, ist sowohl $n[k]$ als auch $\hat{n}[k]$ unkorreliert zu $s[k]$, so dass der letzte Term in (1.3) wegfällt:

$$E\{e^2[k]\} = E\{s^2[k]\} + E\{(n[k] - \hat{n}[k])^2\} \tag{1.4}$$

---
[15] Für eine Definition des Begriffes der Unkorreliertheit siehe Abschnitt 1.4.4.

Es zeigt sich, dass der Erwartungswert des quadratischen Fehlers dann minimal wird, wenn $n[k] = \hat{n}[k]$. Im Fehlersignal $e[k]$, das gleichzeitig der Systemausgang ist, verbleibt schliesslich nur noch das Nutzsignal $s[k]$.

Die in Figur 1.6 schematisch dargestellte Anordnung kann beispielsweise zur Verbesserung der Sprachqualität in einem Flugzeugcockpit oder auch bei Freisprecheinrichtungen für mobile Autotelefone eingesetzt werden. Die Hauptschwierigkeit bei ANC-Anwendungen liegt darin, ein Referenzsignal $x[k]$ zu gewinnen, das wirklich unkorreliert mit dem Nutzsignal, aber gleichzeitig genügend korreliert mit dem Störsignalanteil in $d[k]$ ist[16].

1.3.2 Entfernung der Netzstörung bei einem klinischen Diagnostikgerät

Ein weiteres Beispiel der Klasse 'Elimination von Störungen' ist die Entfernung einer Netzstörung bei einem klinischen Diagnostikgerät:

Trotz verdrilltem Verbindungskabel zwischen einem Sensor und dem eigentlichen Diagnostikgerät streue aus der Umgebung eine 50 Hz Störung ('Netzbrumm') in den Signalpfad ein (Figur 1.7). Die Frequenz der Störung liege innerhalb des Frequenzbereichs des Nutzsignals.

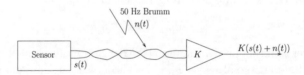

Figur 1.7: Einstreuung einer 50 Hz Störung bei einer Messung mit einem Sensor

Die überlagerte Störung verhindert eine hohe Verstärkung des Nutzsignals, da sonst der Verstärker übersteuert würde. Aus praktischen Gründen sei es unmöglich, zur Verringerung der Einstreuung das Sensorsignal direkt beim Sensor zu verstärken (und gleichzeitig die Impedanz zu wandeln). Deshalb ist die Entfernung der Störung *vor* dem Verstärker notwendig.

Eine Möglichkeit ist die Entfernung der Netzstörung vor dem Verstärker durch ein starres Notchfilter mit dem Frequenzgang $|T(j\omega)|$ (Figur 1.8). Das Notchfilter, das steile Flanken aufweist, um gezielt die 50 Hz Störung zu unterdrücken, ist jedoch nur wirksam, wenn die Frequenz der Netzstörung stabil bleibt. Ist dies nicht der Fall, muss die Netzstörung adaptiv unterdrückt werden.

Wir wissen, dass die Netzstörung eine Sinusschwingung mit der Netzfrequenz

---

[16]Dazu eignen sich z.B. sog. Beamformer[8] (s. Aufgabe 4, Anhang A).

1.3 BEISPIELE ADAPTIVER FILTER

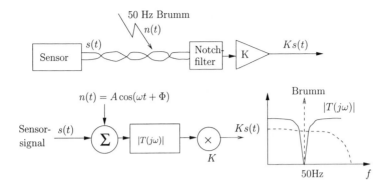

Figur 1.8: Brummentfernung durch ein Notchfilter

aber unbekannter Amplitude und Phase ist. Als Referenzsignal $x(t)$ in Figur 1.5 kann deshalb direkt die Netzspannung dienen; das erwünschte Signal ist $d(t) = s(t) + n(t)$[17]. Wie in Figur 1.9 dargestellt ist es möglich, durch eine geeignete Verstärkung und Phasenschiebung die Netzstörung im Sensorsignal nachzubilden und durch Subtraktion zu eliminieren. Ein variabler Phasenkompensator ist für tiefe Frequenzen (50 Hz) nur schwer realisierbar. Eine Alternative ist die Verwendung eines FIR-Filters (Figur 1.10), das mit nur zwei Koeffizienten auskommt, weil mit der unbekannten Amplitude und Phase der Netzstörung nur zwei Freiheitsgrade vorhanden sind.

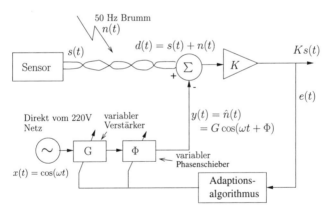

Figur 1.9: Adaptive Netzbrumm-Entfernung mit einem variablen Verstärker und Phasenschieber

Am Ausgang des FIR-Filters liegt eine Linearkombination des Eingangs und einer um $t = \Delta$ verzögerten Version des Eingangs vor:

$$n(t) = G\cos(\omega t + \Phi) = w_1 \cos\omega t + w_2 \cos(\omega(t - \Delta))$$

---
[17]Wir verwenden das Argument t, weil die Signale hier zeitkontinuierlich sind.

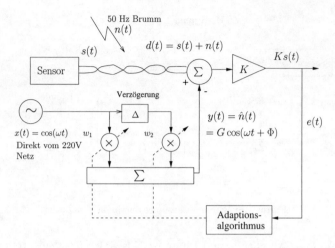

Figur 1.10: Adaptive Netzbrumm-Entfernung mit einem adaptiven FIR-Filter

In diesem einfachen Fall kann die Beziehung zwischen Amplitude und Phase der Netzstörung und den gesuchten Filterkoeffizienten w_1 und w_2 direkt angegeben werden. Insbesondere gilt bei einer Verzögerung von $\omega\Delta = \pi/2$:

$$G = \sqrt{w_1^2 + w_2^2} \tag{1.5}$$

$$\Phi = -\arctan\frac{w_2}{w_1} \tag{1.6}$$

Durch Rückführung des Fehlersignals $e(t)$ und einem noch zu besprechenden Adaptionsprozess werden die Filterkoeffizienten w_1 und w_2 laufend derart geregelt, dass die Nachbildung $y(t)$ der variierenden Netzstörung entspricht und somit im Fehlersignal $e(t)$ nur das Sensorsignal $s(t)$ übrig bleibt.

1.3.3 LPC-Analyse von Sprachsignalen

Wie die meisten stochastischen Signale haben auch Sprachsignale die Eigenschaft, dass aufeinanderfolgende Abtastwerte nicht unabhängig voneinander sind. Darum liegt der Versuch nahe, mit einem adaptiven Filter (Klasse 'Lineare Prädiktion', Figur 1.4) den aktuellen Abtastwert des Sprachsignals aus vergangenen Werten vorherzusagen. Gelingt dies, kann auf diese Art und Weise der Mechanismus, der das Sprachsignal erzeugt, identifiziert und das Signal durch einen reduzierten Satz von Parametern, nämlich den Filterkoeffizienten des Prädiktorfilters charakterisiert werden. Die Modellierung des Sprachsignals durch einen Satz von Parametern ist für eine Reihe von Anwendungen interessant. Systeme zur automatischen Spracherkennung und der Sprecherverifizierung beispielsweise stützen sich bei der Erkennung nicht direkt auf das Sprachsignal, sondern auf den mittels

1.3 BEISPIELE ADAPTIVER FILTER

Prädiktion extrahierten Parametersatz. Die Modellierung von Sprache eignet sich auch zur Datenreduktion bei Übertragungssystemen (Sprachkodierung).

Die Modellierung von Sprache erfolgt durch die sog. LPC-Analyse. Das Kürzel LPC steht für *Linear Predictive Coding* und stammt ursprünglich aus der Sprachkodierung, bezeichnet heute jedoch allgemein die lineare Prädiktion auch bei Anwendungen, die nichts mit Kodierung zu tun haben. Bei der LPC-Analyse wird der aktuelle Wert des Sprachsignals $s[k]$ durch eine Linearkombination von N vergangenen Werten vorhergesagt:

$$\hat{s}[k] = -\sum_{i=1}^{N} w_i\, s[k-i] \qquad (1.7)$$

Die Gewichte w_i werden als LPC-Koeffizienten und N als Prädiktorordnung bezeichnet. Der Prädiktionsfehler $e[k]$ ist als Differenz zwischen $s[k]$ und der Vorhersage $\hat{s}[k]$ gegeben:

$$e[k] = s[k] - \hat{s}[k] = s[k] + \sum_{i=1}^{N} w_i\, s[k-i] \qquad (1.8)$$

Das adaptive Filter ist hier ein FIR-Filter mit N Gewichten w_i, die so eingestellt[18] werden, dass der Prädiktionsfehler minimal wird. Sprachsignale sind quasistationär: die Statistik bleibt nur während kurzer Abschnitte, die in etwa der Dauer der einzelnen Laute entsprechen, unverändert. Die LPC-Analyse erfolgt deshalb jeweils in kurzen Abschnitten, wobei die LPC-Koeffizienten von Abschnitt zu Abschnitt verschieden sind. Der Zusammenhang zwischen Prädiktionsfehler und Sprachsignal wird deutlich, wenn (1.8) z-transformiert[19] wird:

$$E(z) = S(z) + \sum_{i=1}^{N} w_i\, z^{-i} S(z) = \left(1 + \sum_{i=1}^{N} w_i\, z^{-i}\right) S(z) \qquad (1.9)$$

Mit der Definition des sog. Analysefilters $A(z)$

$$A(z) = \left(1 + \sum_{i=1}^{N} w_i\, z^{-i}\right) \qquad (1.10)$$

vereinfacht sich der Ausdruck zu:

$$E(z) = A(z) S(z) \qquad (1.11)$$

Das Sprachsignal wird also durch Filterung mit $A(z)$ 'analysiert'. Dabei entsteht der Prädiktionsfehler $E(z)$. Für die z-Transformierte des eigentlichen Prädiktionsfilters aus (1.7)

$$P(z) = -\sum_{i=1}^{N} w_i\, z^{-i} \qquad (1.12)$$

---

[18] z.B. durch den sog. rekursiven Levinson-Durbin-Algorithmus [3].
[19] Für Grundlagen zur z-Transformation siehe z.B. [16][17].

und das Analysefilter gilt der Zusammenhang:

$$A(z) = 1 - P(z) \tag{1.13}$$

Aus (1.11) ist ersichtlich, dass auch der umgekehrte Weg, d.h. die Synthese des Sprachsignals aus dem Prädiktionsfehler möglich ist,

$$S(z) = \frac{1}{A(z)} E(z) = H(z) E(z) \tag{1.14}$$

wobei $H(z)$ entsprechend Synthesefilter genannt wird. Weil $H(z) = \frac{1}{A(z)}$, gilt mit (1.10)

$$H(z) = \frac{1}{1 - P(z)} = \frac{1}{1 + \sum_{i=1}^{N} w_i\, z^{-i}} \tag{1.15}$$

d.h. $H(z)$ ist ein Allpol-Filter. Der Frequenzgang dieses Filters ist in Figur 1.11 für

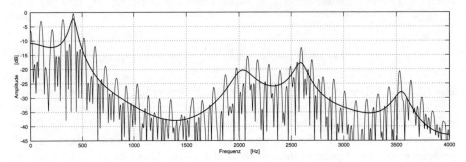

Figur 1.11: Sprachspektrum und Frequenzgang des Synthesefilters $H(z)$ für den Laut 'e'

eine Prädiktorordnung von $N = 16$ zusammen mit dem Spektrum eines Sprachausschnitts dargestellt. Es handelt sich dabei um den Laut 'e' wie in 'Methan', der stimmhaft ist, was im Spektrum deutlich an den Harmonischen der Sprachgrundfrequenz zu erkennen ist. Das Synthesefilter $H(z)$ beschreibt die Enveloppe des Sprachspektrums. Die Überhöhungen im Spektrum werden Formanten genannt und sind charakteristisch für jeden einzelnen Laut. Weil nun gemäss (1.11) der Prädiktionsfehler $E(z)$ durch Filterung des Sprachsignals mit dem inversen Synthesefilter (dem Analysefilter $A(z) = \frac{1}{H(z)}$) hervorgeht, und das Synthesefilter $H(z)$ die Enveloppe des Sprachspektrums beschreibt, wird der Prädiktionsfehler ein Spektrum mit einer nahezu ebenen Enveloppe aufweisen. Falls das Sprachsignal stimmhaft ist, wird der Prädiktionsfehler die gleiche Periodizität (Sprachgrundfrequenz f_g) zeigen, und für stimmlose Laute wird der Prädiktionsfehler rauschartig sein.

Diese Erkenntnis gibt Anlass zu einem Sprachmodell das in Figur 1.12 dargestellt ist. Ein Anregungssignal $u[k]$, das bei stimmhaften[20] Lauten aus einer periodischen Pulsfolge (Sprachgrundfrequenz f_g) und bei stimmlosen Lauten aus weissem

---

[20]stimmhaft: die Stimmbänder schwingen mit der Grundfrequenz f_g.

1.3 BEISPIELE ADAPTIVER FILTER

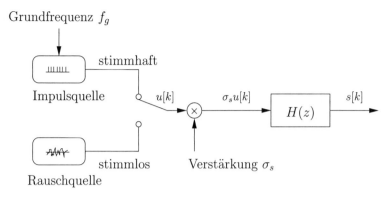

Figur 1.12: Modell der Sprachproduktion

Rauschen besteht, wird durch das Synthesefilter $H(z)$ gefiltert. Das Synthesefilter $H(z)$ modelliert den Vokaltrakt (Rachen, Zunge, Lippen etc.) und erzeugt die lauttypischen Überhöhungen (Formanten) im Sprachspektrum. Am Ausgang liegt schliesslich ein Abschnitt (Laut) des Sprachsignals $s[k]$ vor.

Wird nun als Anregungssignal der Prädiktionsfehler der LPC-Analyse

$$\sigma_s u[k] = e[k] \qquad (1.16)$$

und für das Synthesefilter $H(z)$ die entsprechenden LPC-Koeffizienten verwendet, ist die Analyse und Resynthese des Sprachsignals gemäss Figur 1.12 verlustlos. Dies ist auch aus (1.14) ersichtlich.

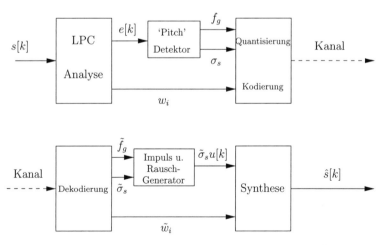

Figur 1.13: Enkoder und Dekoder eines Vokodersystems zur effizienten Übertragung von Sprache

Die Analyse und Resynthese von Sprachsignalen wird von sog. Vokodersystemen[21] zur effizienten Übertragung von Sprache eingesetzt (Figur 1.13). Dabei wird auf die Übertragung des Prädiktionsfehlers verzichtet. Der Prädiktionsfehler wird bei der Resynthese im Empfänger durch eine künstliche Anregung $\tilde{\sigma}_s u[k]$, mit der gleichen Leistung $\tilde{\sigma}_s$ und Grundfrequenz $\tilde{f}_g$ ersetzt[22]. Weil pro Analyseintervall nur die N LPC-Koeffizienten w_i und die Parameter f_g und σ_s übermittelt werden, weisen Vokodersysteme Datenraten auf, die 2.4kb/s erreichen können und damit wesentlich niedriger sind, als die bei PCM (Pulse-Code Modulation) übliche Datenrate von 64kb/s. Die drastische Datenreduktion wird jedoch mit einem Sprachqualitätsverlust bezahlt.

1.3.4 Adaptive Differentielle 'Pulse-Code-Modulation' (ADPCM)

Ein Sprachkodierungssystem, das ebenfalls auf linearer Prädiktion (Figur 1.4) beruht und im Vergleich zu Vokodern höhere Datenraten aufweist, jedoch auch eine bessere Sprachqualität bietet, ist ADPCM (engl. Adaptive Differential Pulse-Code Modulation). Enkoder und Dekoder sind in Figur 1.14 dargestellt[23] [3]. Das adaptive Prädiktorfilter im Enkoder liefert eine Schätzung des aktuellen Wertes $s[k]$. Der Prädiktionsfehler $e[k]$ wird quantisiert ($\tilde{e}[k]$) und übertragen. Im Empfänger wird aus dem quantisierten Prädiktionsfehler $\tilde{e}[k]$ und der aktuellen Schätzung $\hat{s}[k]$ der aktuelle Wert des Sprachsignals $\tilde{s}[k]$ rekonstruiert.

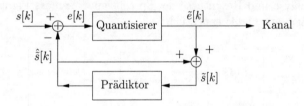

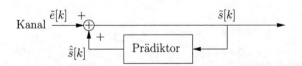

Figur 1.14: Enkoder und Dekoder eines ADPCM-Systems

---

[21]engl. vocoder: voice coder.
[22]Das Symbol ˜ z.B. über $\tilde{\sigma}_s$ weist auf den Verlust durch die Quantisierung im Sender hin.
[23]Alle quantisierten Grössen werden durch ein ˜ gekennzeichnet. In der Figur ist nicht dargestellt, dass der Prädiktor zur Schätzung der Sprache zum Zeitpunkt k nur vergangene Werte bis $k-1$ zur Verfügung hat.

1.3 BEISPIELE ADAPTIVER FILTER

Die eigentliche Datenreduktion kommt durch die Quantisierung des Fehlersignals $e[k]$ zustande: Da das Fehlersignal im Vergleich zum Sprachsignal eine kleinere Dynamik aufweist, sind bei gleicher Auflösung weniger Quantisierungsbits notwendig. Deshalb kommen ADPCM-Systeme mit einer 4Bit-Auflösung und einer Datenrate von 32kb/s aus, wenn die Sprachqualität der eines PCM-Systems (8Bit und 64kb/s) entsprechen soll. Die Datenrate kann – auf Kosten der Sprachqualität – durch eine gröbere Quantisierung des Fehlersignals weiter reduziert werden.

1.3.5 Egalisation bei drahtloser Multipfad-Übertragung

Dieses Beispiel aus der Klasse 'Inverse Modellierung' (Figur 1.5) soll einen bestimmten Aspekt bei sog. 'Troposcatter Communication Systems' [23] beleuchten, nämlich die Egalisation bei Mehrwegausbreitung. Zur Überbrückung von grösseren Distanzen, wo keine andere Übertragungweise möglich ist, nutzen diese Systeme den Richtungswechsel (Refraktion) der Sendestrahlen in der Troposphäre aus (Figur 1.15). Ein Richtungswechsel entsteht, wenn Wellen (optisch, elektromagne-

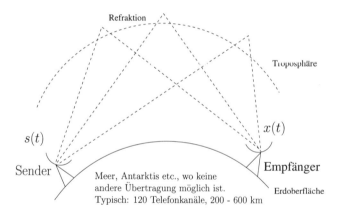

Figur 1.15: 'Troposcatter Communication System'

tisch oder akustisch) von einem Medium mit der Ausbreitungsgeschwindigkeit v_1 in ein anderes Medium mit der Ausbreitungsgeschwindigkeit v_2 übergehen (Figur 1.16).

Die Dichteänderung ist in der Troposphäre natürlich nicht abrupt. Turbulenzen machen sie zusätzlich orts- und zeitabhängig. Beim Empfänger überlagern sich I Signalanteile $x_i(t)$, die unterschiedlich lange Wege zurückgelegt haben und dadurch auch verschieden gedämpft und verzögert sind:

$$x(t) = \sum_{i=1}^{I} x_i(t) \qquad (1.17)$$

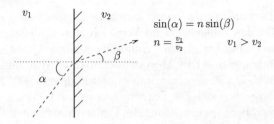

Figur 1.16: Brechung von Wellen bei einer Dichteänderung des Mediums

Die Verzögerung und Dämpfung, die der Signalanteil $x_i(t)$ erfährt, kann durch Faltung mit einer Impulsantwort $h_i(t)$ beschrieben werden:

$$x_i(t) = s(t) * h_i(t) \tag{1.18}$$

Wegen der Linearität der Faltung (es gilt das Superpositionsprinzip) gilt für $x(t)$

$$\begin{align}
x(t) &= \sum_{i=1}^{I} s(t) * h_i(t) \tag{1.19} \\
&= s(t) * \sum_{i=1}^{I} h_i(t) \tag{1.20} \\
&= s(t) * h(t) \tag{1.21}
\end{align}$$

mit der Gesamtimpulsantwort $h(t) = \sum_{i=1}^{I} h_i(t)$. Durch Abtastung[24] wird das

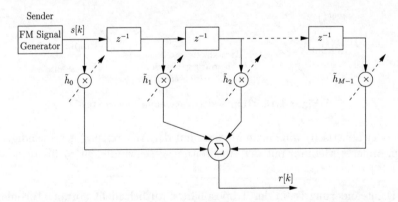

Figur 1.17: Modell $\tilde{h}$ des Ausbreitungsvorgangs in der Troposphäre

empfangene Signal zum zeitdiskreten Signal $x[k]$ und die Gesamtimpulsantwort $h(t)$ zu $h[k]$. Dann gilt:

$$x[k] = h[k] * s[k] \tag{1.22}$$

---

[24]Sowohl $s(t)$ und $h(t)$ müssen bei der halben Abtastfrequenz bandbegrenzt sein.

1.3 BEISPIELE ADAPTIVER FILTER

Da die Gesamtimpulsantwort $h[k]$ in ihrem zeitlichen Verlauf abklingt kann sie durch eine Impulsantwort $\tilde{h}[k]$ endlicher Länge eines FIR-Filters angenähert werden. Damit ergibt sich das in Figur 1.17 dargestellte Modell für die Ausbreitung des gesendeten Signals. Durch die Pfeile wird angedeutet, dass die Filterkoeffizienten $\tilde{h}_k = \tilde{h}[k]$ wegen der sich ändernden Eigenschaften der Troposphäre zeitvariabel sind. Die Filterung des gesendeten Signals $s[k]$ bei der Ausbreitung wirkt sich negativ auf die Qualität des empfangenen Signals aus. Durch einen Egalisator, der ebenfalls zeitvariabel sein muss, soll nun der Einfluss der Ausbreitung ausgeglichen werden (Figur 1.18). Der Egalisator wird als adaptives FIR-Filter mit

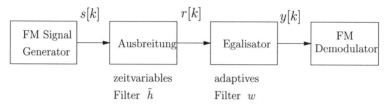

Figur 1.18: Blockschaltbild des Gesamtsystems

N Koeffizienten w_k und einer Impulsantwort $w[k] = w_{k-1}$ realisiert (Figur 1.19). Im Idealfall entspricht die Kaskade des Ausbreitungsmodells und des Egalisators gerade einer Verzögerung, nämlich der Laufzeit D des Signals durch die beiden Filter:

$$\tilde{h}[k] * w[k] = \delta[k - D] \tag{1.23}$$

Mit Hilfe des Systemausgangs wird ein Qualitätsmass gebildet, das in einen Algorithmus zur Adaption der Filterkoeffizienten w_k des Egalisators einfliesst.

1.3.6 Adaptive Entzerrung bei der Datenübertragung über die Telefonleitung

Bei der Datenübertragung über nichtideale bandbeschränkte Kanäle (z.B. die Telefonleitung) ist eine zuverlässige Übertragung bei hohen Bitraten ohne besondere Massnahmen nicht möglich. Die Nichtidealitäten des Kanals müssen durch einen adaptiven Entzerrer (Klasse Inverse Modellierung, Figur 1.3) ausgeglichen werden, weil sonst die ausgesendeten Symbole nicht mehr sicher unterschieden werden können. Figur 1.20 zeigt ein Blockschaltbild eines einfachen Systems zur Übertragung von Basisbandsignalen über den nichtidealen Kanal $C(\omega)$. Die Datenquelle $a(t)$ erzeugt zu den äquidistanten Zeiten $t = kT$ die 2-wertige Pulsfolge mit den Symbolen $a_k = \pm 1$.

$$a(t) = \begin{cases} a_k & \text{für } t = kT \\ 0 & \text{sonst} \end{cases} \qquad T: \text{Abtastintervall} \tag{1.24}$$

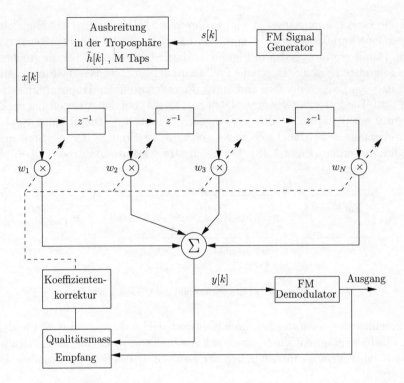

Figur 1.19: Gesamtsystem zur Egalisation der Mehrwegausbreitung

Das Sendefilter $H_s(\omega)$ beschränkt die Bandbreite des ausgesendeten Signals $s'(t)$ auf die Bandbreite des Kanals. Das Sendefilter $H_s(\omega)$ genüge ferner dem Nyquistkriterium [19], d.h. die Impulsantwort $h_s(t)$ weise Nullstellen zu den Zeiten $t = kT$ auf (Figur 1.21):

$$h_s(kT) = \begin{cases} 1 & \text{für } k = 0 \\ 0 & \text{sonst} \end{cases} \quad (1.25)$$

Die Faltung der Pulsfolge $a(t)$ mit der Impulsantwort $h_s(t)$ des Sendefilters führt dazu, dass an jeder Stelle kT eines Pulses[25] eine verschobene Version der Impulsantwort $h_s(t - kT)$ erscheint. Damit gilt für das ausgesendete Signal $s'(t)$:

$$s'(t) = \sum_i a_i h_s(t - iT) \quad (1.26)$$

Insbesondere gilt wegen (1.25) zu den Zeiten $t = kT$:

$$s'(kT) = a_k \quad (1.27)$$

---

[25]Hier wird ausgeklammert, dass es sich in der Praxis nicht um Dirac-Pulse, sondern Pulse endlicher Breite handelt.

1.3 BEISPIELE ADAPTIVER FILTER

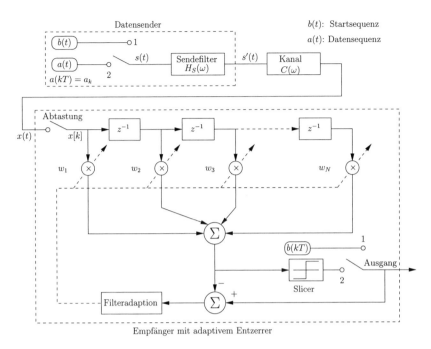

Figur 1.20: Adaptive Entzerrung zur Datenübertragung

Ist also das Kanalfilter $C(\omega)$ ein idealer Allpass mit einer konstanten zeitlichen Verzögerung (konstante Gruppenlaufzeit) im benötigten Frequenzbereich, und wird $x(t)$ zu den 'richtigen' Zeiten $t = kT$ im Empfänger abgetastet, so erhält man direkt die ausgesendeten Symbole $x[k] = x(kT) = a_k$. Ist jedoch das Kanalfilter $C(\omega)$ nicht ideal, so tritt ein Übersprechen[26] zwischen den benachbarten Symbolen auf, das die Detektion erschwert und den Störabstand gegenüber dem auf dem Kanal zusätzlich eintretenden Rauschen verringert.

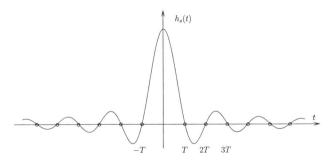

Figur 1.21: Impulsantwort des Sendefilters $h_s(t)$: Nullstellen bei $t = kT$

---

[26] engl. intersymbol interference (ISI).

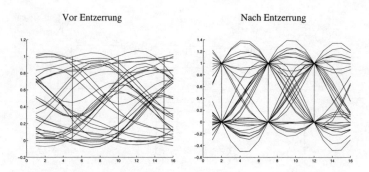

Figur 1.22: 2-wertiges Augendiagramm, vor und nach der Entzerrung

Die Lösung besteht nun darin, dass im Empfänger ein *Filter zur Entzerrung* nachgeschaltet wird, das die Auswirkungen des Kanals wieder rückgängig macht. Es bewirkt, dass die Gesamtübertragungsfunktion (Senderfilter, Kanal, Entzerrer) wieder dem Nyquistkriterium entspricht.

Da der Kanal a priori nicht unbedingt bekannt ist und sich zeitlich langsam ändern kann, ist das Entzerrerfilter im Empfänger (z.B. in schnellen Modems bei der Datenübertragung über die Telefonleitung) adaptiv. Bei der Regelung der Filterkoeffizienten sind die folgenden Phasen zu unterscheiden:

1. Startphase: Bei starken Verzerrungen durch den Kanal schalten Sender und Empfänger auf eine definierte und dem Empfänger wohl bekannte Datensequenz[27] b_k (Schalterstellung 1 in Figur 1.20). Es fällt so die Erschwernis weg, dass im Empfänger für die Adaption der Filterkoeffizienten die gesendete Sequenz aus dem gestörten Empfangssignal geschätzt werden muss. Allerdings muss für eine Synchronisierung der beiden gleichen Datensequenzen gesorgt werden.

2. Die Filterkoeffizienten des Entzerrers werden mit Hilfe der dem Empfänger bekannten Hilfsdatensequenz b_k und einem Adaptionsalgorithmus abgeglichen, so dass sich die Augen des sog. Augendiagramms[28] öffnen (Figur 1.22).

3. Die Schalter in Figur 1.20 werden in Stellung 2 gebracht und es wird mit der Übertragung der echten Daten a_k begonnen.

4. Der Adaptionsalgorithmus läuft kontinuierlich mit den echten Daten und via eine Datenschätzung (z.B. durch Vorzeichenschätzung, Slicer) im Em-

---

[27] Bei schwachen Verzerrungen durch den Kanal kann unter Umständen direkt mit der echten Datenübertragung begonnen werden.

[28] Das Augendiagramm kann auf dem Oszillographen dargestellt werden, indem alle Daten- bzw. Baudintervalle durch entsprechende Synchronisation der Zeitablenkung übereinander abgebildet werden. Im Idealfall durchlaufen alle Kurven des Augendiagramms zu den Zeitpunkten $t = kT$ die Punkte a_k. Tritt jedoch Übersprechen zwischen den Symbolen oder ein zusätzliches überlagertes Rauschen auf, geht diese Eigenschaft verloren, und das 'Auge schliesst sich'.

1.3 BEISPIELE ADAPTIVER FILTER

pfänger weiter und passt das adaptive Empfangsfilter automatisch langsamen Änderungen des Kanals an.

1.3.7 Adaptive Echokompensation

Ein weiterer klassischer Einsatzbereich adaptiver Filter ist die adaptive Echounterdrückung bei Telefonsystemen [21]. Auf Grund von Hardware-Nichtidealitäten und ungünstigen akustischen Gegebenheiten beim Endgerät kann ein Teil der gesendeten Signale zurückkommen (Reflexion), so dass die Gesprächsteilnehmer jeweils ein Echo ihrer eigenen Sprache hören. Gerade bei Ferngesprächen, insbesondere wenn diese über geostationäre Satelliten abgewickelt werden, kann dieses Echo um bis zu 500 ms verzögert ankommen und damit die Qualität der Verbindung stark beeinträchtigen. Das Prinzip der adaptiven Echounterdrückung besteht darin, den Echoanteil aus dem Betrieb heraus zu schätzen und anschliessend vom zurückkommenden Signal, das mit der Sprache des anderen Gesprächsteilnehmers auch das Nutzsignal enthält, zu subtrahieren.

Bei der Entstehung des Echos sind zwei Ursachen zu unterscheiden, die zu einem 'elektrischen' und einem akustischen Echo führen.

Kompensation des 'elektrischen' Echos

Während im Ortsnetz des analogen Telefonsystems Zweidrahtleitungen zwischen Teilnehmeranschluss und Telefonzentrale ausreichen, geht man zur Signalübertragung über grössere Distanzen zu Vierdrahtleitungen (Figur 1.23) über, was eine unterschiedliche Verstärkung der Signalströme beider Richtungen ermöglicht.

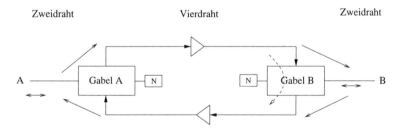

Figur 1.23: Telefonsystem für grosse Distanzen

Entscheidendes Bauteil ist dabei die sog. Gabelschaltung[29], die den Übergang zwischen Zwei- und Vierdrahtsystem realisiert. Betrachten wir dazu die Gabel B in Figur 1.23. Ihre Aufgabe ist es, einen möglichst grossen Anteil der Energie, die auf dem oberen Ast des Vierdrahtleitungssystems von A her ankommt, in das

---
[29]engl. hybrid.

Zweidrahtsystem nach rechts weiterzuleiten. Dabei sollte vermieden werden, dass ein Teil der Energie in den unteren Ast des Vierdrahtsystems 'reflektiert' wird, da sonst bei gleichen nichtidealen Verhältnissen in der Gabel A eine Signalschleife entstehen könnte, die bei ungünstigen Verstärkungsverhältnissen und Phasenlagen zu Mitkopplung und Pfeifen führt. Ausserdem wäre die Verbindungsqualität durch dieses 'elektrische' Echo beeinträchtigt. Andererseits sollte in Gabel B Energie, die von rechts von der Zweidrahtleitung her eintrifft, vollständig in den unteren Ast des Vierdrahtsystems zur Gabel A geleitet werden. Eine mögliche passive Realisation der Gabel als Brückenschaltung mit Übertragern ist in Figur 1.24 gezeigt. Bedingung für eine ideale Funktion der Gabelschaltung ist eine

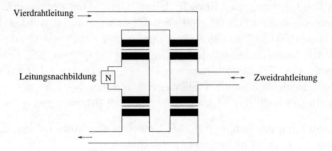

Figur 1.24: Passive Gabelschaltung

genaue Leitungsnachbildung N. Sie sollte die gleiche Impedanz aufweisen, wie die Wellenimpedanz der Zweidrahtleitung. Dies gelingt aber mit einer endlichen Anzahl diskreter Bauteile nicht exakt über den gesamten notwendigen Frequenzbereich. Folge davon ist, dass z.B. in Gabel B in Figur 1.23 ein Teil der im oberen Ast eintreffenden Signalenergie in den unteren Ast reflektiert und als Echo wieder nach Gabel A zurück geleitet wird.

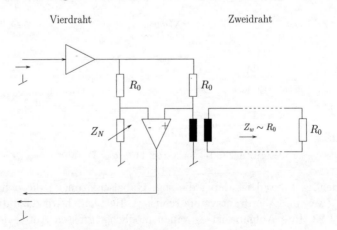

Figur 1.25: Aktive Gabelschaltung

1.3 BEISPIELE ADAPTIVER FILTER

Eine aktive und adaptive Variante einer Gabelschaltung ist in Figur 1.25 skizziert. Da wegen Verlusten der Wellenwiderstand Z_w der Zweidrahtleitung nicht rein reell, konstant und ohmisch[30], sondern komplex und frequenzabhängig ist, kann auch die Leitungsnachbildung Z_N nicht nur als variabler Widerstand realisiert werden. Die Realisation einer variablen und steuerbaren Impedanz ist jedoch schwierig. Als Abhilfe wird deshalb ein adaptives Filter zur Unterdrückung des Echos eingesetzt (Figur 1.26). Das adaptive Filter identifiziert die Übertragungs-

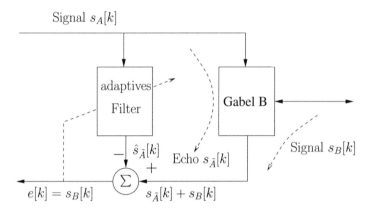

Figur 1.26: System zur adaptiven Kompensation des 'elektrischen' Echos

funktion, die den Zusammenhang zwischen dem eintreffenden Signal $s_A[k]$ und dem Echo $s_{\tilde{A}}[k]$ in Gabel B beschreibt und liefert somit eine Schätzung $\hat{s}_{\tilde{A}}[k]$ des Echos. Nach Subtraktion der Schätzung enthält das Fehlersignal $e[k]$ im Idealfall nur noch das Nutzsignal $s_B[k]$:

$$e[k] = s_B[k] + s_{\tilde{A}}[k] - \hat{s}_{\tilde{A}}[k] = s_B[k] \qquad (1.28)$$

In der Praxis ist die Schätzung $\hat{s}_{\tilde{A}}[k]$ des Echoanteils nicht perfekt, so dass im Fehlersignal weiterhin ein – nun aber gedämpftes – Restecho verbleibt. Solange die beiden Signale $s_A[k]$ und $s_B[k]$ unkorreliert sind, minimiert das adaptive Filter in einer noch zu besprechenden Weise den Echoanteil im Fehlersignal, ohne dabei das Nutzsignal $s_B[k]$ anzutasten. Um den Adaptionsalgorithmus nicht zu stören, wird die Filteradaption nur während Phasen, in denen kein Signal $s_B[k]$ vorliegt, durchgeführt und die Filterkoeffizienten während der sog. 'doubletalk'-Phasen[31] eingefroren.

---

[30]Im Idealfall ist bei verlustloser Leitung $Z_w = \sqrt{\frac{L'}{C'}}$ rein ohmisch (L': Induktivitätsbelag, C': Kapazitätsbelag).
[31]engl. doubletalk: beide Sprecher sind aktiv.

Kompensation des akustischen Echos

Akustische Echos entstehen, wenn ein akustischer Rückkopplungspfad zwischen Lautsprecher und Mikrophon des Endgeräts vorhanden ist. Kritisch ist z.B eine Freisprecheinrichtung, die sowohl für leitungsgebundene Geräte als auch für Mobiltelefone für den Einsatz im Auto erhältlich sind. In Figur 1.27 ist eine

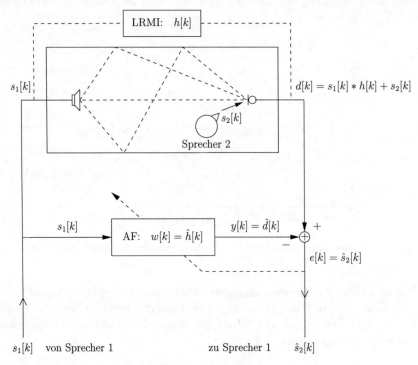

Figur 1.27: Kompensation des akustischen Echos bei einer Freisprecheinrichtung

Freisprecheinrichtung mit einem parallel geschalteten adaptiven Filter zur Kompensation des akustischen Echos schematisch dargestellt: Das Signal von Sprecher 1 wird über einen Lautsprecher in einen Raum abgestrahlt, breitet sich aus und taucht im Mikrophonsignal $d[k]$ neben dem Signal von Sprecher 2 als akustisches Echo auf. Die Übertragungscharakteristik, einschliesslich des Frequenzgangs von Lautsprecher und Mikrophon, kann durch die sog. Lautsprecher-Raum-Mikrophon-Impulsantwort (LRMI) $h[k]$ beschrieben werden. Für das Mikrophonsignal $d[k]$ gilt dann:

$$d[k] = s_1[k] * h[k] + s_2[k] \qquad (1.29)$$

Die Kompensation des akustischen Echoanteils erfolgt nach dem selben Prinzip, wie im vorigen Abschnitt für das 'elektrische' Echo beschrieben: Das adaptive Filter identifiziert die LRMI und liefert mit $\hat{d}[k]$ eine Schätzung des Echoanteils

1.3 BEISPIELE ADAPTIVER FILTER

des Mikrophonsignals $d[k]$, die anschliessend subtrahiert wird. Die Dämpfung des Echoanteils ist umso grösser, je genauer die LRMI durch das adaptive Filter nachgebildet wird. Die LRMI weist einen exponentiell abfallenden Verlauf auf und ist zeitlich unbeschränkt. Üblicherweise werden FIR-basierte adaptive Filter eingesetzt (siehe Abschnitt 2.2), so dass nur der erste Teil der LRMI identifiziert werden kann. Bei einer Abtastrate von 8kHz und je nach Grösse und Beschaffenheit des Raumes muss das adaptive Filter zwischen 1000 und 2000 FIR-Koeffizienten $w_k = w[k-1]$ aufweisen, um eine ausreichende Dämpfung des Echos zu erreichen.

Da das adaptive Filter bei der Echokompensation (elektrisch und akustisch) die Übertragungsfunktion zwischen dem Eingangssignal und dem Echo identifiziert, gehört diese Anwendung zur Klasse 'Systemidentifikation' (Figur 1.2), sie wird jedoch auch häufig zur Klasse 'Elimination von Störungen' (Figur 1.5) gezählt.

1.3.8 Zusammenfassung der Beispiele

Obwohl die ausgewählten Beispiele sehr unterschiedlich scheinen, haben sie wichtige gemeinsame Eigenschaften:

- Dem adaptiven Filter wird jeweils neben dem Eingang $x[k]$ ein erwünschtes Signal $d[k]$ präsentiert, das auf 'optimale' Art geschätzt werden soll.

- Sowohl die Statistik der beteiligten Signale als auch der Satz geeigneter Filterkoeffizienten sind bei Betriebsbeginn unbekannt.

- Die durch das adaptive Filter zu erkennenden Abhängigkeiten können sich zeitlich verändern. Damit sind auch die 'optimalen' Filterkoeffizienten zeitabhängig.

- Es gibt meistens eine oder mehrere Stellen im System, an welchen die Betriebsqualität (engl. performance) des Filters gemessen werden kann.

Es stellen sich folgende Fragen:

- Welche Filterstrukturen sind für ein adaptives Filter geeignet (analog oder digital, IIR oder FIR, Lattice)? Wie gross muss die Filterordnung sein?

- Was ist das Kriterium für Optimalität bei der adaptiven Filterung und wie fliesst dieses in einen Adaptionsalgorithmus zur optimalen Regelung der Filterkoeffizienten ein?

- Wie kann der Betrieb des adaptiven Filters analysiert werden? Wie wird sichergestellt, dass der Adaptionsalgorithmus zur optimalen Lösung konvergiert? Wie können die Konvergenzzeit und die Genauigkeit des Algorithmus bestimmt werden?

- Kann der Algorithmus Änderungen einer nichtstationären Umgebung folgen ('tracking')?

- Wie gross sind die rechnerischen Anforderungen?

Bevor wir uns mit diesen Fragen beschäftigen, geben wir im nächsten Abschnitt einen Überblick über wichtige Begriffe zur Beschreibung stochastischer Prozesse.

1.4 Stochastische Prozesse

Dieser Abschnitt fasst wichtige Begriffe zur Beschreibung stochastischer Prozesse zusammen, soweit sie für dieses Buch relevant sind. Für weitere Ausführungen verweisen wir auf [18] oder auch [14].

Bei den Anwendungen, in denen adaptive Filter zum Einsatz kommen, haben wir es in der Regel mit Signalen zu tun, die nicht durch eine deterministische Funktion beschrieben werden können. Vielmehr weisen diese Signale in ihrer zeitlichen Entwicklung eine Zufälligkeit auf, die nur durch statistische Grössen charakterisiert werden kann. Der zufällige zeitliche Verlauf eines solchen Signals wird dabei als Ergebnis eines Zufallsexperiments interpretiert, dem ein sog. stochastischer Prozess zu Grunde liegt. Jedem Ergebnis ω des Zufallsexperiments wird eine Zeitfunktion[32] $X[.,k]$ zugeordnet, die Musterfunktion oder Stichprobenfunktion genannt wird (Figur 1.28). Die Gesamtheit aller Ergebnisse mit den zugehörigen

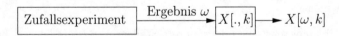

Figur 1.28: Stochastischer Prozess: Zuordnung von Musterfunktionen zu den Ergebnissen eines Zufallsexperiments

Musterfunktionen, die durch den stochastischen Prozess erzeugt werden, wird als Schar oder Ensemble bezeichnet. In Figur 1.29 ist ein solches Ensemble von Zeitfunktionen dargestellt. Für einen gegebenen Zeitpunkt k_j erzeugt der Prozess eine Zufallsvariable $X[\omega, k_j]$, die je nach Ergebnis ω_i des Experiments die Zufallszahl $X[\omega_i, k_j] = x[k_j]$ liefert. Ein stochastischer Prozess ist somit eine Zeitfolge von Zufallsvariablen. Wird anderseits eine Realisierung des stochastischen Prozesses (Ergebnis ω_i) betrachtet, resultiert eine Musterfunktion $X[\omega_i, k] = x[k]$, die z.B. als zeitdiskretes Signal beobachtbar ist. Tabelle 1.2 verdeutlicht die verschiedenen Dimensionen eines stochastischen Prozesses.

---

[32]z.B. eine zeitdiskrete Funktion.

1.4 STOCHASTISCHE PROZESSE

ω	k	
variabel	variabel	**Stochastischer Prozess** $X[\omega, k]$
fest	variabel	**Musterfunktion** $X[\omega_i, k] = x[k]$
variabel	fest	**Zufallsvariable** $X[\omega, k_j]$
fest	fest	**Zufallszahl** $X[\omega_i, k_j] = x[k_j]$

Tabelle 1.2: Dimensionen eines stochastischen Prozesses

In der Statistik ist es üblich, zwischen stochastischen Prozessen und Zufallsvariablen und deren Realisierungen durch Verwendung von grossen und kleinen Symbolen zu unterscheiden: Die Realisierung der Zufallsvariablen $X[\omega, k_j]$ (eine Zufallszahl) wird mit $X[\omega_i, k_j] = x[k_j]$ bezeichnet. Entsprechend ist mit $x[k]$ eine Realisierung (eine Musterfunktion) des stochastischen Prozesses $X[\omega, k]$ gemeint. Abgesehen von diesem Abschnitt werden wir jedoch in diesem Buch der Einfachheit halber und entsprechend der in der Signalverarbeitung üblichen Praxis das Zufallssignal mit einem kleinen Symbol bezeichen, wobei aus dem Zusammenhang hervorgehen sollte, ob damit der stochastische Prozess im Allgemeinen, oder eine Realisierung gemeint ist.

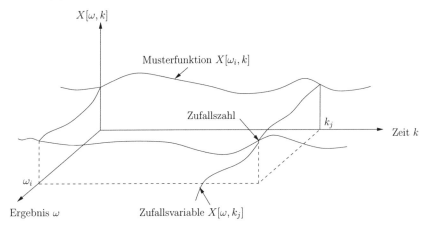

Figur 1.29: Ensemble von Musterfunktionen eines stochastischen Prozesses

1.4.1 Verteilungs- und Dichtefunktionen

Zufallsvariablen werden mathematisch durch Verteilungsfunktionen beschrieben. Bei einem stochastischen Prozess – einer Zeitfolge von Zufallsvariablen – ist die Verteilungsfunktion abhängig vom betrachteten Zeitpunkt k:

$$F_X(x, k) = P(X[\omega, k] \leq x) \tag{1.30}$$

Für einen gegebenen Zeitpunkt k_j ist $F_X(x, k_j)$ die Wahrscheinlichkeit, dass die Zufallsvariable $X[\omega, k_j]$ kleiner oder gleich dem Wert x ist. Falls $F_X(x, k)$ differenzierbar ist, existiert auch die Dichtefunktion

$$p_X(x, k) = \frac{\partial F(x, k)}{\partial x} \qquad (1.31)$$

Die Beschreibung des stochastischen Prozesses zu mehreren Zeitpunkten $k_1, k_2, \ldots, k_n$ erfolgt durch die Verteilungsfunktion[33] n-ter Ordnung:

$$F_X(x_1, \ldots, x_n, k_1, \ldots, k_n) = P(X[\omega, k_1] \leq x_1, \ldots, X[\omega, k_n] \leq x_n) \qquad (1.32)$$

Zur vollständigen Beschreibung des stochastischen Prozesses muss die Verteilungsfunktion n-ter Ordnung für alle Ordnungen n und alle Zeitpunkte k bekannt sein.

1.4.2 Erwartungswert, Korrelations- und Kovarianzfunktion

In der Praxis kann nicht davon ausgegangen werden, dass die Verteilungsfunktion n-ter Ordnung für alle Ordnungen n bekannt und damit der stochastische Prozess vollständig beschrieben ist. Vielmehr beschränkt man sich oft darauf, einen Teil des Prozesses durch das erste und zweite Moment zu charakterisieren:

Das **erste Moment** oder der **Erwartungswert** $\mu_X[k]$ des stochastischen Prozesses $X[k]$[34] zum Zeitpunkt k ist definiert als:

$$\mu_X[k] = E\{X[k]\} = \int_{-\infty}^{\infty} x \, p_X(x, k) \, dx \qquad (1.33)$$

Es ist zu betonen, dass der Erwartungswert $\mu_X[k]$ der Ensemblemittelwert des stochastischen Prozesses zum Zeitpunkt k ist und deshalb im Allgemeinen zeitabhängig ist. Der Ensemblemittelwert ist nicht mit einer zeitlichen Mittelung zu verwechseln.

Der Erwartungswert $\mu_X[k]$ ist linear, d.h. es gilt das Superpositionsprinzip:

$$E\left\{\sum_i a_i X_i[k]\right\} = \sum_i a_i E\{X_i[k]\} \qquad (1.34)$$

Beim **zweiten Moment** ist zwischen der Auto- und Kreuzkorrelation zu unterscheiden. Die **Autokorrelationsfunktion** $r_{XX}[k, k-i]$ beschreibt die inneren

---

[33] entsprechend auch die Dichtefunktion n-ter Ordnung.
[34] wir verzichten im folgenden auf das Argument ω und schreiben $X[k]$ statt $X[\omega, k]$.

1.4 STOCHASTISCHE PROZESSE

Abhängigkeiten eines stochastischen Prozesses zum Zeitpunkt k und einem um i Schritte verschobenen Zeitpunkt:

$$r_{XX}[k, k-i] = E\{X[k]X[k-i]\} \tag{1.35}$$

$$= \int_{-\infty}^{\infty} \int_{-\infty}^{\infty} x_1 x_2 \, p_X(x_1, x_2, k, k-i) \, dx_1 dx_2 \tag{1.36}$$

Entsprechend gibt die **Kreuzkorrelationsfunktion** $r_{XY}[k, k-i]$ Aufschluss über die Korrelation zweier stochastischer Prozesse $X[k]$ und $Y[k]$:

$$r_{XY}[k, k-i] = E\{X[k]Y[k-i]\} \tag{1.37}$$

In einem engen Zusammenhang mit der Korrelationsfunktion steht die Kovarianzfunktion. Die **Autokovarianzfunktion** ist die Autokorrelation des vom Mittelwert (Erwartungswert $\mu_X[k]$) befreiten stochastischen Prozesses $X[k]$:

$$c_{XX}[k, k-i] = E\{(X[k] - \mu_X[k])(X[k-i] - \mu_X[k-i])\} \tag{1.38}$$

Analog gilt für die **Kreuzkovarianzfunktion**:

$$c_{XY}[k, k-i] = E\{(X[k] - \mu_X[k])(Y[k-i] - \mu_Y[k-i])\} \tag{1.39}$$

Der Zusammenhang zwischen Korrelation und Kovarianz ist einfach zu zeigen:

$$\begin{aligned} c_{XX}[k,k-i] &= E\{(X[k]-\mu_X[k])(X[k-i]-\mu_X[k-i])\} \\ &= E\{X[k]X[k-i]\} - \mu_X[k-i]\underbrace{E\{X[k]\}}_{\mu_X[k]} \\ &\quad - \mu_X[k]\underbrace{E\{X[k-i]\}}_{\mu_X[k-i]} + \underbrace{E\{\mu_X[k]\mu_X[k-i]\}}_{\mu_X[k]\mu_X[k-i]} \\ &= E\{X[k]X[k-i]\} - \mu_X[k]\mu_X[k-i] \\ &= r_{XX}[k,k-i] - \mu_X[k]\mu_X[k-i] \end{aligned} \tag{1.40}$$

Daraus ist ersichtlich, dass Korrelation und Kovarianz identisch sind, wenn mindestens einer der Ensemblemittelwerte (Erwartungswerte) $\mu_X[k]$ und $\mu_X[k-i]$ verschwindet.

1.4.3 Stationarität und Ergodizität

Ein stochastischer Prozess ist stationär, wenn seine Statistik nicht vom absoluten Zeitpunkt k abhängt. Bei **strenger Stationarität**[35] ist die Verteilungsfunktion

---
[35] engl. strict-sense stationary.

n-ter Ordnung und ihre um das Intervall T zeitlich verschobene Variante identisch:

$$F_X(x_1,\ldots,x_n,k_1,\ldots,k_n) = F_X(x_1,\ldots,x_n,k_1+T,\ldots,k_n+T) \qquad (1.41)$$

Insbesondere ist die Verteilungsfunktion 1. Ordnung zeitunabhängig,

$$F_X(x, k+T) = F_X(x, k) = F_X(x) \qquad (1.42)$$

d.h. der stochastische Prozess besteht aus einer Zeitfolge von Zufallsvariablen, die alle identisch verteilt sind. Der Begriff der **schwachen Stationarität**[36] geht weniger weit und bezieht sich nur auf die ersten und zweiten Momente. Erwartungswert, Korrelation und Kovarianz sind unabhängig vom absoluten Zeitpunkt k und es gilt:

$$\mu_X[k] = \mu_X \qquad (1.43)$$
$$r_{XX}[k, k-i] = r_{XX}[i] \qquad (1.44)$$
$$c_{XX}[k, k-i] = c_{XX}[i] \qquad (1.45)$$

Der Erwartungswert ist eine Konstante und bei Korrelation und Kovarianz ist nur noch die Zeitverschiebung i von Bedeutung. Die Auswertung der Autokorrelations- und Autokovarianzfunktion eines schwach stationären Prozesses für $i = 0$ führt zu

$$r_{XX}[0] = E\{|X[k]|^2\} \qquad (1.46)$$

dem quadratischen Mittelwert und

$$c_{XX}[0] = \sigma_X^2 = r_{XX}[0] - \mu_X^2 \qquad (1.47)$$

der Varianz σ_X^2 des Prozesses.

Erwartungswert, Korrelation und Kovarianz sind Ensemblemittelwerte, deren Berechnung die Kenntnis der Dichtefunktion des stochastischen Prozesses voraussetzt. In der Praxis ist oft die Statistik der beobachteten Signale unbekannt und es steht nur eine Realisierung, d.h. eine Musterfunktion zur Verfügung. Aus praktischen Gründen kann sogar lediglich ein Abschnitt endlicher Länge der Musterfunktion beobachtet werden. Die Statistik des zu Grunde liegenden stochastischen Prozesses muss dann mit Hilfe des vorliegenden Ausschnitts der Musterfunktion geschätzt werden. In diesem Zusammenhang kommt der Begriff der **Ergodizität** ins Spiel:

Ein stochastischer Prozess ist dann **ergodisch**, wenn eine Realisierung den Prozess vollständig repräsentiert und der Ensemblemittelwert durch den Zeitmittelwert ersetzt werden kann:

$$\mu_X = \underbrace{E\{X[k]\} = \int_{-\infty}^{\infty} x\, p_X(x,k)\, dx}_{\text{Scharmittelwert}} = \underbrace{\lim_{M \to \infty} \frac{1}{M} \sum_{k=0}^{M-1} x[k]}_{\text{Zeitmittelwert}} \qquad (1.48)$$

---
[36]engl. wide-sense stationary.

1.4 STOCHASTISCHE PROZESSE

Ergodizität setzt schwache Stationarität des Prozesses voraus (der Ensemblemittelwert muss zeitunabhängig sein).

Glücklicherweise sind viele – vielleicht sogar die meisten – technisch interessanten Prozesse ergodisch[37], so dass die Möglichkeit besteht, anhand einer Musterfunktion durch zeitliche Mittelung Informationen über die Statistik zu gewinnen. Weil die Mittelungslänge nur endlich sein kann, ist der Zeitmittelwert nur eine Schätzung $\hat{\mu}_X$ des Ensemblemittelwerts

$$\hat{\mu}_X = \frac{1}{M} \sum_{k=0}^{M-1} X[k] \qquad (1.49)$$

die mit wachsender Mittelungslänge M zum Ensemblemittelwert konvergiert.

Ein Beispiel eines stationären, aber *nicht* ergodischen Prozesses ist

$$X[k] = X \qquad (1.50)$$

wobei X eine Zufallsvariable ist. Da dieser Prozess zeitunabhängig und jede Musterfunktion konstant ist, entspricht der Zeitmittelwert dem Wert x der Realisierung der Zufallsvariablen X, der sich im Allgemeinen vom Ensemblemittelwert $\mu_X = E\{X\}$ unterscheidet.

1.4.4 Unabhängigkeit, Unkorreliertheit und Orthogonalität

Die Zufallsvariablen $X[k_1]$ und $Y[k_2]$ sind **unabhängig**, wenn für die Dichtefunktion gilt:

$$p_{XY}(x, y, k_1, k_2) = p_X(x, k_1) p_Y(y, k_2) \qquad (1.51)$$

Mit der Definition der Korrelationsfunktion (1.35) folgt daraus unmittelbar

$$r_{XY}[k_1, k_2] = E\{X[k_1]Y[k_2]\} = E\{X[k_1]\}\,E\{Y[k_2]\} = \mu_X[k_1]\mu_Y[k_2] \qquad (1.52)$$

d.h. der Erwartungswert des Produktes zweier unabhängigen Zufallsvariablen ist gleich dem Produkt der Erwartungswerte $\mu_X[k_1]$ und $\mu_Y[k_2]$.

Die Zufallsvariablen $X[k_1]$ und $Y[k_2]$ sind **unkorreliert**, wenn die Kovarianzfunktion verschwindet:

$$c_{XY}[k_1, k_2] = 0 \qquad (1.53)$$

Zusammen mit (1.40)

$$c_{XY}[k_1, k_2] = r_{XY}[k_1, k_2] - \mu_X[k_1]\mu_Y[k_2] \qquad (1.54)$$

---
[37] viele Signale (z.B. Sprache) sind dabei quasistationär, d.h. nur abschnittsweise stationär.

folgt daraus:

$$r_{XY}[k_1, k_2] = \mu_X[k_1]\mu_Y[k_2]$$

Damit gilt (1.52) auch für unkorrelierte Zufallsvariablen. Die Eigenschaft der Unabhängigkeit schliesst auch die der Unkorreliertheit ein, während die Umkehrung dieser Aussage nur für den Spezialfall normalverteilter Zufallsvariablen gilt.

Die Zufallsvariablen $X[k_1]$ und $Y[k_2]$ sind **orthogonal**, wenn die Korrelationsfunktion verschwindet:

$$r_{XY}[k_1, k_2] = E\{X[k_1]Y[k_2]\} = 0 \tag{1.55}$$

Es soll hier nochmals betont werden, dass der Begriff der Unkorreliertheit über die Kovarianzfunktion, während der der Orthogonalität über die Korrelationsfunktion definiert wird. Aus (1.54) ist ersichtlich, dass für den *Fall mittelwertfreier Zufallsvariablen Orthogonalität und Unkorreliertheit gleichbedeutend* sind, d.h:

$$r_{XY}[k_1, k_2] = c_{XY}[k_1, k_2] = 0 \tag{1.56}$$

Weil die in der Praxis vorkommenden Signale oft mittelwertfrei sind, werden die beiden Begriffe häufig gleichgesetzt.

2 Grundlagen adaptiver Filter

Die Diskussion der Beispiele im vorherigen Kapitel wirft die Frage auf, wie aus dem Fehlersignal $e[k]$ ein geeignetes Gütemass für die adaptive Filterung abgeleitet werden kann. Nachdem zunächst die Vorteile der FIR-Filterstruktur als Basis für adaptive Filter erläutert werden, ist der Hauptteil dieses Kapitels dem Gütemass und der Frage nach den optimalen Werten der Filterkoeffizienten gewidmet. Ferner wird dargelegt, wie sich eine Abweichung der Werte der Filterkoeffizienten vom Optimum im Gütemass niederschlägt.

Adaptive Filter stützen sich auf das gleiche Gütemass wie sog. Wiener-Filter, die als Optimalitätskriterium den mittleren quadratischen Fehler zu Grunde legen, der aus dem Fehlersignal $e[k]$ gebildet wird. Deshalb entsprechen – bei gleicher Filterstruktur – die Filterkoeffizienten, die für das adaptive Filter optimal sind, gerade den Koeffizienten des Wiener-Filters. Der Unterschied zwischen dem zeitinvarianten Wiener-Filter und einem adaptiven Filter besteht darin, dass zur Berechnung der Koeffizienten des Wiener-Filters die Statistik der beteiligten Signale bekannt sein muss, während das adaptive Filter die Statistik selbständig erlernt. Der Adaptionsalgorithmus sorgt ferner dafür, dass das adaptive Filter selbständig einer sich langsam ändernden Statistik der Signale folgt ('tracking'). Damit sind bei adaptiven Filtern zwei Aspekte zu unterscheiden:

1. Die Frage, welches lineare Filter für eine gegebene Statistik der Signale optimal im Sinne des Gütemasses ist. Sie wird durch die Wiener-Filter-Theorie abgedeckt und wird in diesem Kapitel ausführlich diskutiert.

2. Der Aspekt der Adaptivität, d.h. die Herleitung eines geeigneten Adaptionsalgorithmus, der die Filterkoeffizienten optimal beeinflusst und laufend nachführt. Dies ist Gegenstand der Kapitel 3–5.

Die optimalen Filterkoeffizienten werden durch Minimierung des mittleren quadratischen Fehlers ermittelt. Wir werden sehen, dass dieser Fehler eine quadratische Funktion der Filterkoeffizienten ist und sich als Fehlerfläche im mehrdimensionalen Raum[1] darstellen lässt. In den meisten Fällen hat diese Fehlerfläche

---
[1]Dimension: $N+1$ bei N Koeffizienten.

ein eindeutiges Minimum, das einem Satz von optimalen Filterkoeffizienten entspricht. Die Adaptionsalgorithmen, die in Kapitel 3 behandelt werden, steigen – ausgehend von einem Initialwert – in kleinen Schritten auf dieser Fehlerfläche zum Minimum herab. Deshalb wird die Form der Fehlerfläche die Leistungsfähigkeit und die Konvergenzeigenschaften der Adaptionsalgorithmen beeinflussen.

Zur kompakten Darstellung der Zusammenhänge wird üblicherweise eine Vektor-Matrix-Notation verwendet. Dabei werden Ausschnitte der Signale und die Filterkoeffizienten in Vektoren zusammengefasst. Die Statistik des Eingangssignals fliesst beispielsweise in eine Autokorrelationsmatrix ein. Es wird sich zeigen, dass die Form der Fehlerfläche von den Eigenwerten der Autokorrelationsmatrix des Eingangs bestimmt wird. Damit haben die Eigenwerte einen unmittelbaren Einfluss auf die Konvergenzeigenschaften der Adaptionsalgorithmen. Ein eigener Abschnitt dieses Kapitels beschäftigt sich deshalb mit den Eigenwerten und den Eigenvektoren der Autokorrelationsmatrix. Die Transformation der Vektor-Matrix-Gleichungen in ein neues Koordinatensystem, das die Eigenvektoren als Basis besitzt, bewirkt eine Entkopplung der Komponenten der Gleichungen, die sich bei der späteren Analyse der Adaptionsalgorithmen in Kapitel 3 als äusserst hilfreich erweisen wird.

2.1 Strukturen adaptiver Filter

Adaptive Filter basieren auf Filterstrukturen die analog oder digital, nichtrekursiv (**FIR**[2], 'tapped delay line'), rekursiv (**IIR**[3]), oder auch von Lattice-Struktur[4] sein können. Die Übertragungsfunktion eines FIR- oder IIR-Filters wird durch einen Koeffizientensatz (b_i und a_i) festgelegt. FIR-Filter haben eine endliche Impulsantwort $h[0], h[1], h[2], \ldots, h[M]$, wobei der Zusammenhang zwischen der Impulsantwort und den Filterkoeffizienten direkt angegeben werden kann: $b_i = h[i]$, ($a_i = 0$, ausser: $a_0 = 1$). Aus der z-Transformierten der (kausalen) Impulsantwort

$$H(z) = \sum_{k=0}^{M} h[k] z^{-k} = h[0] \frac{\sum_{k=0}^{M} \frac{h[k]}{h[0]} z^{M-k}}{z^M} = h[0] \frac{\prod_{i=1}^{M}(z - z_i)}{z^M} \quad (2.1)$$

erkennt man leicht, dass die Übertragungsfunktion $H(z)$ des FIR-Filters M-ter Ordnung, M reelle oder konjugiert komplexe Nullstellen und gleichviele Vielfach-Pole im Ursprung der komplexen z-Ebene besitzt. Weil alle Pole im Ursprung liegen, ist das FIR-Filter *absolut stabil*. Bei der Adaption sind alle seine $M + 1$ Gewichte oder Koeffizienten variabel. Damit ist zu erwarten, dass mit der Filterordnung M auch die Adaptionszeit wächst. Wird von der Anwendung ein Filter

---
[2]engl. Finite Impulse Response.
[3]engl. Infinite Impulse Response.
[4][9]. Für Grundlagen digitaler Filter siehe z.B. [16][17].

mit einer langen Impulsantwort gefordert, ist deshalb ein IIR-Filter besser geeignet, da es grundsätzlich eine unendliche Impulsantwort aufweist, jedoch mit weniger Koeffizienten auskommt als das FIR-Filter. Allerdings muss während der Adaption garantiert werden, dass alle Pole p_i des IIR-Filters mit der Übertragungsfunktion

$$H(z) = \frac{\sum_{i=0}^{M} b_i z^{-i}}{\sum_{i=0}^{N} a_i z^{-i}} = \frac{b_0}{a_0} z^{N-M} \frac{\sum_{i=0}^{M} \frac{b_i}{b_0} z^{M-i}}{\sum_{i=0}^{N} \frac{a_i}{a_0} z^{N-i}} = \frac{b_0}{a_0} z^{N-M} \frac{\prod_{i=1}^{M}(z-z_i)}{\prod_{i=1}^{N}(z-p_i)}$$

innerhalb des Einheitskreises der komplexen z-Ebene bleiben, damit das Filter stabil ist. Um die Gefahr der Instabilität zu umgehen, ist eine Kombination, nämlich eine Kaskade eines adaptiven FIR-Filters mit variablen Gewichten und damit variablen Nullstellen, und eines Allpol-Filters (als Spezialfall eines IIR-Filters), dessen Pole festgehalten werden, denkbar (Figur 2.1).

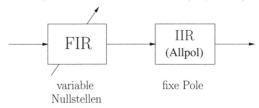

Figur 2.1: Kaskade eines adaptiven FIR- und eines fixen IIR-Allpol-Filters

Die absolute Stabilität des FIR-Filters und die einfache mathematische Handhabung und Implementierbarkeit sind Gründe dafür, dass die meisten adaptiven Filter und Adaptionsalgorithmen FIR-basiert sind. Auch in diesem Buch wird die Theorie der adaptiven Filter ausschliesslich auf der Grundlage von FIR-Filtern erläutert.

2.2 Das FIR-basierte adaptive Filter

Die FIR-basierten adaptiven Filter sind, wie erwähnt, wegen ihrer inhärenten Stabilität, ihrer einfachen mathematischen Handhabung und ihrer einfachen Implementierbarkeit am weitesten verbreitet. Aus Figur 2.2 wird die Struktur eines FIR-basierten adaptiven Filters deutlich. Die Werte der Impulsantwort $h[i]$ entsprechen bei einem FIR-Filter gerade den Werten der Filterkoeffizienten b_i, welche bei einem adaptiven Filter auch Gewichte w_i[5] genannt werden:

$$w_i = b_{i-1} = h[i-1] \qquad i = 1, \ldots, N \tag{2.2}$$

---

[5]Man beachte, dass die Indizes der Gewichte von $i = 1 \ldots N$ laufen. Damit soll angedeutet werden, dass die Gewichte einen Punkt $(w_1, \ldots, w_N)$ im N-dimensionalen Raum beschreiben. Diese Indizierung bringt für die weitere Theorie eine Vereinfachung der Schreibweise und unterscheidet sich von der Indizierung der Koeffizienten $b_i, i = 0, \ldots, N-1$, wie sie bei zeitinvarianten FIR-Filtern wegen der Kopplung mit dem zugehörigen Verzögerungsglied und der z-Transformation üblich ist.

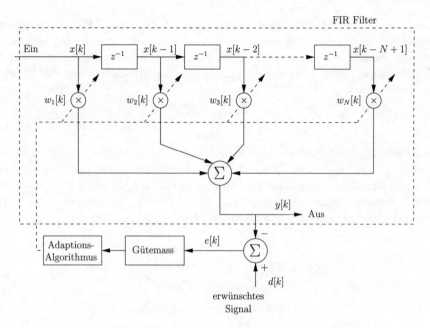

Figur 2.2: FIR-basiertes adaptives Filter

Ein adaptives Filter $(N-1)$-ter Ordnung besitzt also N variable Gewichte w_i. Da sich jedes Gewicht w_i auf Grund der Beeinflussung durch den Adaptionsalgorithmus zeitlich verändert, wird das i-te Gewicht mit $w_i[k]$ bezeichnet. Es wird die Variable k der diskreten Zeit verwendet, weil gewöhnlich die Adaption der Gewichte mit der Rate der Abtastung erfolgt[6]. Die Faltungssumme der FIR-Filterung lautet mit dieser Bezeichnung wie folgt:

$$\begin{aligned} y[k] &= \sum_{i=0}^{N-1} w_{i+1}[k]x[k-i] \\ &= w_1[k]x[k] + w_2[k]x[k-1] + \ldots + w_N[k]x[k-N+1] \end{aligned} \quad (2.3)$$

Mit der Zusammenfassung der N Gewichte und von jeweils N Werten des Eingangssignals zu den Vektoren

$$\underline{w}[k] = [w_1[k], w_2[k], w_3[k], \ldots, w_N[k]]^t \quad (2.4)$$
$$\underline{x}[k] = [x[k], x[k-1], \ldots, x[k-N+1]]^t \quad (2.5)$$

lässt sich die Faltungssumme als einfaches Skalarprodukt schreiben, und für das *Ausgangssignal* $y[k]$ gilt:

$$y[k] = \underline{x}^t[k]\underline{w}[k] = \underline{w}^t[k]\underline{x}[k] \quad (2.6)$$

---

[6]Falls die Adaption in einem anderen zeitlichen Raster erfolgt, schreiben wir allgemeiner $w_i[n]$.

2.3 LINEARE OPTIMALE FILTERUNG

$\underline{w}[k]$ wird als *Gewichtsvektor* oder auch *Koeffizientenvektor* und $\underline{x}[k]$ als *Eingangssignalvektor* oder einfacher als *Signalvektor* bezeichnet.

Die Gütebeurteilung des adaptiven Filters folgt aus dem **Fehlersignal** $e[k]$,

$$e[k] = d[k] - y[k] \tag{2.7}$$

das die Abweichung des Filterausgangs $y[k]$ vom erwünschten (engl. *desired*) Signal $d[k]$ beschreibt. Als Gütemass wird der mittlere quadratische Fehler verwendet, der im nächsten Abschnitt definiert wird.

2.3 Lineare optimale Filterung

Adaptive Filter verwenden das gleiche Gütemass wie zeitinvariante lineare optimale Filter, die als Optimalitätskriterium den sog. mittleren quadratischen Fehler (engl. Mean-Squared Error MSE) zu Grunde legen und dabei schwache Stationarität der Umgebung voraussetzen. Die Wahl des MSE als Optimalitätskriterium hat den Vorteil, dass sich die Bestimmung der optimalen Filterkoeffizienten als mathematisch einfach erweist und sich die Abhängigkeit des MSE von den Filterkoeffizienten durch eine quadratische Funktion, die sog. Fehlerfunktion beschreiben lässt. Die Fehlerfunktion hat in den meisten Fällen ein eindeutiges globales Minimum. Das entsprechende optimale Filter wird Wiener-Filter genannt, das auf zwei Wegen hergeleitet werden kann:

- Einerseits kann das Minimum der Fehlerfunktion durch Berechnung des Gradienten und Gleichsetzen des Gradienten mit dem Nullvektor ermittelt werden. Die Adaptionsalgorithmen aus Kapitel 3 basieren auf dem Gradienten der Fehlerfunktion.

- Die alternative Herleitung über das sog. Orthogonalitätsprinzip trägt vor allem zum intuitiven Verständnis der MSE-Optimierung bei und wird in Abschnitt 2.3.4 behandelt.

Da wir uns vor allem für FIR-basierte adaptive Filter interessieren, wird in den folgenden Abschnitten das FIR-basierte Wiener-Filter zu Grunde gelegt.

2.3.1 Fehlersignal $e[k]$ und mittlerer quadratischer Fehler (MSE)

Wir beginnen mit dem Fehlersignal, das die Abweichung des Filterausgangs $y[k]$ vom erwünschten Signal $d[k]$ beschreibt:

$$e[k] = d[k] - y[k] \tag{2.8}$$

Mit (2.6) folgt:

$$e[k] = d[k] - \underline{x}^t[k]\underline{w}[k] = d[k] - \underline{w}^t[k]\underline{x}[k] \qquad (2.9)$$

Da das Wiener-Filter zeitinvariant ist, verzichten wir vorläufig auf den Zeitindex k und schreiben $\underline{w}$ statt $\underline{w}[k]$. Der Zeitindex wird jedoch wieder in Kapitel 3 eingeführt, da dort der Gewichtsvektor durch den Adaptionsalgorithmus des adaptiven Filters zeitlich verändert wird.

Wir betrachten nun den quadratischen Fehler *zur Zeit k*

$$\begin{aligned} e^2[k] &= (d[k] - \underline{w}^t\underline{x}[k])(d[k] - \underline{x}^t[k]\underline{w}) & (2.10)\\ &= d^2[k] + \underline{w}^t\underline{x}[k]\underline{x}^t[k]\underline{w} - 2d[k]\underline{x}^t[k]\underline{w} & (2.11) \end{aligned}$$

Weil wir es nicht mit deterministischen Signalen zu tun haben, sondern nur Aussagen über die Statistik gemacht werden können, wird nun nicht direkt der quadratische Fehler, sondern der Erwartungswert des quadratischen Fehlers als Optimalitätskriterium herangezogen. Wir wenden den Erwartungswert auf (2.10) an und erhalten den **mittleren quadratischen Fehler** (engl. Mean-Squared Error oder **MSE**)[7]:

$$E\{e^2[k]\} = E\{d^2[k]\} + \underline{w}^t E\{\underline{x}[k]\underline{x}^t[k]\}\,\underline{w} - 2E\{d[k]\underline{x}^t[k]\}\,\underline{w} \qquad (2.12)$$

Mit der Einführung der sog. Autokorrelationsmatrix **R**

$$\mathbf{R} = E\{\underline{x}[k]\underline{x}^t[k]\} \qquad (2.13)$$

und dem sog. Kreuzkorrelationsvektor $\underline{p}$

$$\underline{p} = E\{d[k]\underline{x}[k]\} \qquad (2.14)$$

vereinfacht sich (2.12) zu:

$$E\{e^2[k]\} = E\{d^2[k]\} + \underline{w}^t\mathbf{R}\underline{w} - 2\underline{p}^t\underline{w} \qquad (2.15)$$

Auf die Autokorrelationsmatrix **R** und den Kreuzkorrelationsvektor $\underline{p}$ wird noch in Abschnitt 2.3.2 genauer eingegangen. **R** beschreibt die Statistik des Eingangssignals, $\underline{p}$ steht für die gemeinsame Statistik des Eingangs und des erwünschten Signals und $E\{d^2[k]\}$ ist die Leistung des erwünschten Signals. Weil bei schwacher Stationarität und gegebener Statistik des Eingangs- und erwünschten Signals (**R**, $\underline{p}$ und $E\{d^2[k]\}$) der mittlere quadratische Fehler nur vom Gewichtsvektor $\underline{w}[k]$ abhängt, führen wir den Begriff der Fehlerfunktion[8] ein und bezeichnen diese mit $J(\underline{w})$:

$$J(\underline{w}) = E\{e^2[k]\} \qquad (2.16)$$

---

[7]Der MSE entspricht bei Ergodizität der mittleren Leistung des Fehlersignals.
[8]engl. performance or cost function.

2.3 LINEARE OPTIMALE FILTERUNG

Damit gilt für den MSE:

$$J(\underline{w}) = E\{e^2[k]\} = E\{d^2[k]\} + \underline{w}^t \mathbf{R}\underline{w} - 2\underline{p}^t\underline{w} \quad (2.17)$$

Unter der Annahme, dass das erwünschte Signal nicht nur reell und schwach stationär, sondern auch mittelwertfrei ist, gilt gemäss (1.46) und (1.47)

$$E\{d^2[k]\} = c_{dd}[0] = \sigma_d^2$$

wobei σ_d^2 die Varianz von $d[k]$ ist. In diesem Fall wird (2.17) zu:

$$J(\underline{w}) = \sigma_d^2 + \underline{w}^t \mathbf{R}\underline{w} - 2\underline{p}^t\underline{w} \quad (2.18)$$

Wenn also das Eingangssignal $\underline{x}[k]$ und das gewünschte Signal $d[k]$ gemeinsam (schwach) stationär sind, dann ist der mittlere quadratische Fehler eine *quadratische Funktion* $J(\underline{w})$ des Gewichtssequenzvektors $\underline{w}$ des FIR-Filters. In Abschnitt 2.3.3 wird es darum gehen, diese Fehlerfunktion zu minimieren. Zunächst wird jedoch näher auf die Autokorrelationsmatrix $\mathbf{R}$ und den Kreuzkorrelationsvektor $\underline{p}$ eingegangen.

2.3.2 Autokorrelationsmatrix R und Kreuzkorrelationsvektor $\underline{p}$

Im vorherigen Abschnitt wurde die **Autokorrelationsmatrix** $\mathbf{R} = E\{\underline{x}[k]\underline{x}^t[k]\}$ eingeführt. Beim Ausdruck $\underline{x}[k]\underline{x}^t[k]$ handelt es sich um ein sog. äusseres Vektorprodukt, das in einer Matrix resultiert. Der Erwartungswert dieser Matrix bzw. ihrer Elemente lautet:

$$E\{\underline{x}[k]\underline{x}^t[k]\} = \begin{bmatrix} E\{x^2[k]\} & E\{x[k]x[k-1]\} & \cdots & E\{x[k]x[k-N+1]\} \\ E\{x[k-1]x[k]\} & E\{x^2[k-1]\} & \cdots & E\{x[k-1]x[k-N+1]\} \\ E\{x[k-2]x[k]\} & E\{x[k-2]x[k-1]\} & \cdots & E\{x[k-2]x[k-N+1]\} \\ \vdots & \vdots & \ddots & \vdots \\ E\{x[k-N+1]x[k]\} & E\{x[k-N+1]x[k-1]\} & \cdots & E\{x^2[k-N+1]\} \end{bmatrix}$$
$$(2.19)$$

Mit der Definition der Autokorrelationsfunktion gemäss (1.35) und der Annahme schwacher Stationarität des Eingangssignals, können die Elemente der Matrix jeweils als Autokorrelationsfunktionen (1.44) mit unterschiedlichen Verschiebungen i identifiziert werden:

$$r[i] = E\{x[k]x[k-i]\} \quad (2.20)$$

Damit gilt:

$$\mathbf{R} = E\{\underline{x}[k]\underline{x}^t[k]\} = \begin{bmatrix} r[0] & r[1] & r[2] & \ldots & r[N-1] \\ r[-1] & r[0] & r[1] & \ldots & r[N-2] \\ r[-2] & r[-1] & r[0] & \ldots & r[N-3] \\ \vdots & \vdots & \vdots & \ddots & \vdots \\ r[-N+1] & r[-N+2] & r[-N+3] & \ldots & r[0] \end{bmatrix} \quad (2.21)$$

Für komplexe Signale wird die Definition der Autokorrelationsmatrix wie folgt erweitert:

$$\mathbf{R} = E\{\underline{x}[k]\underline{x}^H[k]\}$$

H steht für eine *Hermitesche Transposition*. Dies ist eine Transposition mit komplexer Konjugation:

$$\underline{x}^H = (\underline{x}^t)^*$$

Analog zur Autokorrelationsmatrix besteht der **Kreuzkorrelationsvektor** $\underline{p}$ aus den Kreuzkorrelationen (1.37) zwischen dem erwünschten Signal $d[k]$ und den Elementen des Eingangssignalvektors $\underline{x}[k]$, also:

$$\begin{aligned} \underline{p} &= E\{d[k]\underline{x}[k]\} \\ &= E\{[d[k]x[k], d[k]x[k-1], \ldots, d[k]x[k-N+1]]^t\} \\ &= [r_{dx}[0], r_{dx}[1], \ldots, r_{dx}[N-1]]^t \end{aligned} \quad (2.22)$$

Eigenschaften der Autokorrelationsmatrix R

Die Autokorrelationsmatrix **R** hat einige wichtige Eigenschaften, die das weitere Rechnen vereinfachen:

1. Bei einem **komplexen** Signal ist **R** hermitesch, d.h.

$$\mathbf{R}^{*t} = \mathbf{R}^H = \mathbf{R} \quad (2.23)$$

Bei einem **reellen** Eingangssignal ist folglich **R symmetrisch**, d.h.

$$\mathbf{R}^t = \mathbf{R} \quad (2.24)$$

Die Matrix **R**

$$\mathbf{R} = \begin{bmatrix} r[0] & r[1] & r[2] & \ldots & r[N-1] \\ r[-1] & r[0] & r[1] & \ldots & r[N-2] \\ r[-2] & r[-1] & r[0] & \ldots & r[N-3] \\ \vdots & \vdots & \vdots & \ddots & \vdots \\ r[-N+1] & r[-N+2] & r[-N+3] & \ldots & r[0] \end{bmatrix}$$

2.3 LINEARE OPTIMALE FILTERUNG

ist bei einem reellen Eingangssignal symmetrisch, weil in diesem Fall die Autokorrelationsfunktion

- $r[i]$ reell ist
- und ferner $r[-i] = r[i]$ gilt.

2. **R** ist **Toeplitz**, d.h. alle Elemente der Hauptdiagonalen und alle Elemente der Nebendiagonalen sind jeweils identisch. Diese Eigenschaft gilt jedoch nur, solange das Eingangssignal $x[k]$ schwach stationär ist.

3. **R** ist **nie negativ definit** und **fast immer positiv definit**.

   Eine Matrix **R** ist nicht negativ definit, wenn für die sog. hermitesche Form $\underline{u}^H \mathbf{R} \underline{u}$ gilt
   $$\underline{u}^H \mathbf{R} \underline{u} \geq 0 \quad \forall \ \underline{u} \neq \underline{0} \tag{2.25}$$
   Ist (2.25) erfüllt, dann ist **R positiv semidefinit**. Gilt sogar
   $$\underline{u}^H \mathbf{R} \underline{u} > 0 \quad \forall \ \underline{u} \neq \underline{0} \tag{2.26}$$
   wird **R** als **positiv definit** bezeichnet. Der Beweis, dass die Autokorrelationsmatrix **R** mindestens positiv semidefinit ist, erfolgt über die skalare Hilfsgrösse g:

   Sei die skalare Zufallsgrösse g definiert durch das stochastische Eingangssignal $\underline{x}[k]$ und den beliebigen eindimensionalen komplexen Vektor $\underline{u}$ der Dimension $N \times 1$:
   $$g = \underline{u}^H \underline{x}[k]$$
   Dann gilt, weil g eine *skalare* Grösse ist:
   $$g^H = g^* = \underline{x}^H[k]\underline{u}$$
   Der mittlere quadratische Wert der Zufallsgrösse g ist dann:
   $$\begin{aligned} E\{|g|^2\} &= E\{gg^*\} \\ &= E\{\underline{u}^H \underline{x}[k]\underline{x}^H[k]\underline{u}\} \\ &= \underline{u}^H E\{\underline{x}[k]\underline{x}^H[k]\} \underline{u} \\ &= \underline{u}^H \mathbf{R} \underline{u} \end{aligned}$$
   Weil
   $$E\{|g|^2\} \geq 0$$
   ist auch
   $$\underline{u}^H \mathbf{R} \underline{u} \geq 0 \quad \forall \ \underline{u} \neq \underline{0} \tag{2.27}$$
   und somit **R** positiv semidefinit bzw. nicht negativ definit. In den meisten Fällen gilt sogar (2.26) und **R** ist positiv definit. Bei schwach stationären Eingangssignalen kommen Eingangssignaltypen mit einer positiv *semi*definiten Autokorrelationsmatrix nur sehr selten vor. Da eine positiv definite Matrix invertierbar ist, folgt daraus, dass **R** *meistens nicht singulär und damit invertierbar* ist.

2.3.3 Wiener-Filter: Minimierung der Fehlerfunktion $J(\underline{w})$ und optimaler Gewichtsvektor $\underline{w}^o$

Wir suchen nun den im MSE-Sinn optimalen Gewichtsvektor $\underline{w}^o$ unseres FIR-Filters, welcher den mittleren quadratischen Fehler, d.h. die Fehlerfunktion in $J(\underline{w})$ (2.18), minimiert:

$$J_{\min} = J(\underline{w}^o) = \min(J(\underline{w})) = \sigma_d^2 - 2\underline{p}^t\underline{w}^o + \underline{w}^{ot}\mathbf{R}\underline{w}^o \qquad (2.28)$$

$J(\underline{w})$ ist eine skalare Funktion 2. Ordnung des Gewichtsvektors $\underline{w}$ und stellt die Gütefunktion des Filters dar. $J(\underline{w})$ kann als eine tassenförmige **Fehlerfläche**[9] (ein Paraboloid in $N+1$ Dimensionen) visualisiert werden, die ein einziges Minimum bei $\underline{w}^o$ besitzt.

Im Fall eines FIR-Filters mit nur zwei Koeffizienten ($N = 2$)

$$\underline{w} = [w_1, w_2]^t$$

lässt sich die Fehlerfläche wie in Figur 2.3 gezeigt, anschaulich darstellen. Die Feh-

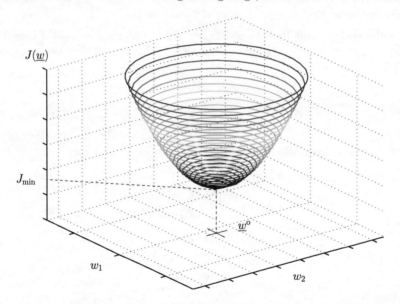

Figur 2.3: Tassenförmige Fehlerfläche bei $N = 2$ Gewichten

lerfunktion nimmt für den optimalen Filterkoeffizientenvektor, die sog. **Wiener-Lösung** $\underline{w}^o$, ihr Minimum $J_{\min}$ an.

---

[9]engl. error performance surface.

2.3 LINEARE OPTIMALE FILTERUNG

Aus der linearen Algebra ist bekannt, dass eine Funktion ihr Minimum annimmt, wenn zwei Bedingungen erfüllt sind:

1. Der Gradient der Fehlerfunktion verschwindet

$$\nabla_{\underline{w}}\left\{J(\underline{w})\right\}\big|_{\underline{w}=\underline{w}^o} = \underline{0} \qquad (2.29)$$

2. Die Hess'sche Matrix $\mathbf{H}_{\underline{w}}$ ist positiv definit. $\qquad (2.30)$

Dabei ist der **Gradient** von $J(\underline{w})$ bezüglich $\underline{w}$ durch

$$\nabla_{\underline{w}}\left\{J(\underline{w})\right\} = \frac{\partial J(\underline{w})}{\partial \underline{w}} = \left[\frac{\partial J}{\partial w_1}, \frac{\partial J}{\partial w_2}, \ldots, \frac{\partial J}{\partial w_N}\right]^t \qquad (2.31)$$

und das i,j-te Element h_{ij} der **Hess'schen Matrix** $\mathbf{H}_{\underline{w}}$ durch

$$h_{ij} = \frac{\partial^2 J(\underline{w})}{\partial w_i \partial w_j} \qquad (2.32)$$

gegeben. Die erste Bedingung verlangt, dass die partielle Ableitung der Fehlerfunktion nach jedem Gewicht w_j verschwindet

$$\frac{\partial J(\underline{w})}{\partial w_j}\bigg|_{\underline{w}=\underline{w}^o} = 0 \qquad 1 \leq j \leq N \qquad (2.33)$$

und die zweite Bedingung fordert, dass $\mathbf{H}_{\underline{w}}$ positiv definit ist, also gemäss (2.26):

$$\underline{u}^t \mathbf{H}_{\underline{w}} \underline{u} > 0 \qquad \forall \ \underline{u} \neq \underline{0} \qquad (2.34)$$

Intuitiv versteht man die beiden Bedingungen (2.29) und (2.30) am eindimensionalen Fall, d.h. für $\underline{w} = w$. Dann erhält man den optimalen Wert w^o falls:

$$\frac{\partial J}{\partial w}\bigg|_{w=w^o} = 0 \ ; \ \text{horizontale Tangente} \qquad (2.35)$$

und

$$\frac{\partial^2 J}{\partial w^2}\bigg|_{w=w^o} > 0 \ ; \ \text{konvexe Krümmung ('nach oben')} \qquad (2.36)$$

Entsprechend der Vorschrift (2.29) müssen wir nun den Gradienten von jedem Term in (2.18) berechnen und anschliessend die Summe dem Nullvektor gleichsetzen. Im Anhang C ist angegeben, wie der Gradient einer skalaren Funktion und der eines Vektor-Matrix Produktes berechnet wird. Wir erhalten zunächst einmal für den ersten Term der MSE-Gleichung (2.18)

$$\nabla_{\underline{w}}\left\{\sigma_d^2\right\} = \underline{0} \qquad (2.37)$$

weil σ_d^2 unabhängig von $\underline{w}$ ist. Ferner gilt für den letzten Term $\underline{p}^t\underline{w}$ in (2.18):

$$\nabla_{\underline{w}}\left\{\underline{p}^t\underline{w}\right\} = \left[\frac{\partial \underline{p}^t\underline{w}}{\partial w_1}, \frac{\partial \underline{p}^t\underline{w}}{\partial w_2}, \ldots, \frac{\partial \underline{p}^t\underline{w}}{\partial w_N}\right]^t \qquad (2.38)$$

und

$$\frac{\partial \underline{p}^t\underline{w}}{\partial w_i} = \frac{\partial}{\partial w_i}\left[\sum_{m=1}^{N} p_n w_n\right] = p_i \; ; \; 1 \leq i \leq N \qquad (2.39)$$

Folglich erhalten wir:

$$\nabla_{\underline{w}}\left\{\underline{p}^t\underline{w}\right\} = \underline{p} \qquad (2.40)$$

Zur Berechnung des Gradienten des zweiten Terms in der MSE-Gleichung (2.18)

$$\nabla_{\underline{w}}\left\{\underline{w}^t\mathbf{R}\underline{w}\right\} \qquad (2.41)$$

wird die Produktregel (C.10) angewendet, die allgemein für das Skalarprodukt zweier Vektoren

$$\underline{u}^t(\underline{w})\underline{v}(\underline{w}) = \underline{v}^t(\underline{w})\underline{u}(\underline{w}) \qquad (2.42)$$

wie folgt lautet:

$$\nabla_{\underline{w}}\left\{\underline{u}^t(\underline{w})\underline{v}(\underline{w})\right\} = \nabla_{\underline{w}}\left\{\underline{u}^t(\underline{w})\right\}\underline{v}(\underline{w}) + \nabla_{\underline{w}}\left\{\underline{v}^t(\underline{w})\right\}\underline{u}(\underline{w}) \qquad (2.43)$$

Mit der Zuordnung[10]

$$\underline{u}(\underline{w}) = \underline{w} \text{ und } \underline{v}(\underline{w}) = \mathbf{R}\underline{w} \qquad (2.44)$$

gilt, weil $\mathbf{R}$ symmetrisch und $\mathbf{R} = \mathbf{R}^t$ ist,

$$\underline{u}^t(\underline{w}) = \underline{w}^t \text{ und } \underline{v}^t(\underline{w}) = \underline{w}^t\mathbf{R}^t = \underline{w}^t\mathbf{R} \qquad (2.45)$$

und

$$\underline{u}^t(\underline{w})\underline{v}(\underline{w}) = \underline{w}^t\mathbf{R}\underline{w} \qquad (2.46)$$

Mit der Produktregel (2.43) erhalten wir somit für den Gradienten von $\underline{w}^t\mathbf{R}\underline{w}$

$$\nabla_{\underline{w}}\left\{\underline{w}^t\mathbf{R}\underline{w}\right\} = \nabla_{\underline{w}}\left\{\underline{u}^t(\underline{w})\underline{v}(\underline{w})\right\} = \nabla_{\underline{w}}\left\{\underline{w}^t\right\}\mathbf{R}\underline{w} + \nabla_{\underline{w}}\left\{\underline{w}^t\mathbf{R}\right\}\underline{w}$$

und nach weiterem Vereinfachen:

$$\nabla_{\underline{w}}\left\{\underline{w}^t\mathbf{R}\underline{w}\right\} = \mathbf{I}\mathbf{R}\underline{w} + \mathbf{R}\underline{w} = 2\mathbf{R}\underline{w} \qquad (2.47)$$

Wir setzen nun die Beiträge (2.37), (2.40) und (2.47) des **Gradienten** zusammen und erhalten:

$$\boxed{\nabla_{\underline{w}}\left\{J(\underline{w})\right\} = -2\underline{p} + 2\mathbf{R}\underline{w} = 2(\mathbf{R}\underline{w} - \underline{p})} \qquad (2.48)$$

---

[10] Selbstverständlich kann $\underline{w}^t\mathbf{R}\underline{w}$ auch wie folgt aufgeteilt werden: $\underline{u}(\underline{w}) = \mathbf{R}\underline{w}$ und $\underline{v}(\underline{w}) = \underline{w}$.

2.3 LINEARE OPTIMALE FILTERUNG

Nachdem der Gradient berechnet worden ist, kann nun das Minimum von $J(\underline{w})$ bestimmt werden. Nach (2.29) muss gelten:

$$\nabla_{\underline{w}} \{J(\underline{w})\}\big|_{\underline{w}=\underline{w}^o} = \nabla_{\underline{w}} \{\sigma_d^2 - 2\underline{p}^t\underline{w} + \underline{w}^t\mathbf{R}\underline{w}\}\big|_{\underline{w}=\underline{w}^o} = \underline{0} \qquad (2.49)$$

Mit (2.48) erhalten wir

$$\nabla_{\underline{w}} \{J(\underline{w})\}\big|_{\underline{w}=\underline{w}^o} = -2\underline{p} + 2\mathbf{R}\underline{w}^o = \underline{0} \qquad (2.50)$$

oder aufgelöst nach dem optimalen Gewichtsvektor:

$$\boxed{\underline{w}^o = \mathbf{R}^{-1}\underline{p}} \qquad (2.51)$$

Dies ist die zeitdiskrete Form der sog. **Wiener-Hopf-Gleichung**, welche die Filterkoeffizienten $\underline{w}^o$ des FIR-Wiener-Filters angibt, das optimal im Sinne des MSE ist. Die Wiener-Lösung hängt von der Autokorrelation des Eingangssignals und der Kreuzkorrelation des Eingangs mit dem erwünschten Signal ab.

Es bleibt noch zu zeigen, dass die zweite Bedingung (2.30) bzw. (2.34) für die Wiener-Lösung $\underline{w}^o$ erfüllt ist. Die Hess'sche Matrix $\mathbf{H}_{\underline{w}}$ von $J(\underline{w})$ ergibt sich zu

$$\mathbf{H}_{\underline{w}} = 2\mathbf{R} \qquad (2.52)$$

Wie schon in Abschnitt 2.3.2 erwähnt wurde, ist $\mathbf{R}$ und damit auch $\mathbf{H}_{\underline{w}}$ in der Praxis 'meistens' positiv definit. In diesem Fall ist $\mathbf{R}$ invertierbar und es existiert nach (2.51) eine eindeutige optimale Lösung $\underline{w}^o$, die einem *eindeutigen globalen* Minimum $J_{\min}$ auf der Fehlerfläche entspricht. In den seltenen Fällen, in denen $\mathbf{R}$ nur positiv *semi*definit ist, existieren beliebig viele Lösungen $\underline{w}^o_\alpha$, welche die Fehlerfunktion minimieren (dies wird in Abschnitt 2.3.5 erläutert).

Minimaler mittlerer quadratischer Fehler (MMSE)

Um den minimalen mittleren quadratischen Fehler (engl. Minimum Mean-Squared Error MMSE) $J_{\min} = J(\underline{w}^o)$ zu berechnen, setzen wir die Wiener-Lösung (2.51) in (2.18) ein und erhalten:

$$\begin{aligned} J_{\min} &= \sigma_d^2 - 2\underline{p}^t\underline{w}^o + \underline{w}^{ot}\mathbf{R}\underline{w}^o \\ &= \sigma_d^2 - 2\underline{p}^t\mathbf{R}^{-1}\underline{p} + (\mathbf{R}^{-1}\underline{p})^t\mathbf{R}\mathbf{R}^{-1}\underline{p} \end{aligned} \qquad (2.53)$$

Dieser Ausdruck lässt sich mit den folgenden Matrixbeziehungen vereinfachen:

1. Identitätsregel für quadratische Matrizen:

$$\mathbf{A}\mathbf{A}^{-1} = \mathbf{I} \qquad (2.54)$$

2. Transposition eines Matrixproduktes:

$$[\mathbf{AB}]^t = \mathbf{B}^t\mathbf{A}^t \qquad (2.55)$$

3. Symmetrie der Autokorrelationsmatrix:

$$\mathbf{R}^t = \mathbf{R} \;;\; \left(\mathbf{R}^{-1}\right)^t = \mathbf{R}^{-1} \qquad (2.56)$$

Für den dritten Term in (2.53) erhalten wir

$$\underline{p}^t(\mathbf{R}^{-1})^t\underline{p} = \underline{p}^t\mathbf{R}^{-1}\underline{p}$$

was mit dem zweiten Term zu folgendem Resultat für den **minimalen mittleren quadratischen Fehler MMSE** führt:

$$\boxed{J_{\min} = \sigma_d^2 - \underline{p}^t\mathbf{R}^{-1}\underline{p}} \qquad (2.57)$$

oder mit (2.51):

$$\boxed{J_{\min} = \sigma_d^2 - \underline{p}^t\underline{w}^\circ} \qquad (2.58)$$

Der MMSE entspricht der Leistung des Fehlersignals $E\{e^2[k]\}$ für $\underline{w} = \underline{w}^\circ$.

2.3.4 Orthogonalitätsprinzip: Wiener-Filterung als Estimationsproblem

Im vorherigen Abschnitt wurden die Wiener-Hopf-Gleichung und das optimale lineare Filter $\underline{w}^\circ$ (das Wiener-Filter) bestimmt, indem als Gütefunktion der mittlere quadratische Fehler (MSE) gewählt und mit Hilfe des Gradienten das Minimum der Fehlerfunktion $J(\underline{w})$ ermittelt wurde. Das Wiener-Filter wird oft auch über das sog. Orthogonalitätsprinzip hergeleitet. Weil das Orthogonalitätsprinzip zum (intuitiven) Verständnis der Wiener-Filtertheorie beiträgt, werden im Folgenden die Wiener-Hopf-Gleichungen alternativ mit Hilfe des Orthogonalitätsprinzips ermittelt. Das Problem der linearen optimalen Filterung wird hierbei als Estimationsproblem formuliert: Das FIR-Filter mit den Koeffizienten $\underline{w}$ (Figur 2.4) liefert auf Grund der Beobachtung $\underline{x}[k]$ eine Schätzung $\hat{d}[k]$ des erwünschten Signals $d[k]$.

$$\hat{d}[k] = \underline{x}^t[k]\underline{w} \qquad (2.59)$$

Als **Schätzfehler** $e[k]$ definieren wir die Differenz zwischen dem erwünschten Signal $d[k]$ und dem Filterausgang $\hat{d}[k]$, d.h.:

$$e[k] = d[k] - \hat{d}[k] = d[k] - \underline{x}^t[k]\underline{w} \qquad (2.60)$$

2.3 LINEARE OPTIMALE FILTERUNG

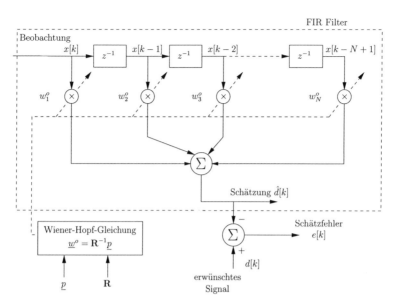

Figur 2.4: FIR-basiertes Wiener-Filter

Bei der neuen Formulierung des Problems soll nun zu jeder Zeit k eine Schätzung des Signals $d[k]$ vorgenommen werden. Als Kriterium für die Güte der Schätzung wählen wir wiederum den Erwartungswert des quadratischen Fehlers $E\{e^2[k]\}$, d.h. den mittleren quadratischen Fehler (MSE).

Das Schätzproblem lautet nun: 'Finde einen Koeffizientenvektor $\underline{w}^o$ derart, dass der mittlere quadratische Fehler $E\{e^2[k]\}$ minimal wird'. Mit Hilfe des **Orthogonalitätsprinzips** kann die Lösung folgendermassen formuliert werden:

Orthogonalitätsprinzip: Die lineare Schätzung des Signals $d[k]$ mit dem Beobachtungssignal $x[k]$ ist genau dann optimal im Sinne des mittleren quadratischen Fehlers (MSE), wenn der Fehler $e[k] = d[k] - \hat{d}[k]$ orthogonal zu jedem Eingangswert $x[k-i]$, $\forall i \in [0, N-1]$ ist:

$$E\{x[k-i]e[k]\} = 0 \qquad \forall i \in [0, N-1] \qquad (2.61)$$

Oder vektoriell dargestellt:

$$E\{\underline{x}[k]e[k]\} = \underline{0} \qquad (2.62)$$

Nach dem Orthogonalitätsprinzip ist also der MSE minimal, wenn der Fehler $e[k]$ zum Zeitpunkt k orthogonal zu allen Eingangswerten $x[k-i]$ $\forall i \in [0, N-1]$ ist, die an der Berechnung des Fehlers $e[k]$ beteiligt waren.

Mit Hilfe des Orthogonalitätsprinzips kommen wir nun in wenigen Schritten zur Wiener-Hopf-Gleichung. Einsetzen von (2.60) in (2.62) führt zu

$$E\{\underline{x}[k](d[k] - \underline{x}^t[k]\underline{w}^o)\} = \underline{0} \tag{2.63}$$

wobei $\underline{w}^o$ wiederum den optimalen Koeffizientenvektor bezeichnet. Nachdem der Erwartungswert eine lineare Operation und $\underline{w}^o$ konstant ist und aus dem Erwartungswert gezogen werden kann, folgt:

$$E\{\underline{x}[k]d[k]\} - E\{\underline{x}[k]\underline{x}^t[k]\}\,\underline{w}^o = \underline{0} \tag{2.64}$$

Mit den Definitionen (2.13) und (2.14) resultiert daraus die Wiener-Hopf-Gleichung

$$\mathbf{R}\underline{w}^o = \underline{p} \tag{2.65}$$

und die Wiener-Lösung:

$$\underline{w}^o = \mathbf{R}^{-1}\underline{p} \tag{2.66}$$

Der Weg über den Gradienten der Fehlerfunktion und der über das Orthogonalitätsprinzip führen zum gleichen optimalen Filter $\underline{w}^o$, was zu erwarten war, da in beiden Fällen das gleiche Gütemass, nämlich der MSE optimiert wird.

Eine weitere interessante Tatsache ergibt sich, wenn wir beide Seiten von (2.62) mit der Transponierten des optimalen Koeffizientenvektors $\underline{w}^{ot}$ vormultiplizieren:

$$\underline{w}^{ot} E\{\underline{x}[k]e[k]\} = 0 \tag{2.67}$$

Für eine gegebene Statistik ($\mathbf{R}$ und $\underline{p}$) ist der Koeffizientenvektor $\underline{w}^o$ konstant und kann unter den Erwartungswertoperator genommen werden:

$$E\{\underline{w}^{ot}\underline{x}[k]e[k]\} = 0 \tag{2.68}$$

Für den Ausgang des optimalen Filters gilt nach (2.59):

$$\hat{d}[k] = \underline{x}^t[k]\underline{w}^o = \underline{w}^{ot}\underline{x}[k] \tag{2.69}$$

Daraus folgt mit (2.68):

$$\boxed{E\left\{\hat{d}[k]e[k]\right\} = 0} \tag{2.70}$$

Die Gleichung besagt, dass bei optimalem Betrieb des Filters die Schätzung $\hat{d}[k]$ und der Schätzfehler $e[k]$ ebenfalls zueinander orthogonal sind.

2.3 LINEARE OPTIMALE FILTERUNG

Geometrische Deutung des Orthogonalitätsprinzips:

Der Begriff der Orthogonalität wird oft mit geometrischen Vorstellungen verbunden. So sind zwei 'geometrische' Vektoren $\underline{v}$ und $\underline{u}$ orthogonal, wenn ihr Skalarprodukt verschwindet, d.h. $<\underline{v},\underline{u}> = 0$. Ganz analog bilden auch Signale einen Vektorraum, in dem das Skalarprodukt zweier Signale $v[k]$ und $u[k]$ als Erwartungswert $E\{v[k]u[k]\}$ definiert wird. Von Orthogonalität bei Signalen kann somit gesprochen werden, wenn das Skalarprodukt $E\{v[k]u[k]\}$ verschwindet. In Tabelle 2.1 werden die beiden Vektorräume, die durch Signale bzw. 'geometrische' Vektoren aufgespannt werden gegenübergestellt.

	Basis des Vektorraumes:	
	Signale	'geometrische' Vektoren
Definition des Skalarprodukts	$E\{v[k]u[k]\}$	$<\underline{v},\underline{u}>$
Orthogonalität	$E\{v[k]u[k]\} = 0$	$<\underline{v},\underline{u}> = 0$

Tabelle 2.1: Skalarprodukt und Orthogonalität im Vektorraum, aufgespannt durch Signale und 'geometrische' Vektoren

Das Orthogonalitätsprinzip (2.61) verlangt nun, dass das Eingangssignal $x[k-i]$, $\forall i \in [0, N-1]$ orthogonal zum Schätzfehler $e[k]$ ist, damit die Schätzung optimal im Sinne des MSE ist. Ferner wurde mit (2.70) gezeigt, dass dann auch die Schätzung $\hat{d}[k]$ und der Schätzfehler $e[k]$ orthogonal sind. Dieser Sachverhalt

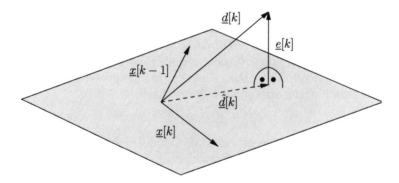

Figur 2.5: Veranschaulichung des Orthogonalitätsprinzips für zwei Gewichte ($N=2$)

wird in Figur 2.5 in einem kartesischen Koordinatensystem für ein FIR-Filter mit zwei Gewichten ($N=2$) veranschaulicht. Die Signale werden dabei als 'geometrische' Vektoren interpretiert und deshalb unterstrichen[11]. Die Schätzung $\hat{d}[k]$

---

[11] Achtung: $\underline{x}[k]$ ist hier das Eingangssignal zum Zeitpunkt k – als Vektor interpretiert – und hat nichts mit dem Eingangssignalvektor $\underline{x}[k]$ nach (2.5) zu tun!

des FIR-Filters zum Zeitpunkt k ist eine Linearkombination des Eingangssignals zum Zeitpunkt k und $k-1$:

$$\hat{d}[k] = w_1 x[k] + w_2 x[k-1] \qquad (2.71)$$

Dementsprechend liegen alle möglichen Schätzungen $\hat{d}[k]$ in einer 'Ebene', die durch die Signale $x[k]$ und $x[k-1]$ aufgespannt wird. Die optimale Schätzung $\hat{d}[k]$ des erwünschten Signals $d[k]$ ist gerade die Projektion von $d[k]$ auf diese Ebene. Das Fehlersignal $e[k]$ steht dann senkrecht auf der Ebene und ist damit orthogonal zu $x[k]$, $x[k-1]$ und $\hat{d}[k]$, was genau der Forderung des Orthogonalitätsprinzips (2.62) und auch (2.70) entspricht.

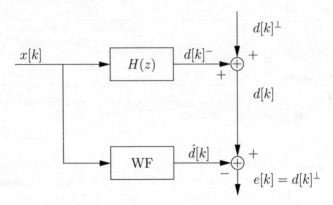

Figur 2.6: Allgemeine Zerlegung von $d[k]$ in die Anteile $d[k]^-$ und $d[k]^\perp$

Allgemein können wir die Entstehung des erwünschten Signals $d[k]$ wie in Figur 2.6 dargestellt modellieren: $d[k]$ besteht aus zwei Komponenten, nämlich einem Anteil $d[k]^-$, der mit dem Eingang $x[k]$ über das unbekannte lineare System mit der Übertragungsfunktion $H(z)$ (bzw. der Impulsantwort $h[k]$) verknüpft ist und einem zum Eingang orthogonalen Anteil $d[k]^\perp$:

$$d[k] = d[k]^- + d[k]^\perp \qquad (2.72)$$

Das Wiener-Filter bildet nun bei der MSE Optimierung das unbekannte System $H(z)$ nach. Die Schätzung $\hat{d}[k]$ entspricht dann dem Anteil $d[k]^-$, der mit dem Eingang korreliert ist. Im Fehlersignal $e[k]$ verbleibt schliesslich nur der zum Eingang orthogonale Anteil $d[k]^\perp$. In Abschnitt 1.2 haben wir typische Anwendungen adaptiver Filter in vier Klassen eingeteilt. Mit der gerade gewonnen Erkenntnis, dass ein adaptives Filter jeweils das unbekannte System $H(z)$ identifiziert, das den linearen Zusammenhang zwischen dem Eingang und dem Anteil $d[k]^-$ beschreibt, kann jede Klasse grundsätzlich auch auf die Klasse der Systemidentifikation (Figur 1.2) zurückgeführt werden.

Gemäss (1.56) sind mittelwertfreie orthogonale Signale auch unkorreliert. Bei den meisten Anwendungen liegen mittelwertfreie Signale vor.

2.3 LINEARE OPTIMALE FILTERUNG

Das Orthogonalitätsprinzip lautet dann wie folgt:

> Erreicht der FIR-Koeffizientenvektor seinen optimalen Wert $\underline{w}^o$, so sind das Fehlersignal und der Eingangssignalvektor unkorreliert.

2.3.5 Weitere Eigenschaften der Fehlerfunktion $J(\underline{w})$

Wir wollen nun die Fehlerfunktion $J(\underline{w})$ zur genaueren Analyse in Funktion der Abweichung $\underline{v} = \underline{w} - \underline{w}^o$ von der Wiener-Lösung darstellen. Für die allgemeine Fehlerfunktion erhalten wir nach (2.18):

$$J(\underline{w}) = \sigma_d^2 - 2\underline{p}^t\underline{w} + \underline{w}^t\mathbf{R}\underline{w} \tag{2.73}$$

und für das Minimum dieser Funktion nach (2.58):

$$J_{\min} = \sigma_d^2 - \underline{p}^t\underline{w}^o \tag{2.74}$$

Wir interessieren uns nun für die Abweichung der Fehlerfunktion vom Minimum $J_{\min}$ für ein gegebenen Gewichtsvektor $\underline{w}$. Dazu subtrahieren wir (2.74) von (2.73):

$$\Delta J(\underline{w}) = J(\underline{w}) - J_{\min} = \underline{p}^t\underline{w}^o - 2\underline{p}^t\underline{w} + \underline{w}^t\mathbf{R}\underline{w} \tag{2.75}$$

Einsetzten von (2.65)

$$\underline{p} = \mathbf{R}\underline{w}^o \tag{2.76}$$

in (2.75) führt zu:

$$\Delta J(\underline{w}) = (\mathbf{R}\underline{w}^o)^t \underline{w}^o - 2(\mathbf{R}\underline{w}^o)^t \underline{w} + \underline{w}^t\mathbf{R}\underline{w} \tag{2.77}$$

Wegen der Symmetrie der Autokorrelationsmatrix gilt

$$(\mathbf{R}\underline{w}^o)^t = \underline{w}^{ot}\mathbf{R}^t = \underline{w}^{ot}\mathbf{R} \tag{2.78}$$

und folglich:

$$\Delta J(\underline{w}) = \underline{w}^{ot}\mathbf{R}\underline{w}^o - 2\underline{w}^{ot}\mathbf{R}\underline{w} + \underline{w}^t\mathbf{R}\underline{w} \tag{2.79}$$

Dieser Ausdruck kann folgendermassen vereinfacht werden:

$$\boxed{\Delta J(\underline{w}) = (\underline{w} - \underline{w}^o)^t \mathbf{R} (\underline{w} - \underline{w}^o)} \tag{2.80}$$

Beweis: Weil im Allg. gilt

$$(\underline{w} - \underline{w}^o)^t = \underline{w}^t - \underline{w}^{ot} \tag{2.81}$$

können wir (2.80) umschreiben und ausmultiplizieren:

$$\begin{aligned} \Delta J(\underline{w}) &= (\underline{w}^t - \underline{w}^{ot})\mathbf{R}(\underline{w} - \underline{w}^o) \\ &= \underline{w}^t\mathbf{R}\underline{w} - \underline{w}^t\mathbf{R}\underline{w}^o - \underline{w}^{ot}\mathbf{R}\underline{w} + \underline{w}^{ot}\mathbf{R}\underline{w}^o \end{aligned} \qquad (2.82)$$

Jeder Term auf der rechten Seite von (2.82) ist ein Skalar und somit gleich der eigenen Transponierten. Mit der Symmetrie von $\mathbf{R}$ und mit den Zuordnungen

$$\begin{aligned} \underline{a} &= \underline{w}, & \underline{a}^t &= \underline{w}^t \\ \underline{b} &= \mathbf{R}\underline{w}^o, & \underline{b}^t &= \underline{w}^{ot}\mathbf{R}^t = \underline{w}^{ot}\mathbf{R} \end{aligned}$$

gilt, weil $\underline{a}^t\underline{b}$ ein Skalar ist

$$\underline{a}^t\underline{b} = \underline{b}^t\underline{a}$$

oder

$$\underline{w}^t\mathbf{R}\underline{w}^o = \underline{w}^{ot}\mathbf{R}\underline{w}$$

Damit vereinfacht sich (2.82) nach Vertauschen der äusseren beiden Terme zu

$$\Delta J(\underline{w}) = \underline{w}^{ot}\mathbf{R}\underline{w}^o - 2\underline{w}^{ot}\mathbf{R}\underline{w} + \underline{w}^t\mathbf{R}\underline{w}$$

was genau dem Ausdruck von (2.79) entspricht. Führen wir nun noch den **Abweichungsvektor** $\underline{v}$ ein

$$\boxed{\underline{v} = \underline{w} - \underline{w}^o} \qquad (2.83)$$

so gilt für die Abweichung $\Delta J(\underline{v})$ in $\underline{v}$-Koordinaten mit (2.80)

$$\Delta J(\underline{v}) = J(\underline{v}) - J_{\min} = \underline{v}^t\mathbf{R}\underline{v} \qquad (2.84)$$

und damit für die **Fehlerfunktion in $\underline{v}$-Koordinaten**:

$$\boxed{J(\underline{v}) = J_{\min} + \underline{v}^t\mathbf{R}\underline{v}} \qquad (2.85)$$

Den **Gradienten** von $J(\underline{v})$ nach $\underline{v}$ erhalten wir analog zu den Berechnungen von (2.48) als:

$$\nabla_{\underline{v}}\{J(\underline{v})\} = 2\mathbf{R}\underline{v} = 2\mathbf{R}(\underline{w} - \underline{w}^o) = 2(\mathbf{R}\underline{w} - \underline{p}) \qquad (2.86)$$

Damit gilt:

$$\boxed{\nabla_{\underline{w}}\{J(\underline{w})\} = \nabla_{\underline{v}}\{J(\underline{v})\} = 2\mathbf{R}\underline{v} = 2(\mathbf{R}\underline{w} - \underline{p})} \qquad (2.87)$$

2.3 LINEARE OPTIMALE FILTERUNG

Wir wollen nun den Ausdruck für die Fehlerfunktion (2.85) etwas genauer betrachten. Mit (2.27) wurde bewiesen, dass **R** positiv semidefinit ist, d.h.

$$\underline{v}^t \mathbf{R} \underline{v} \geq 0 \quad \forall \ \underline{v} \neq \underline{0} \tag{2.88}$$

Mit (2.85) folgt daraus, dass $J_{\min}$ tatsächlich den kleinstmöglichen Wert von $J(\underline{w})$ darstellt. Falls **R** sogar positiv definit ist, d.h.

$$\underline{v}^t \mathbf{R} \underline{v} > 0 \quad \forall \ \underline{v} \neq \underline{0} \tag{2.89}$$

dann wird das Minimum $J_{\min}$ tatsächlich nur für $\underline{v} = \underline{0}$ erreicht, d.h. wenn der Gewichtsvektor $\underline{w}$ der Wiener-Lösung $\underline{w}^o$ entspricht.

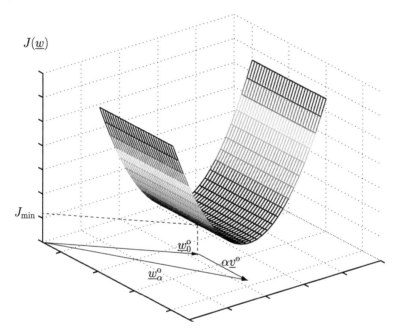

Figur 2.7: Fehlerfläche bei einer positiv *semi*definiten Matrix **R**: Das Minimum $J_{\min}$ ist nicht eindeutig

Die meisten in der Praxis vorkommenden Signale haben eine Autokorrelationsmatrix, die positiv definit ist. Falls nun **R** nur positiv *semi*definit ist und ein Abweichungsvektor $\underline{v}^o \neq \underline{0}$ existiert, so dass

$$\underline{v}^{o\,t} \mathbf{R} \underline{v}^o = 0 \tag{2.90}$$

dann gilt auch für jedes Vielfache $\alpha \underline{v}^o$

$$\alpha \underline{v}^{o\,t} \mathbf{R} \alpha \underline{v}^o = 0 \tag{2.91}$$

In diesem Fall existieren also beliebig viele Gewichtsvektoren $\underline{w}_\alpha^o$ mit dem reellen Parameter α

$$\underline{w}_\alpha^o = \underline{w}_0^o + \alpha \underline{v}^o \qquad (2.92)$$

welche die Fehlerfunktion $J(\underline{w})$ minimieren (Figur 2.7). Die Wiener-Lösung ist somit nur eindeutig, wenn $\mathbf{R}$ positiv definit ist. Es ist zu betonen, dass die Frage, ob bei der Filteroptimierung eine eindeutige Lösung $\underline{w}^o$ oder eine Parameterlösung $\underline{w}_\alpha^o = \underline{w}_0^o + \alpha \underline{v}^o$ existiert, nur von der Autokorrelationsmatrix $\mathbf{R}$ und damit von der Statistik des Eingangssignals und nicht vom erwünschten Signal abhängt.

Um herauszufinden, welche Signaltypen eine positiv *semi*definite Autokorrelationsmatrix $\mathbf{R}$ besitzen, ist folgende Betrachtungsweise hilfreich. Wir spalten das Filter mit dem Gewichtsvektor $\underline{w}$ in das optimale Filter $\underline{w}^o$ und ein Differenzfilter $\underline{v}$ auf (Figur 2.8). Das Fehlersignal $e[k]$ besteht aus dem optimierten Anteil

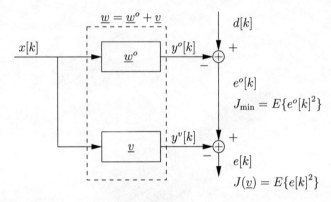

Figur 2.8: Aufspaltung des Filters in das optimale $\underline{w}^o$ und ein Differenzfilter $\underline{v}$

$e^o[k]$ und einem Anteil, der durch den Ausgang $y^v[k]$ des Differenzfilters bestimmt wird:

$$\begin{aligned} e[k] &= d[k] - (y^o[k] + y^v[k]) \\ e[k] &= e^o[k] - y^v[k] \end{aligned} \qquad (2.93)$$

Für den MSE gilt dann

$$\begin{aligned} E\{e[k]^2\} &= E\{(e^o[k] - y^v[k])^2\} \\ &= E\{e^o[k]^2 - 2y^v[k]e^o[k] + y^v[k]^2\} \\ &= E\{e^o[k]^2\} - 2E\{\underline{v}^t \underline{x}[k] e^o[k]\} + E\{y^v[k]^2\} \\ &= E\{e^o[k]^2\} - 2\underline{v}^t E\{\underline{x}[k] e^o[k]\} + E\{y^v[k]^2\} \end{aligned} \qquad (2.94)$$

wobei $y^v[k] = \underline{v}^t \underline{x}[k]$ benutzt wurde. Der erste Term in (2.94) entspricht dem minimalen Fehler $J_{\min}$ und der mittlere Term verschwindet, weil der Eingang und das optimierte Fehlersignal orthogonal sind (Orthogonalitätsprinzip (2.62)). Mit

2.3 LINEARE OPTIMALE FILTERUNG

$\underline{y}^v[k] = \underline{v}^t \underline{x}[k]$ folgt weiter:

$$\begin{aligned} E\{e[k]^2\} &= J_{\min} + E\{y^v[k]^2\} \\ &= J_{\min} + E\{\underline{v}^t\underline{x}[k]\underline{x}^t[k]\underline{v}\} \\ &= J_{\min} + \underline{v}^t E\{\underline{x}[k]\underline{x}^t[k]\}\underline{v} \\ J(\underline{v}) &= J_{\min} + \underline{v}^t \mathbf{R}\underline{v} \end{aligned} \qquad (2.95)$$

Dieses Ergebnis kennen wir bereits aus (2.85). Die Abweichung des MSE vom Minimum $J_{\min}$ ist also durch die Ausgangsleistung $E\{y^v[k]^2\} = \underline{v}^t\mathbf{R}\underline{v}$ des Differenzfilters $\underline{v}$ gegeben. Für welche Eingangssignaltypen ist nun die Autokorrelationsmatrix nur positiv *semi*definit, d.h. für welche Eingangssignaltypen existiert ein Differenzfilter $\underline{v}^o \neq \underline{0}$, das die Ausgangsleistung

$$E\{y^v[k]^2\} = \underline{v}^{ot}\mathbf{R}\underline{v}^o = 0 \qquad \underline{v}^o \neq \underline{0} \qquad (2.96)$$

unterdrückt? Ein FIR-Filter M-ter Ordnung besitzt nach (2.1) M-Nullstellen. Werden diese Nullstellen auf den Einheitskreis $|z| = 1$ gelegt, weist der Amplitudengang des FIR-Filters Nullstellen bei maximal M Frequenzen auf. Besitzt nun das Eingangssignal ein Spektrum, das nur bei den spektralen Nullstellen des FIR-Differenzfilters von Null verschieden ist (ein Linienspektrum), dann gilt für die Ausgangsleistung des Differenzfilters $E\{y^v[k]^2\} = \underline{v}^{ot}\mathbf{R}\underline{v}^o = 0$ und $\mathbf{R}$ ist damit positiv semidefinit.

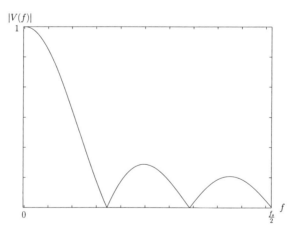

Figur 2.9: Amplitudengang $|V(f)|$ des Kammfilters $\underline{v} = [1,1,1,1,1,1]^t$, f_s: Abtastfrequenz

Hierzu ein Beispiel: Das sog. Kammfilter

$$\underline{v} = [1,1,\ldots,1]^t \qquad (2.97)$$

weist für die Ordnung $M = N - 1 = 5$ den in Figur 2.9 dargestellten Amplitudengang auf. Ist das Eingangssignal eine Summe von Sinusschwingungen mit den Frequenzen jeweils bei den spektralen Nullstellen des Amplitudengangs von $\underline{v}$, dann ist die Ausgangsleistung des Differenzfilters gleich Null.

Aus dieser Diskussion können wir folgern, dass Eingangssignale, die ein Linienspektrum aufweisen, eine Autokorrelationsmatrix besitzen, die positiv semidefinit ist. Dies ist der Fall für Signale, die aus einer Kombination von Sinusschwingungen unterschiedlicher Frequenzen (z.B. eine Grundschwingung mit ihren Harmonischen) bestehen. Allgemein gilt [9]:

Die Autokorrelationsmatrix R ist positiv *semi*definit, wenn das Eingangssignal aus einer Summe von K reellen[a] Sinusschwingungen besteht und für die Dimension $N \times N$ der Matrix gilt:

$$2K < N \qquad (2.98)$$

Dann ist **R** singulär und nicht invertierbar und für mindestens einen Eigenwert gilt: $\lambda_i = 0$. Die Wiener-Lösung $\underline{w}^o$ ist dann nicht eindeutig.

---

[a]Da eine reelle Schwingung durch zwei komplexe Schwingungen der Form $Ae^{(\pm j\omega t)}$ darstellbar ist, gilt entsprechend für komplexe Schwingungen $K < N$.

Da dieser Eingangssignaltyp in der Praxis eher selten vorkommt, ist **R** in der Regel positiv definit.

Die Nichteindeutigkeit der optimalen Wiener-Lösung bei Eingangssignalen mit positiv semidefiniten Autokorrelationsmatrizen kann auch anhand der Anwendungsklasse 'Systemidentifikation' (Figur 1.2) beleuchtet werden: Weist das Eingangssignal ein Linienspektrum auf, kann das unbekannte System nur bei ausgewählten Frequenzen identifiziert werden, weil das Filter bei den Frequenzen mit verschwindender Eingangsleistung keinen Einfluss auf das Fehlersignal und damit den MSE hat. Das adaptive Filter erhält dann Freiheitsgrade: Die optimale Übertragungsfunktion des Filters ist nicht eindeutig, und nur bei den Frequenzen festgelegt, bei denen das Eingangssignal auch präsent ist. Bei der Systemidentifikation sollte deshalb nach Möglichkeit das Eingangssignal das adaptive Filter bei allen Frequenzen anregen. Dies ist z.B. bei weissem Rauschen der Fall, das allgemein das optimale Eingangssignal eines adaptiven Filters ist, weil dann die Konvergenzzeiten der Adaptionsalgorithmen minimal sind. In der Regel hat man es jedoch mit Eingangssignalen zu tun, die nicht weiss sind.

Es gibt jedoch auch Anwendungen, bei denen eine breitbandige Anregung überflüssig ist. Das Beispiel aus Abschnitt 1.3.2, bei dem es um die Elimination eines 50 Hz Netzbrumms geht, verwendet eine 50 Hz Sinusschwingung als Filtereingang. Dies ist völlig ausreichend, weil das zu identifizierende System vollständig mit nur zwei Parametern bestimmt ist, nämlich die Verstärkung und Phase bei 50 Hz. Dementsprechend ist hier ein adaptives Filter mit zwei Filterkoeffizien-

2.3 LINEARE OPTIMALE FILTERUNG

ten ($N = 2$) ausreichend. Eine Erhöhung der Anzahl Filterkoeffizienten auf $N > 2$ würde unnötige Freiheitsgrade einführen und wegen Bedingung (2.98) (hier $K = 1$, also $2 < N$) wäre **R** positiv semidefinit und die optimale Wiener-Lösung nicht mehr eindeutig.

2.3.6 Eigenschaften der Eigenwerte und Eigenvektoren der Autokorrelationsmatrix R

Die Eigenwerte und Eigenvektoren der Autokorrelationsmatrix **R** des Eingangssignals spielen bei der Analyse der Konvergenzeigenschaften der Adaptionsalgorithmen eine wichtige Rolle. Wir werden sehen, dass die Form der Fehlerfläche durch die Eigenwerte festgelegt ist, und dass die Eigenvektoren eine orthonormale Basis bilden. Die Darstellung der Vektor-Matrix-Gleichungen bezüglich dieser Basis bewirkt eine Entkopplung der einzelnen Komponenten der Gleichungen. Diese Tatsache wird später bei der Analyse der Konvergenzeigenschaften der Adaptionsalgorithmen ausgenützt.

Wir beginnen mit einer kurzen Wiederholung der Begriffe Eigenwerte und Eigenvektoren einer Matrix:

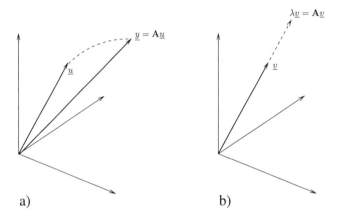

Figur 2.10: Lineare Abbildung: a) allg. Vektor $\underline{y} = \mathbf{A}\underline{u}$, b) Eigenvektors $\lambda\underline{v} = \mathbf{A}\underline{v}$

Gegeben sei eine $N \times N$ Matrix **A** und die $N \times 1$ Vektoren $\underline{u}$ und $\underline{v}$. Die 'Länge' oder Norm des Vektors sei $\|v\|$. Im Allg. ergibt das Produkt $\underline{y} = \mathbf{A}\underline{u}$ einen neuen Vektor $\underline{y}$ mit neuer Richtung und Betrag (Figur 2.10 a)).

Ein Vektor $\underline{v}$, der nach Multiplikation mit **A** nur seine Länge um λ, aber nicht seine Richtung ändert (Figur 2.10 b)), wird als **Eigenvektor** und entsprechend λ als **Eigenwert** von **A** bezeichnet:

$$\mathbf{A}\underline{v} = \lambda\underline{v} \qquad (2.99)$$

Im Allg. besitzt **A** N Eigenvektoren und Eigenwerte. Diese werden aus der sog. charakteristischen Gleichung berechnet. Mit der $N \times N$ Einheitsmatrix **I** und dem $N \times 1$ Nullvektor $\underline{0}$ folgt aus (2.99):

$$(\mathbf{A} - \lambda \mathbf{I})\underline{v} = \underline{0} \qquad \underline{v} \neq \underline{0} \qquad (2.100)$$

Diese Gleichung hat nur dann eine von Null verschiedene Vektorlösung $\underline{v}$, wenn die Matrix $(\mathbf{A} - \lambda \mathbf{I})$ singulär ist und die Determinante verschwindet:

$$\det(\mathbf{A} - \lambda \mathbf{I}) = 0 \qquad (2.101)$$

Dies ist die **charakteristische Gleichung** von **A**. Sie ist ein Polynom N-ten Grades in λ mit (im Allg.) N verschiedenen Lösungen, den Eigenwerten λ_i ($i = 1, \ldots, N$), die den N Eigenvektoren $\underline{v}_i$ in (2.99) zugeteilt sind.

Wie erwähnt, hat die Autokorrelationsmatrix **R** einige wichtige Eigenschaften, insbesondere:

- Für reelle Signale $x[k]$ ist **R** symmetrisch, für komplexe Signale konjugiert symmetrisch oder hermitesch, also:

$$r_{ij} = r_{ji}^* \qquad 1 \leq i, j \leq N \qquad (2.102)$$

- **R** ist positiv semidefinit, d.h. $\underline{v}^H \mathbf{R} \underline{v} \geq 0$ für $\underline{v}^H \underline{v} \neq 0$, wobei H hermitesch bedeutet, was im Falle reeller Signale einfach mit t (transponiert) zu ersetzen ist.

Wegen dieser beiden Eigenschaften haben auch die Eigenwerte und Eigenvektoren von **R** spezielle Eigenschaften [9]. Insbesondere (mit Beweis nur dort, wo relevant für den weiteren Text):

1. **Die N Eigenvektoren $\underline{q}_i, i = 1, \ldots, N$ von R sind linear unabhängig**, d.h. es gilt

$$\sum_{i=1}^{N} a_i \underline{q}_i = \underline{0} \qquad (2.103)$$

   nur falls $a_1 = a_2 = \ldots = a_N = 0$.

2. Weil die Längen der Eigenvektoren $\underline{q}_i$ beliebig sein können, nehmen wir die Einheitslänge (Norm) für alle $\underline{q}_i$ an, d.h.:

$$\underline{q}_i^H \underline{q}_i = \|\underline{q}_i\|^2 = 1 \qquad 1 \leq i \leq N \qquad (2.104)$$

Wegen der linearen Unabhängigkeit der $\underline{q}_i$, $i = 1, \ldots, N$ können wir die **Eigenvektoren als Basis für die Darstellung eines beliebigen Vektors**

2.3 LINEARE OPTIMALE FILTERUNG

$\underline{w}$ durch eine Linearkombination der Eigenvektoren $\underline{q}_i$ mit den konstanten Koeffizienten a_i verwenden:

$$\underline{w} = \sum_{i=1}^{N} a_i \underline{q}_i \qquad (2.105)$$

Wollen wir nun eine lineare Transformation von $\underline{w}$ durch Vormultiplikation mit $\mathbf{R}$ ausführen, so erhalten wir

$$\mathbf{R}\underline{w} = \sum_{i=1}^{N} a_i \mathbf{R} \underline{q}_i \qquad (2.106)$$

und weil nach (2.99) gilt

$$\mathbf{R}\underline{q}_i = \lambda_i \underline{q}_i \qquad (2.107)$$

folgt:

$$\boxed{\mathbf{R}\underline{w} = \sum_{i=1}^{N} a_i \lambda_i \underline{q}_i} \qquad (2.108)$$

Die lineare Transformation bewirkt also eine Multiplikation der Koeffizienten a_i mit den den entsprechenden Eigenwerten λ_i.

3. **Die N Eigenwerte $\lambda_1, \ldots, \lambda_N$ einer $N \times N$ Autokorrelationsmatrix $\mathbf{R}$ sind reell und nicht negativ.** Der Beweis ist einfach:

Durch Vormultiplikation beider Seiten von (2.107) mit $\underline{q}_i^H$ erhalten wir:

$$\underline{q}_i^H \mathbf{R} \underline{q}_i = \lambda_i \underline{q}_i^H \underline{q}_i \qquad (2.109)$$

Das Skalarprodukt $\underline{q}_i^H \underline{q}_i$ ist das Quadrat der euklidischen Länge des Eigenvektors $\underline{q}_i$. Folglich ist $\underline{q}_i^H \underline{q}_i > 0$. Daraus folgt:

$$\lambda_i = \frac{\underline{q}_i^H \mathbf{R} \underline{q}_i}{\underline{q}_i^H \underline{q}_i} \qquad i = 1, \ldots, N \qquad (2.110)$$

Nachdem der Zähler in (2.110) ein Skalarprodukt und mindestens positiv semidefinit ist, gilt

$$\lambda_i \geq 0 \qquad (2.111)$$

und für den häufigen Fall, dass der Zähler positiv definit ist, gilt entsprechend $\lambda_i > 0, \forall i$. Weil (2.110) ein Quotient zweier reeller Skalare ist, sind auch alle λ_i reell. Falls $\mathbf{R}$ positiv semidefinit ist, sind Eigenwerte $\lambda_i = 0$ vorhanden.

4. **Die N Eigenvektoren $\underline{q}_1, \underline{q}_2, \ldots, \underline{q}_N$ von R sind alle zueinander orthogonal und bilden eine orthonormale Basis:**

$$\underline{q}_i^H \underline{q}_j = 0 \qquad 1 \leq i,j \leq N \quad i \neq j \tag{2.112}$$

Wenn wir annehmen, dass die Eigenvektoren auf die Länge eins normiert sind, so gilt mit der Kronecker Deltafunktion:

$$\underline{q}_i^H \underline{q}_j = \delta_{ij} = \begin{cases} 1 & i = j \\ 0 & i \neq j \end{cases} \tag{2.113}$$

Diese Vektorbasis wird als orthonormal bezeichnet.

Die Orthogonalität nach (2.112) lässt sich leicht beweisen, indem die beiden Gleichungen $\mathbf{R}\underline{q}_i = \lambda_i \underline{q}_i$ und $\mathbf{R}\underline{q}_j = \lambda_j \underline{q}_j$ auf die Form $\lambda_i \underline{q}_i^H \underline{q}_j = \lambda_j \underline{q}_i^H \underline{q}_j$ gebracht werden. Sei $i \neq j$:

Damit gilt einerseits

$$\mathbf{R}\underline{q}_i = \lambda_i \underline{q}_i$$
$$\underline{q}_i^H \underbrace{\mathbf{R}^H}_{\mathbf{R}} = \lambda_i \underline{q}_i^H$$

und nach 'Rechtsmultiplikation' mit $\underline{q}_j$:

$$\underline{q}_i^H \mathbf{R} \underline{q}_j = \lambda_i \underline{q}_i^H \underline{q}_j \tag{2.114}$$

Anderseits gilt

$$\mathbf{R}\underline{q}_j = \lambda_j \underline{q}_j$$

und nach 'Linksmultiplikation' mit $\underline{q}_i^H$:

$$\underline{q}_i^H \mathbf{R} \underline{q}_j = \lambda_j \underline{q}_i^H \underline{q}_j \tag{2.115}$$

Daraus folgt wegen Gleichheit der linken Seiten von (2.114) und (2.115):

$$\lambda_i \underline{q}_i^H \underline{q}_j = \lambda_j \underline{q}_i^H \underline{q}_j \tag{2.116}$$

Weil $\lambda_i \neq \lambda_j$ angenommen wurde, muss $\underline{q}_i^H \underline{q}_j = 0$ sein, d.h. die Eigenvektoren zu unterschiedlichen Eigenwerten stehen **orthogonal** zueinander.

Unitäre Ähnlichkeitstransformation

Aus den orthonormalen Eigenvektoren $\underline{q}_1, \underline{q}_2, \ldots, \underline{q}_N$ der Autokorrelationsmatrix wird nun die sog. **Modalmatrix** definiert:

$$\mathbf{Q} = [\underline{q}_1, \underline{q}_2, \ldots, \underline{q}_N] \qquad (2.117)$$

Ferner wird die Diagonalmatrix $\mathbf{\Lambda}$ definiert, die aus den reellen Eigenwerten $\lambda_1, \lambda_2, \ldots, \lambda_N$ der Autokorrelationsmatrix $\mathbf{R}$ besteht:

$$\mathbf{\Lambda} = \text{diag}(\lambda_1, \lambda_2, \ldots, \lambda_N) \qquad (2.118)$$

Die Autokorrelationsmatrix $\mathbf{R}$ kann nun wie folgt diagonalisiert werden:

$$\mathbf{Q}^H \mathbf{R} \mathbf{Q} = \mathbf{\Lambda} \qquad (2.119)$$

Beweis: Für die N Eigenvektoren und Eigenwerte von $\mathbf{R}$ gilt jeweils:

$$\mathbf{R}\underline{q}_i = \lambda_i \underline{q}_i \qquad i = 1, 2, \ldots, N \qquad (2.120)$$

Die entsprechenden N Gleichungen nach (2.120) lassen sich nun mit (2.117) und (2.118) als Matrix-Gleichung schreiben, nämlich:

$$\mathbf{R}\mathbf{Q} = \mathbf{Q}\mathbf{\Lambda} \qquad (2.121)$$

Weil wir eine *orthonormale Basis* von Eigenvektoren annehmen, gilt gemäss (2.113):

$$\mathbf{Q}^H \mathbf{Q} = \mathbf{I} \qquad (2.122)$$

Daraus folgt, dass:

$$\mathbf{Q}^H = \mathbf{Q}^{-1} \qquad (2.123)$$

Dies bedeutet wiederum, dass $\mathbf{Q}$ nicht singulär und deren Inversion $\mathbf{Q}^{-1}$ gleich der hermiteschen Transposition von $\mathbf{Q}$ ist. Eine solche Matrix heisst **unitär**, ihre Determinante ist gleich ± 1.

Durch Vormultiplikation beider Seiten von (2.121) mit $\mathbf{Q}^H$, erhalten wir unter Berücksichtigung von (2.122)

$$\boxed{\mathbf{Q}^H \mathbf{R} \mathbf{Q} = \mathbf{\Lambda}} \qquad (2.124)$$

wie in (2.119) behauptet. Die Diagonalisierung von $\mathbf{R}$ wird auch als **unitäre Ähnlichkeitstransformation**[12] bezeichnet. Durch Nachmultiplikation beider

---
[12]engl. unitary similarity transformation.

Seiten von (2.121) mit $\mathbf{Q}^{-1}$ erhalten wir ferner

$$\mathbf{R} = \mathbf{Q}\mathbf{\Lambda}\mathbf{Q}^H = \sum_{i=1}^{N} \lambda_i \underline{q}_i \underline{q}_i^H \qquad (2.125)$$

was auch als **spektrales Theorem** bekannt ist.

Übrigens: Da $\det(\mathbf{AB}) = \det(\mathbf{A})\det(\mathbf{B})$ und $\mathbf{Q}$ unitär ist, d.h. $|\det(\mathbf{Q})| = 1$, folgt

$$\det(\mathbf{R}) = \det(\mathbf{Q}\mathbf{\Lambda}\mathbf{Q}^H) = \underbrace{\det(\mathbf{Q})\det(\mathbf{Q}^H)}_{1}\det(\mathbf{\Lambda})$$

und es gilt somit:

$$\det(\mathbf{R}) = \det(\mathbf{\Lambda}) = \prod_{i=1}^{N} \lambda_i \qquad (2.126)$$

Entkopplung der Vektor-Matrix-Gleichungen durch Transformation in das Eigenvektorkoordinatensystem

Wir transformieren einen allg. Koeffizientenvektor $\underline{w}$ wie folgt:

$$\underline{w} = \mathbf{Q}\underline{w}' \qquad (2.127)$$

Dann gilt für den Koeffizientenvektor in den neuen Koordinaten $\underline{w}'$

$$\underline{w}' = \mathbf{Q}^H \underline{w} \qquad (2.128)$$

wobei $\mathbf{Q} = [\underline{q}_1, \underline{q}_2, \ldots, \underline{q}_N]$ die orthonormale Modalmatrix ist. Diese Transformation ändert die Richtung, aber nicht den Betrag von $\underline{w}$.

Beweis:

$$\begin{aligned} \|\underline{w}\|^2 = \underline{w}^H \underline{w} &= \underline{w}'^H \mathbf{Q}^H \mathbf{Q} \underline{w}' \\ &= \underline{w}'^H \mathbf{I} \underline{w}' \\ &= \underline{w}'^H \underline{w}' \\ &= \|\underline{w}'\|^2 \end{aligned} \qquad (2.129)$$

Der Nutzen dieser *Richtungstransformation* offenbart sich bei ihrer Anwendung auf Matrixgleichungen, wie z.B. die Wiener-Hopf-Gleichung (2.65):

$$\mathbf{R}\underline{w}^\circ = \underline{p} \qquad (2.130)$$

Mit (2.125) erhalten wir

$$\mathbf{Q}\mathbf{\Lambda}\mathbf{Q}^H \underline{w}^\circ = \underline{p} \qquad (2.131)$$

2.3 LINEARE OPTIMALE FILTERUNG

und mit (2.128):
$$\mathbf{Q}\mathbf{\Lambda}\underline{w}^{o\prime} = \underline{p} \qquad (2.132)$$

Nun definieren wir
$$\underline{p}' = \mathbf{Q}^H \underline{p} \qquad (2.133)$$

multiplizieren beide Seiten von (2.132) mit $\mathbf{Q}^H$ und erhalten somit die **entkoppelte Form des Wiener-Hopf-Gleichungssystems**:

$$\boxed{\mathbf{\Lambda}\underline{w}^{o\prime} = \underline{p}'} \qquad (2.134)$$

Diese Form der Wiener-Hopf-Gleichungen ist sehr nützlich, weil $\mathbf{\Lambda}$ eine Diagonalmatrix ist. Die i-te Gleichung hat die Form

$$\lambda_i w_i^{o\prime} = p_i' \qquad (2.135)$$

wobei $w_i^{o\prime}$ und p_i' die i-ten skalaren Elemente der Vektoren $\underline{w}^{o\prime}$ und $\underline{p}'$ sind. Ausgeschrieben hat (2.134) die Form:

$$\begin{bmatrix} \lambda_1 & 0 & \cdots & 0 \\ 0 & \lambda_2 & \cdots & 0 \\ \vdots & \vdots & \ddots & \vdots \\ 0 & 0 & \cdots & \lambda_N \end{bmatrix} \begin{bmatrix} w_1^{o\prime} \\ w_2^{o\prime} \\ \vdots \\ w_N^{o\prime} \end{bmatrix} = \begin{bmatrix} p_1' \\ p_2' \\ \vdots \\ p_N' \end{bmatrix} \qquad (2.136)$$

Jeder entkoppelte Koeffizient $w_i^{o\prime}$ kann also direkt durch den Eigenwert λ_i und die entkoppelte Kreuzkorrelation p_i' angegeben werden. Ist also $\lambda_i \neq 0$, so gilt:

$$w_i^{o\prime} = \frac{p_i'}{\lambda_i} \qquad 1 \leq i \leq N \qquad (2.137)$$

Falls $\lambda_i = 0$, ist $\mathbf{R}$ positiv *semi*definit und $w_i^{o\prime}$ im Einklang zu bisherigen Aussagen unbestimmt.

Nun wollen wir noch eine weitere wichtige Matrixbeziehung, nämlich diejenige für die minimale Fehlerfunktion $J_{\min}$, in entkoppelter Form angeben. Wir gehen dabei von (2.58) aus

$$J_{\min} = \sigma_d^2 - \underline{p}^H \underline{w}^o \qquad (2.138)$$

und verwenden die allgemeinere hermitesche statt der transponierten Form des Vektors $\underline{p}$.

Mit (2.127), (2.133) und (2.137) gilt:

$$\underline{p}^H \underline{w}^\circ = \underline{p}'^H \underbrace{\mathbf{Q}^H \mathbf{Q}}_{\mathbf{I}} \underline{w}^{\circ\prime}$$

$$= \underline{p}'^H \underline{w}^{\circ\prime} = \sum_{i=1}^{N} p_i'^* w_i^{\circ\prime}$$

$$= \sum_{i=1}^{N} \frac{|p_i'|^2}{\lambda_i} \qquad (2.139)$$

Mit (2.138) erhalten wir also für die **entkoppelte Form der Gleichung für** $J_{\min}$:

$$\boxed{J_{\min} = \sigma_d^2 - \sum_{i=1}^{N} \frac{|p_i'|^2}{\lambda_i}} \qquad (2.140)$$

Mit dem *entkoppelten* Differenzvektor $\underline{v}'$, der mit (2.83) und (2.127) definiert ist durch die Beziehung

$$\underline{v} = \underline{w} - \underline{w}^\circ = \mathbf{Q}\underline{v}' \qquad (2.141)$$

und mit (2.84), erhalten wir die Abweichung ΔJ von $J_{\min}$ in $\underline{v}'$ Koordinaten:

$$\Delta J(\underline{v}) = J(\underline{v}) - J_{\min} = \underline{v}^H \mathbf{R} \underline{v}$$
$$\Delta J(\underline{v}') = (\mathbf{Q}\underline{v}')^H (\mathbf{Q}\mathbf{\Lambda}\mathbf{Q}^H) \mathbf{Q}\underline{v}'$$
$$= \underline{v}'^H \underbrace{\mathbf{Q}^H \mathbf{Q}}_{\mathbf{I}} \mathbf{\Lambda} \underbrace{\mathbf{Q}^H \mathbf{Q}}_{\mathbf{I}} \underline{v}'$$
$$= \underline{v}'^H \mathbf{\Lambda} \underline{v}' = \sum_{i=1}^{N} v_i'^* \lambda_i v_i' = \sum_{i=1}^{N} \lambda_i |v_i'|^2 \qquad (2.142)$$

Die **entkoppelte Form der Gleichung für die Fehlerfunktion** lautet somit:

$$J(\underline{v}') = J_{\min} + \underline{v}'^H \mathbf{\Lambda} \underline{v}' \qquad (2.143)$$

Oder auch:

$$\boxed{J(\underline{v}') = J_{\min} + \sum_{i=1}^{N} \lambda_i |v_i'|^2} \qquad (2.144)$$

Diese Gleichung ist aufschlussreich, weil daraus direkt hervorgeht, dass *die Abweichung von* $J_{\min}$ *quadratisch mit jedem ungekoppelten Differenzvektorelement* v_i' *zunimmt. Ferner bestimmt der entsprechende Eigenwert* λ_i *den Grad der Zunahme des Fehlers:* Ein grosser Eigenwert λ_i bedeutet, dass eine kleine Änderung

2.3 LINEARE OPTIMALE FILTERUNG

von v'_i einen grossen Einfluss auf ΔJ haben wird. Ist hingegen $\lambda_i = 0$ ($\mathbf{R}$ positiv semidefinit), so lässt sich für eine Variation von v'_i in ΔJ keine Änderung feststellen. Dies ist bei der in Figur 2.7 gezeigten Fehlerfläche der Fall.

Diese Zusammenhänge werden im nächsten Abschnitt durch eine geometrische Deutung der Eigenvektoren und Eigenwerte noch klarer.

2.3.7 Geometrische Bedeutung der Eigenvektoren und Eigenwerte

In diesem Abschnitt wird der Zusammenhang zwischen den Eigenvektoren, den Eigenwerten und der Fehlerfläche $J(\underline{w})$ erläutert [25]. Wir erinnern daran, dass die Fehlerfunktion nach (2.18) die folgende Form hat:

$$J(\underline{w}) = \sigma_d^2 + \underline{w}^t \mathbf{R} \underline{w} - 2\underline{p}^t \underline{w} \tag{2.145}$$

und dass sie eine **hyperparabolische** Fehlerfläche in $(N+1)$ Dimensionen definiert (mit den Koordinatenachsen $J(\underline{w}), w_1, \ldots, w_N$). Um eine einfache Darstellung zu ermöglichen, werden wir uns ohne Einschränkung der Allgemeinheit im folgenden auf zwei Filterkoeffizienten und damit auf eine 3-dimensionale, elliptisch paraboloide Fehlerfläche beschränken, wie sie in Figur 2.11 nochmals wiedergegeben ist. Schneiden wir dieses elliptische Paraboloid mit Flächen, welche parallel

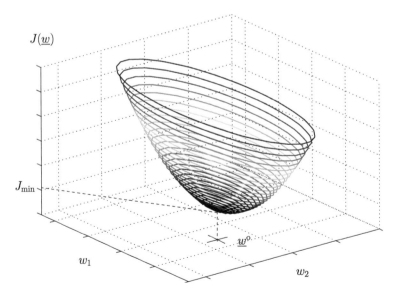

Figur 2.11: Fehlerfläche bei einer Konditionszahl von $\chi(\mathbf{R}) = \frac{\lambda_{\max}}{\lambda_{\min}} = 10$

zur (w_1, w_2)-Ebene liegen, so erhalten wir konzentrische Ellipsen konstanter mittlerer quadratischer Fehlerwerte, die sich direkt aus (2.145) ergeben, nämlich

$$\underline{w}^t \mathbf{R} \underline{w} - 2\underline{p}^t \underline{w} = a \qquad (2.146)$$

wobei a eine der Schnitthöhe entsprechende Konstante ist.

Diese 2-dimensionalen Ellipsen lassen sich wie in Figur 2.12 graphisch darstellen. In dieser Figur sind auch die Koordinaten v_1, v_2 des Abweichungsvektors

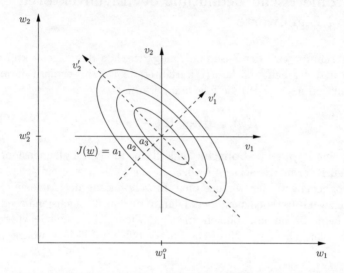

Figur 2.12: Schnittellipsen der Fehlerfläche in $\underline{w}$, $\underline{v}$ und $\underline{v}'$-Koordinaten

$\underline{v} = [v_1, v_2]^t$ eingezeichnet, der bekanntlich mit der Wiener-Lösung und $\underline{w}$ durch

$$\underline{v} = \underline{w} - \mathbf{R}^{-1}\underline{p} = \underline{w} - \underline{w}^o \qquad (2.147)$$

in Beziehung steht. In den Koordinaten des Abweichungsvektors $\underline{v}$ sind wegen (2.85) die Ellipsen von Figur 2.12 gegeben durch :

$$\underline{v}^t \mathbf{R} \underline{v} = b \qquad (2.148)$$

wobei b eine weitere, der Schnitthöhe entsprechende Konstante ist.

Man erinnere sich nun daran, dass eine 2-dimensionale Ellipse 2 Hauptachsen besitzt, welche durch das Ellipsenzentrum gehen und normal zur Tangente liegen. Diese sind in Figur 2.12 mit v_1' und v_2' bezeichnet[13]. Wir wollen nun den Zusammenhang zwischen diesen Hauptachsen und den Eigenvektoren finden.

---

[13]In einer hyperparabolischen Fehlerfläche der Dimension $N + 1$ werden die entsprechenden 'Ellipsen' N derartige Normal- oder Hauptachsen haben.

2.3 LINEARE OPTIMALE FILTERUNG

Der Gradient der Fehlerfläche $J(\underline{w})$ bzw. $J(\underline{v})$ ist durch (2.87) gegeben:

$$\nabla_{\underline{v}} J(\underline{v}) = 2\mathbf{R}\underline{v} \qquad (2.149)$$

Denken wir uns die Ellipsen als Konturen auf dem elliptischen Paraboloid, so ist leicht einzusehen, dass die Projektion des Gradienten $\nabla_{\underline{v}} J(\underline{v})$ auf die 2-dimensionale Konturen- oder Schnittebene eine Normale zu der jeweiligen Ellipse darstellt. Nun liegen die beiden Hauptachsen v_1' und v_2' nicht nur normal zu den Schnittellipsen, sondern sie gehen auch durch den Nullpunkt des $\underline{v}$-Koordinatensystems. Jeder Vektor in der $\underline{v}$-Ebene, der durch diesen Nullpunkt geht, muss die Form $\mu\underline{u}$ haben, wobei $\underline{u}$ die Richtung des Vektors bestimmt.

Wir fassen also zusammen. Eine Hauptachse der Ellipsenschar muss

1. normal zur Ellipsenschar sein, d.h. die Richtung von $\underline{u}$ muss mit der Richtung des Gradienten übereinstimmen,

2. durch den Nullpunkt des $\underline{v}$-Koordinatensystems gehen, d.h. die Form $\mu\underline{u}$ haben.

Es folgt also für die Hauptachsen v_i' mit Richtung $\underline{u}_i$

$$2\mathbf{R}\underline{u}_i = \mu_i \underline{u}_i \qquad (2.150)$$

oder umgeschrieben:

$$(\mathbf{R} - \frac{\mu_i}{2}\mathbf{I})\underline{u}_i = \underline{0} \qquad (2.151)$$

Ein Blick auf (2.99) und (2.100) zeigt nun, dass (2.150) und (2.151) genau den Definitionsgleichungen eines Eigenvektor/Eigenwertpaares entspricht, d.h. dass $\underline{u}_i$ ein Eigenvektor der Autokorrelationsmatrix $\mathbf{R}$ sein muss. Wir halten fest:

> Die **Eigenvektoren** der Autokorrelationsmatrix $\mathbf{R}$ des Eingangssignals eines FIR-basierten Wiener-Filters geben die Richtung der Hauptachsen der Schnittellipsen der Fehlerfläche $J(\underline{w})$ mit den Ebenen $J = a_j$ vor.

Die Darstellung eines Vektors bezüglich der orthonormalen Eigenvektorbasis gemäss (2.127), $\underline{v}' = \mathbf{Q}^t \underline{v}$, entspricht somit einer Transformation in das Hauptachsensystem.

Nun wollen wir die geometrische Bedeutung der Eigenwerte in Bezug auf die Fehlerfläche J ermitteln. Analog zu (2.48), können wir den Gradienten der Fehlerfunktion in $\underline{v}'$-Koordinaten (2.143) berechnen und erhalten

$$\begin{aligned}\nabla_{\underline{v}'} J(\underline{v}') &= 2\mathbf{\Lambda}\underline{v}' \\ &= 2[\lambda_1 v_1', \lambda_2 v_2', \ldots, \lambda_N v_N']^t \end{aligned} \qquad (2.152)$$

wobei wiederum $\mathbf{\Lambda} = \text{diag}(\lambda_1, \lambda_2, \ldots, \lambda_N)$ ist.

Aus (2.152) ist ersichtlich, dass der Gradient längs einer Hauptachse v_i' durch

$$\frac{\partial J}{\partial v_i'} = 2\lambda_i v_i' \qquad i = 1, 2, \ldots, N \tag{2.153}$$

gegeben ist. Folglich gilt für die 2. Ableitung von J nach einer Hauptachse:

$$\frac{\partial^2 J}{\partial v_i'^2} = 2\lambda_i \qquad i = 1, 2, \ldots, N \tag{2.154}$$

Die 2. Ableitung von J nach einer Hauptachse ist also proportional zum entsprechenden Eigenwert. Wir halten fest:

> Die **Eigenwerte** der Autokorrelationsmatrix $\mathbf{R}$ des Eingangssignals eines FIR-basierten Wiener-Filters sind proportional zur 2. Ableitung der Fehlerfläche J nach den Hauptachsen dieser Fläche.

Das bedeutet, dass die Öffnung des Paraboloids in Richtung der Hauptachsen umso enger/weiter ausfällt, je grösser/kleiner der entsprechende Eigenwert ist. Bei der Fehlerfläche in Figur 2.11 unterscheiden sich die Eigenwerte z.B. um einen Faktor $\frac{\lambda_{\max}}{\lambda_{\min}} = 10$. Damit wird die Form der Fehlerfläche nur von den Eigenwerten der Autokorrelationsmatrix, also letztlich der Statistik des Eingangssignals bestimmt. Die Position des Paraboloids (gegeben durch $\underline{w}^\circ$ und $J_{\min}$) hängt hingegen auch vom Kreuzkorrelationsvektor $\underline{p}$ und damit vom erwünschten Signal $d[k]$ ab. Die Adaptionsalgorithmen, die im nächsten Kapitel behandelt werden, steigen in kleinen Schritten, ausgehend von einem Initialwert, auf der Fehlerfläche zur Wiener-Lösung, herab. Deshalb wird die Form der Fehlerfläche das Konvergenzverhalten der Adaptionsalgorithmen entscheidend beeinflussen. Es wird sich zeigen, dass der für den Adaptionsverlauf günstigste Fall der eines rotationssymmetrischen Paraboloids ist. Dieser tritt ein, wenn alle Eigenwerte gleich gross sind.

Wir fassen nun noch die wichtigsten Ausdrücke für die Fehlerfunktion J in Funktion der Koeffizientenvektoren ($\underline{w}$, $\underline{v}$ und $\underline{v}'$) zusammen[14]

$$[(2.18)]: \quad J = \sigma_d^2 + \underline{w}^t \mathbf{R} \underline{w} - 2\underline{p}^t \underline{w} \tag{2.155}$$
$$[(2.80)]: \quad J = J_{\min} + (\underline{w} - \underline{w}^\circ)^H \mathbf{R} (\underline{w} - \underline{w}^\circ) \tag{2.156}$$
$$[(2.85)]: \quad J = J_{\min} + \underline{v}^H \mathbf{R} \underline{v} \tag{2.157}$$
$$[(2.125)]: \quad J = J_{\min} + \underline{v}^H (\mathbf{Q} \mathbf{\Lambda} \mathbf{Q}^H) \underline{v} \tag{2.158}$$
$$J = J_{\min} + (\mathbf{Q}^H \underline{v})^H \mathbf{\Lambda} (\mathbf{Q}^H \underline{v}) \tag{2.159}$$
$$[(2.143)]: \quad J = J_{\min} + \underline{v}'^H \mathbf{\Lambda} \underline{v}' \tag{2.160}$$

---
[14]Die Gleichungsnummer in eckigen Klammern bezieht sich auf die Stelle, wo der Ausdruck erstmals hergeleitet wurde.

2.4 DEKORRELATION UND KONDITIONIERUNG

Die Ausdrücke beziehen sich auf verschiedene Koordinatensysteme (siehe auch Figur 2.12), die eng voneinander abhängen:

Gewichtsvektor (Ursprungssystem) : $\underline{w}$
Abweichungsvektor (Translation) : $\underline{v} = \underline{w} - \underline{w}^o$
Abweichungsvektor in Hauptachsenkoordinaten (Rotation) : $\underline{v}' = \mathbf{Q}^H \underline{v}$

Die obigen Beziehungen wurden für den allgemeinen Fall komplexer Signale angegeben. Für den Fall reeller Grössen kann die hermitesche Transposition $\underline{x}^H$ durch die reelle Transposition $\underline{x}^t$ ersetzt werden.

2.4 Dekorrelation des Eingangssignals und Konditionierung

Aus den Ausführungen der letzten Abschnitte ging hervor, dass das Eingangssignal bzw. die Autokorrelationsmatrix $\mathbf{R}$ die Form der Fehlerfläche bestimmt, was auch die Konvergenzeigenschaften der Adaptionsalgorithmen beeinflussen wird. Dabei wird die sog. Konditionierung des Eingangssignals – die Eigenwertstruktur der Autokorrelationsmatrix – eine entscheidende Rolle spielen.

Durch die unitäre Ähnlichkeitstransformation (2.124) konnte die Autokorrelationsmatrix diagonalisiert werden. Die entsprechende Transformation des Eingangssignalvektors $\underline{x}[k]$ mit Hilfe der Modalmatrix $\mathbf{Q}$ wird als Karhunen-Loève-Transformation bezeichnet. Sie bewirkt eine Dekorrelation der Komponenten des transformierten Vektors $\underline{x}[k]'$.

2.4.1 Konditionszahl

Die sog. **Konditionszahl** $\chi(\mathbf{R})$ ist ein Mass für die Eigenwertstruktur einer Matrix. Sie ist als Verhältnis des grössten zum kleinsten Eigenwert einer Matrix definiert[15]:

$$\chi(\mathbf{R}) = \frac{\lambda_{\max}}{\lambda_{\min}} \qquad (2.161)$$

Ist dieses Verhältnis gross, spricht man von einer schlecht-konditionierten Matrix. Im besten Fall nimmt die Konditionszahl den Wert $\chi(\mathbf{R}) = 1$ an (alle Eigenwerte sind gleich gross, wie z.B. in Figur 2.3).

---

[15] engl. eigenvalue spread

Zusammenhang zwischen der Konditionszahl und dem Spektrum

Oft wird ein Signal durch sein Spektrum charakterisiert. Der Zusammenhang zwischen dem Leistungsdichtespektrum $S(f)$ und der Konditionierung eines Signals ist durch die folgende Abschätzung gegeben, die umso genauer ist, je grösser die Dimension $N \times N$ von $\mathbf{R}$ ist [9]:

$$\chi(\mathbf{R}) = \frac{\lambda_{\max}}{\lambda_{\min}} \leq \frac{S_{\max}}{S_{\min}} \qquad (2.162)$$

Dabei ist $S_{\max}$ das Maximum und $S_{\min}$ das Minimum von $|S(f)|$. Diese Ungleichung lässt sich einfach anhand zweier Extremfälle, nämlich an weissem Rauschen und an einem Sinussignal überprüfen: Weisses Rauschen besitzt – per Definition – ein flaches Spektrum. Demnach wäre die Konditionszahl $\frac{S_{\max}}{S_{\min}} = \chi(\mathbf{R}) = 1$. Anderseits hat weisses Rauschen eine Autokorrelationsfunktion $r[i]$, die nur für $r[0] = \sigma_x^2$ von Null verschieden ist, wobei σ_x^2 gerade die Leistung von $x[k]$ darstellt. Die Autokorrelationsmatrix ist deshalb eine Diagonalmatrix $\sigma_x^2 \mathbf{I}$ d.h. alle Eigenwerte sind gleich ($\lambda_i = \sigma_x^2$) und (2.162) ist erfüllt. Das Spektrum eines Sinussignals besteht nur aus einer Spektrallinie, d.h. das Verhältnis $\frac{S_{\max}}{S_{\min}}$ ist unendlich. Anderseits ist die entsprechende Matrix $\mathbf{R}$ positiv semidefinit[16], was bedeutet, dass $\lambda_{\min} = 0$ und die Konditionszahl unendlich ist.

Wie bereits erwähnt ist weisses Rauschen ($\chi(\mathbf{R}) = 1$) das optimale Eingangssignal eines adaptiven Filters, weil das Filter bei allen Frequenzen gleichermassen angeregt wird.

2.4.2 Diskrete Karhunen-Loève-Transformation

Wenn das Eingangssignal eine Diagonalmatrix als Autokorrelationsmatrix besitzt, spricht man von einem unkorrelierten Signal, weil die Autokorrelationen auf den Nebendiagonalen $r[l]$, $l \neq 0$, verschwinden. Durch die signalabhängige Karhunen-Loève-Transformation [14] können korrelierte Signale dekorreliert werden:

Betrachten wir den *schwach stationären* und *mittelwertfreien* Signalvektor $\underline{x}[k]$ mit der Autokorrelationsmatrix $\mathbf{R} = E\{\underline{x}[k]\underline{x}^t[k]\}$, deren Nebendiagonalelemente r_{ij}, $i \neq j$, im Allg. von Null verschiedenen sind:

$$r_{ij} = E\{x_i[k]x_j[k]\} = E\{x[k-i]x[k-j]\} = r[j-i] \neq 0 \qquad i \neq j \qquad (2.163)$$

Dabei ist gemäss (2.5) $x_i[k]$ die i-te Komponente von $\underline{x}[k]$.

Die **Karhunen-Loève-Transformation (KLT)**

$$\underline{x}'[k] = \mathbf{Q}^H \underline{x}[k] \qquad (2.164)$$

---
[16]für $N > 2$, siehe (2.98).

2.4 DEKORRELATION UND KONDITIONIERUNG

mit der Modalmatrix $\mathbf{Q}$, dessen Spalten aus den Eigenvektoren von $\mathbf{R}$ bestehen, bewirkt, dass für die Komponenten $x_i'[k]$ des transformierten Vektors $\underline{x}'[k]$ gilt:

- $x_i'[k]$ ist mittelwertfrei: $E\{x_i'[k]\} = 0$

- Die Komponenten sind gegenseitig unkorreliert:

$$E\{x_i'[k]x_j'[k]\} = \begin{cases} \lambda_i & i = j \\ 0 & i \neq j \end{cases} \quad (2.165)$$

Das bedeutet, dass die Autokorrelationsmatrix $\mathbf{R}'$ des transformierten Vektors eine Diagonalmatrix ist.

Beweis: Mit

$$\underline{x}'^H[k] = \underline{x}^H[k]\mathbf{Q} \quad (2.166)$$

gilt für $\mathbf{R}'$

$$\mathbf{R}' = E\{\underline{x}'[k]\underline{x}'^H[k]\} = E\{\mathbf{Q}^H\underline{x}[k]\underline{x}^H[k]\mathbf{Q}\} \quad (2.167)$$
$$= \mathbf{Q}^H E\{\underline{x}[k]\underline{x}^H[k]\}\mathbf{Q} = \mathbf{Q}^H\mathbf{R}\mathbf{Q} = \mathbf{\Lambda} \quad (2.168)$$

wobei (2.124) benutzt wurde. $\mathbf{R}'$ ist tatsächlich eine Diagonalmatrix $\mathbf{R}' = \mathbf{\Lambda}$, welche die Eigenwerte von $\mathbf{R}$ als Hauptdiagonalelemente aufweist, womit (2.165) bewiesen ist.

Die Karhunen-Loève-Transformation ist eine Koordinatentransformation: Der Signalvektor $\underline{x}[k]$ wird in den Koordinaten $\underline{x}'[k]$ der orthonormalen Basis der Eigenvektoren von $\mathbf{R}$ dargestellt. Die i-te Koordinate $x_i'[k]$ ist die Projektion von $\underline{x}[k]$ auf den entsprechenden Eigenvektor $\underline{q}_i$, gegeben durch das Skalarprodukt:

$$x_i'[k] = \underline{q}_i^H \underline{x}[k] \quad (2.169)$$

Diese Gleichung, für alle Komponenten gemeinsam formuliert, führt zu (2.164). Die Transformation einer Matrixgleichung in das Hauptachsensystem (wie z.B. in (2.140)) bewirkt eine Entkopplung der Gleichung, weil die Autokorrelationsmatrix in den neuen Koordinaten eine Diagonalmatrix ist $\mathbf{R}' = \mathbf{\Lambda}$.

Ein Reihe von Adaptionsalgorithmen (beispielsweise der Newton-LMS-, der RLS- und der FLMS-Algorithmus) führen eine Dekorrelation des Eingangssignals durch (mittels der KLT[17] oder der DFT[18]), weil dadurch eine schnelle Konvergenz, unabhängig von der Konditionierung des Eingangssignals erreicht wird. Adaptionsalgorithmen, die diese Eigenschaft besitzen, werden im Engl. als '*self-orthogonalizing adaptive filtering algorithms*' bezeichnet.

---

[17]Die KLT taucht nicht explizit im Algorithmus auf, sondern wird durch Multiplikation mit der Matrix $\mathbf{R}^{-1}$ durchgeführt (siehe Abschnitt 3.3.3).
[18]DFT: Diskrete Fourier Transformation. Die DFT dekorreliert das Eingangssignal nur näherungsweise (siehe Kapitel 5).

3 Gradienten-Suchalgorithmen für FIR-basierte adaptive Filter

Nachdem nun klar ist, wie das bezüglich des MSE optimale lineare Filter $\underline{w}^o$ bei gegebener Statistik berechnet wird und wie sich eine Abweichung $\underline{v}$ von der Wiener-Lösung $\underline{w}^o$ auf den MSE auswirkt, werden in diesem Kapitel Adaptionsalgorithmen der Klasse der Gradienten-Suchalgorithmen hergeleitet und deren Konvergenzeigenschaften analysiert.

Beim Adaptionsprozess sind zwei Vorgänge zu unterscheiden: Die Adaption in einer stationären Umgebung und die Adaption bei einer sich langsam verändernden Statistik.

In einer stationären Umgebung bleiben Form und Position der Fehlerfläche unverändert. Sie wird durch $\mathbf{R}$ und $\underline{p}$, bzw. den daraus abgeleiteten Grössen $\underline{w}^o$, $J_{\min}$ und λ_i bestimmt. Wäre die Statistik der Signale (mit $\mathbf{R}$ und $\underline{p}$) bekannt und $\mathbf{R}$ invertierbar, könnte das optimale Filter, das Wiener-Filter gemäss (2.51) direkt berechnet werden. Ein Adaptionsalgorithmus eines adaptiven Filters soll jedoch ohne Kenntnis der Statistik auskommen und seine Information nur aus Beobachtungen des Eingangs- und des erwünschten Signals $x[k]$ und $d[k]$ ziehen. Die in diesem Kapitel behandelten Algorithmen werden, ausgehend von einem Startwert, in kleinen Schritten auf der Fehlerfläche in die Nähe des Minimums herabsteigen und dort verharren. Die Filtergewichte werden dabei das Optimum $\underline{w}^o$ nicht genau erreichen, sondern um den Mittelwert $\underline{w}^o$ schwanken. Diese Fluktuation der Filtergewichte bringt eine Erhöhung des Minimums $J_{\min}$ um den sog. Überschussfehler[1] J_{ex} mit sich, aus dem die sog. Fehleinstellung[2] M berechnet wird, die als Mass für die Genauigkeit des Algorithmus verwendet wird.

In einer Umgebung, in der sich die Statistik langsam verändert, wandert die Fehlerfläche im Koordinatensystem umher. Der Algorithmus hat dann nicht nur die Aufgabe auf der Fehlerfläche zum Minimum herabzusteigen, sondern soll zusätzlich dem variierenden Minimum folgen ('tracking'). Die Nachführ-Fähigkeit des Algorithmus wird von dessen Konvergenzgeschwindigkeit abhängen, welche durch

---
[1] engl. Excess Mean-Squared Error.
[2] engl. misadjustment.

die Konditionierung des Eingangssignals und durch die sog. Schrittweite des Algorithmus beeinflusst wird. Eine Erhöhung der Konvergenzgeschwindigkeit geht jedoch auf Kosten der Genauigkeit (der Fehleinstellung) des Filters. Somit ist bei jeder Anwendung ein Abwägen dieser gegenläufigen Grössen – der Konvergenzgeschwindigkeit auf der einen und der Fehleinstellung auf der anderen Seite – erforderlich.

Gradienten-Suchalgorithmen für FIR-basierte adaptive Filter suchen die Fehlerfläche auf ihr Minimum ab, indem für den aktuellen Gewichtsvektor $\underline{w}[k]$ ein Korrekturterm ermittelt wird, der den Gewichtsvektor $\underline{w}[k+1]$ der nächsten Iteration näher an die Wiener-Lösung bringt. Dieser Korrekturterm wird aus dem negativen Gradienten, der bekanntlich in Richtung des steilsten Anstiegs der Fehlerfläche zeigt, oder auch aus einer Schätzung des Gradienten gebildet. Nach einer gewissen Anzahl von Iterationen wird die Wiener-Lösung mit einer gewissen Genauigkeit erreicht. Der Adaptionsalgorithmus, der wegen seiner Einfachheit am häufigsten Anwendung findet, ist der sog. LMS- oder Least-Mean-Squares-Algorithmus. Wir werden bei der Herleitung des LMS-Algorithmus vom sog. Newton-Verfahren ausgehen und den Algorithmus schrittweise vereinfachen, um zuerst das sog. Gradienten-Verfahren und schliesslich den LMS-Algorithmus zu erhalten. Sowohl das Newton-, als auch das Gradienten-Verfahren verwenden in ihrem Korrekturterm den Gradienten der Fehlerfunktion (2.48)

$$\nabla_{\underline{w}}\{J(\underline{w})\} = 2(\mathbf{R}\underline{w} - \underline{p}) \qquad (3.1)$$

Dies setzt allerdings voraus, dass die Statistik der Signale (mit $\mathbf{R}$ und $\underline{p}$) bekannt ist. Beide Algorithmen konvergieren im Grenzfall (Iterationszahl $k \to \infty$) zur Wiener-Lösung. Der LMS-Algorithmus hingegen kommt mit einer Schätzung des Gradienten[3] aus und setzt dabei nur die Beobachtbarkeit der Signale $x[k]$ und $d[k]$ voraus. Da die Schätzung des Gradienten mit einem Schätzfehler behaftet ist, wird die Wiener-Lösung auch nach erfolgtem Einschwingvorgang nicht genau erreicht. Es kann jedoch gezeigt werden, dass sich der LMS-Algorithmus 'im Mittel' wie das Gradienten-Verfahren verhält und Aussagen zu den Konvergenzeigenschaften des Gradienten-Verfahrens 'im Mittel' auch auf den LMS-Algorithmus übertragbar sind. Die Ungenauigkeit, die beim LMS-Algorithmus durch die Approximation des Gradienten ins Spiel kommt, kann durch einen Gradientenrauschvektor beschrieben und somit die resultierende Fehleinstellung M abgeschätzt werden.

---

[3] Gradienten-Suchalgorithmen, die eine Schätzung des Gradienten verwenden, werden im Engl. oft auch als 'stochastic gradient'-Algorithmen bezeichnet.

3.1 Newton-, Gradienten-Verfahren und LMS-Algorithmus

Der wohl bekannteste Adaptionsalgorithmus für lineare adaptive FIR-Filter ist der LMS-Algorithmus. Die Herleitung des LMS-Algorithmus erfolgt über das Newton- und das Gradienten-Verfahren. Beide Verfahren setzen voraus, dass die Statistik der Signale (mit $\mathbf{R}$ und $\underline{p}$) bekannt ist, was ihre praktische Anwendbarkeit einschränkt. Eine Vereinfachung, die approximative Berechnung des Gradienten in der Rekursionsformel des Gradienten-Verfahrens aus den verfügbaren Werten des Eingangs- und erwünschten Signals, führt schliesslich zum LMS-Algorithmus.

3.1.1 Das Newton-Verfahren

Zur Bestimmung der Rekursionsgleichung des Newton-Verfahrens gehen wir vom Gradienten der Fehlerfunktion aus (2.48):

$$\nabla_{\underline{w}} \{J(\underline{w})\} = 2(\mathbf{R}\underline{w} - \underline{p}) = 2\mathbf{R}(\underline{w} - \underline{w}^\circ) \qquad (3.2)$$

Aufgelöst nach $\underline{w}^\circ$ folgt:

$$\underline{w}^\circ = \underline{w} - \frac{1}{2}\mathbf{R}^{-1}\nabla_{\underline{w}}\{J(\underline{w})\} \qquad (3.3)$$

Diese Gleichung liefert den nötigen Korrekturvektor $\frac{1}{2}\mathbf{R}^{-1}\nabla_{\underline{w}}\{J(\underline{w})\}$, der, von einem beliebigen Startwert $\underline{w}$ ausgehend, in einem Schritt zu $\underline{w}^\circ$ führt. Wir suchen einen iterativen Algorithmus und ersetzen deshalb den Faktor $\frac{1}{2}$ durch eine kleine positive Konstante c – die sog. Schrittweite – und führen zu jedem Zeitpunkt k eine Iteration aus:

$$\underline{w}[k+1] = \underline{w}[k] - c\,\mathbf{R}^{-1}\,\nabla_{\underline{w}}\{J(\underline{w})\}\big|_{\underline{w}=\underline{w}[k]} \qquad (3.4)$$

Dies ist das **Newton-Verfahren**[4]. In Figur 3.1 ist der Verlauf der Rekursion auf der Fehlerfläche[5] für den Fall $N = 2$ mit der Initialisierung $\underline{w}[0] = [0,0]^t$ dargestellt. Der Korrekturvektor zeigt immer in Richtung von $\underline{w}^\circ$. Der Algorithmus erreicht deshalb $\underline{w}^\circ$ auf kürzestem Wege.

3.1.2 Das Gradienten-Verfahren

Die Verwendung der Inversen der Autokorrelationsmatrix $\mathbf{R}$ beim Newton-Verfahren ist nicht unproblematisch, weil $\mathbf{R}$ – wenn überhaupt bekannt – positiv

---

[4]Das Newton-Verfahren, dient i. Allg. der Bestimmung einer Nullstelle einer Funktion. Hier wird die Nullstelle von $\nabla_{\underline{w}}\{J(\underline{w})\}$ gesucht.
[5]im Höhenliniendiagramm.

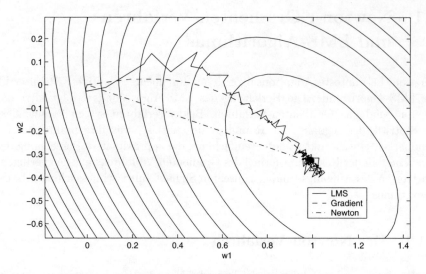

Figur 3.1: Verlauf der Rekursion auf der Fehlerfläche beim Newton-, Gradienten-Verfahren und LMS-Algorithmus

semidefinit und damit nicht invertierbar sein kann. Ferner ist die Inversion von **R** bei einer grossen Dimension $N \times N$ rechenaufwendig oder kann bei schlechter Konditionierung der Matrix zu numerischen Problemen führen. Wir können den Algorithmus (3.4) vereinfachen, indem wir $\mathbf{R}^{-1}$ durch die Einheitsmatrix **I** ersetzen:

$$\underline{w}[k+1] = \underline{w}[k] - c\,\nabla_{\underline{w}}\{J(\underline{w})\}\big|_{\underline{w}=\underline{w}[k]} \tag{3.5}$$

Dies ist die Rekursionsgleichung des **Gradienten-Verfahrens**[6], das ebenfalls in Figur 3.1 dargestellt ist. Der Korrekturvektor besteht hier nur noch aus dem Gradienten (daher der Name), der bekanntlich immer senkrecht auf den Höhenlinien steht. Weil die Richtungskorrektur durch den Term $\mathbf{R}^{-1}$ fehlt, beschreibt das Gradienten-Verfahren einen Umweg; es findet jedoch, wie noch gezeigt wird, ebenfalls sicher zu $\underline{w}^o$, d.h. für $k \to \infty$ konvergiert der Algorithmus zur Wiener-Lösung $\underline{w}^o$.

Alternative Herleitung des Gradienten-Verfahrens

Im folgenden wird eine alternative Herleitung des Gradienten-Verfahrens beschrieben und anhand eines eindimensionalen Beispiels verdeutlicht. Die Analyse der

---

[6]engl. method of steepest descent.

3.1 NEWTON-, GRADIENTEN-VERFAHREN, LMS-ALGORITHMUS

Fehlerfunktion in Kapitel 2 ergab, dass für den Fall einer positiv definiten Autokorrelationsmatrix $\mathbf{R}$ gilt:

1. Es gibt einen eindeutigen optimalen Koeffizientenvektor $\underline{w}^o$.

2. Jede Abweichung $\underline{v} = \underline{w} - \underline{w}^o$ vom Optimum $\underline{w}^o$ bewirkt eine *Zunahme* von $J(\underline{w})$

$$\Delta J = J(\underline{v}) - J_{\min} = \underline{v}^t \mathbf{R} \underline{v} > 0 \qquad \underline{v} \neq 0 \tag{3.6}$$

Aus diesem Grund ist es möglich, einen Algorithmus anzugeben, welcher mit Hilfe des Gradienten, ausgehend von einem Startvektor $\underline{w}(0)$, iterativ in mehreren Schritten $\underline{w}(1), \underline{w}(2), \ldots$ das Minimum $J_{\min}$ sucht und sich so dem optimalen Koeffizientenvektor $\underline{w}^o$ annähert.

Betrachten wir das Gradienten-Verfahren zunächst anhand des einfachen eindimensionalen Falls (Figur 3.2). Die Fehlerfunktion ist dabei durch $J(v) = J_{\min} + r[0]v^2$ gegeben.

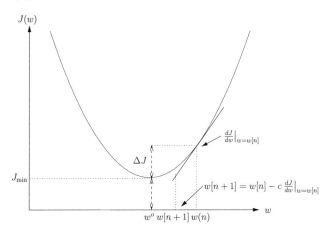

Figur 3.2: Gradienten-Verfahren für $N = 1$

Nehmen wir an, der Startwert des Koeffizienten w sei $w[n]$ und die Ableitung der Fehlerfunktion $J(w)$ nach w an dieser Stelle positiv. Um eine Verkleinerung von J zu erreichen, muss deshalb w im nächsten Schritt abnehmen, und zwar nach der Regel

$$w[n+1] = w[n] - c \left. \frac{dJ}{dw} \right|_{w=w[n]} \tag{3.7}$$

wobei c eine kleine positive Konstante ist.

Ist also die Ableitung (der Gradient) positiv, nimmt w ab, ist sie negativ, nimmt w zu. Werden diese Schritte genügend oft wiederholt, so gelangen wir zum Minimalwert $J_{\min}$ und damit zu w^o.

Betrachten wir nun den entsprechenden N-dimensionalen Fall und nehmen wiederum den Gradientenvektor (der ja nichts anderes ist als der Vektor bestehend aus den ersten Ableitungen von $J(\underline{w})$ nach jedem Element des Koeffizientenvektors $\underline{w}$) zu Hilfe, so erhalten wir in Analogie zu (3.7) die Rekursionsgleichung des Gradientverfahrens:

$$\underline{w}[n+1] = \underline{w}[n] - c\, \nabla_{\underline{w}}\left\{J(\underline{w})\right\}\Big|_{\underline{w}=\underline{w}[n]} \tag{3.8}$$

wobei wiederum c eine kleine positive Konstante ist. Wir haben in den obigen Ausdrücken den laufenden Parameter n für die Iterationszahl verwendet. Wird zu jedem Zeitpunkt k eine Iteration ausgeführt und n durch k ersetzt, so stimmt (3.8) mit (3.5) überein.

3.1.3 Der LMS-Algorithmus

Wir wollen nun den Gradienten

$$\nabla_{\underline{w}}\left\{J(\underline{w})\right\} = 2(\mathbf{R}\underline{w} - \underline{p}) \tag{3.9}$$

in (3.5) durch eine Schätzung ersetzen, die aus der Beobachtung der Signale $x[k]$ und $d[k]$ zustande kommt und die Kenntnis der Statistik ($\mathbf{R}$ und $\underline{p}$) nicht voraussetzt. Dazu müssen wir etwas ausholen:

In Abschnitt 1.4.3 wurde beschrieben, dass bei einem stationären und ergodischen Prozess der Ensemblemittelwert auch durch zeitliche Mittelung einer Musterfunktion des Prozesses bestimmt werden kann (1.48). Die Fehlerfunktion, die als Erwartungswert (Ensemblemittelwert) des quadratischen Fehlers

$$J(\underline{w}) = E\{e^2[k]\} \tag{3.10}$$

definiert wurde, ist im Fall eines stationären und ergodischen Fehlersignals auch durch die zeitliche Mittelung

$$J(\underline{w}) = \lim_{M \to \infty} \frac{1}{M} \sum_{k=0}^{M-1} e^2[k] \tag{3.11}$$

gegeben. Dabei ist die Abhängigkeit des Fehlers $e[k]$ von $\underline{x}[k]$, $d[k]$ und $\underline{w}$ durch (2.9) gegeben:

$$e[k] = d[k] - \underline{w}^t \underline{x}[k] \tag{3.12}$$

Aus praktischen Gründen wird die Mittelungslänge M immer endlich und das Ergebnis der Mittelung nur eine Schätzung der Fehlerfunktion sein. Nehmen wir an, wir überschauen zum Zeitpunkt $k = l$ für einen gegebenen Gewichtsvektor $\underline{w}$ einen Abschnitt von M Abtastwerten des Fehlersignals $e[k]$ (Figur 3.3). Die

3.1 NEWTON-, GRADIENTEN-VERFAHREN, LMS-ALGORITHMUS

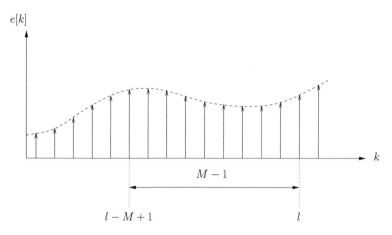

Figur 3.3: Fehlersignal für eine Beobachtungsintervall von M Werten

Fehlerfunktion für einen gegebenen Gewichtsvektor $\underline{w}$ gemäss (3.11), jedoch mit der endlichen Mittelungslänge M, lautet dann:

$$\hat{J}(\underline{w}, l) = \frac{1}{M} \sum_{k=l-M+1}^{l} e^2[k] \qquad (3.13)$$

Der Ausdruck $\hat{J}(\underline{w}, l)$ entspricht der Fehlerleistung im gewählten Ausschnitt, wobei das Argument l die Position des Ausschnitts bezeichnet.

Aus dem Schätzwert der Fehlerfunktion können nun alle weiteren Grössen, so auch ein Schätzwert für den Gradienten $\underline{G}(\underline{w}, l)$ abgeleitet werden:

$$\underline{G}(\underline{w}, l) = \nabla_{\underline{w}} \left\{ \hat{J}(\underline{w}, l) \right\} = \nabla_{\underline{w}} \left\{ \frac{1}{M} \sum_{k=l-M+1}^{l} e^2[k] \right\} \qquad (3.14)$$

Wir können also für jeden Block von M Werten des Fehlersignals und einen gegebenen Gewichtsvektor $\underline{w}$ einen Schätzwert $\underline{G}(\underline{w}, l)$ für den Gradienten berechnen, wobei wegen (3.12) nur die Signale $x[k]$ und $d[k]$ bekannt sein müssen[7]. Dieser Schätzwert kann nun in das Gradienten-Verfahren eingesetzt und somit folgendes Iterationsschema erhalten werden:

Wir teilen das Fehlersignal in Blöcke der Länge M ein, die zu den Zeitpunkten $k = l = nM$ enden, wobei n der Blockindex ist und führen zu den Zeiten

---

[7]Weil $\underline{x}[k]$ ($N-1$) vergangene Werte enthält, muss $x[k]$ für $(l-M-N+2) \leq k \leq l$ gegeben sein.

$k = l = nM$ folgende Iterationsvorschrift aus:

1. Berechnung von M neuen Fehlerwerten $e[k]$ mit dem 'alten' Gewichtsvektor $\underline{w}[n]$:

$$e[k] = d[k] - \underline{w}^t[n]\underline{x}[k] \qquad l - M + 1 \leq k \leq l = nM \qquad (3.15)$$

2. Aufdatierung des Gewichtsvektors $\underline{w}[n]$ nach dem Gradienten-Verfahren (3.5), jedoch mit dem Schätzwert $\underline{G}(\underline{w}, l = nM)$ des Gradienten (3.14):

$$\underline{w}[n+1] = \underline{w}[n] - c\,\underline{G}(\underline{w}, l = nM)\big|_{\underline{w}=\underline{w}[n]} \qquad (3.16)$$

Diese Rekursionsvorschrift wird wegen der blockweisen Verarbeitung als **Block-LMS-Algorithmus** bezeichnet [5].

Einen relativ groben Schätzwert für den Gradienten erhalten wir, wenn für die Blocklänge $M = 1$ gewählt wird. Dann vereinfacht sich (3.14) zu

$$\underline{G}(\underline{w}, l) = \nabla_{\underline{w}}\left\{e^2[l]\right\} \qquad (3.17)$$

was dem Gradienten des momentanen Quadratfehlers $e^2[l]$ entspricht. Weil wir nun $\underline{G}(\underline{w}, l)$ zu jedem Zeitpunkt k berechnen, schreiben wir

$$\underline{G}(\underline{w}, k) = \nabla_{\underline{w}}\left\{e^2[k]\right\} \qquad (3.18)$$

oder einfach

$$\underline{G}[k] = \nabla_{\underline{w}}\left\{e^2[k]\right\} \qquad (3.19)$$

ohne jedoch zu vergessen, dass $\underline{G}[k]$ vom Gewichtsvektor abhängt. Der Vektor $\underline{G}(\underline{w}, k)$ bzw. $\underline{G}[k]$ wird als **Momentangradient** bezeichnet und kann einfach berechnet werden:

$$\begin{aligned}
\underline{G}[k] &= \nabla_{\underline{w}}\left\{e^2[k]\right\} \\
&= \nabla_{\underline{w}}\left\{(d[k] - \underline{w}^t\underline{x}[k])^2\right\} \\
&= -2\underline{x}[k](d[k] - \underline{w}^t\underline{x}[k]) \\
&= -2\underline{x}[k]e[k]
\end{aligned} \qquad (3.20)$$

Der Momentangradient zum Zeitpunkt k ist also der Eingangsvektor $\underline{x}[k]$, gewichtet mit dem doppelten negativen Fehlerwert $-2e[k]$.

Ersetzen wir den Gradienten in der Rekursionsformel des Gradienten-Verfahrens (3.5) durch den Momentangradienten $\underline{G}[k]$ und führen die Iteration zu jedem Zeitpunkt k durch, erhalten wir:

$$\begin{aligned}
\underline{w}[k+1] &= \underline{w}[k] - c\,\underline{G}[k] & c > 0 \\
&= \underline{w}[k] + \mu e[k]\underline{x}[k] & \mu > 0
\end{aligned} \qquad (3.21)$$

Dabei ist $\mu = 2c$ eine kleine positive Konstante, die als **Schrittweite** bezeichnet wird.

3.1 NEWTON-, GRADIENTEN-VERFAHREN, LMS-ALGORITHMUS

Damit haben wir den **Least-Mean-Square**- oder **LMS**-Algorithmus hergeleitet. Dieser lässt sich folgendermassen zusammenfassen:

LMS-Algorithmus

Initialisierung:

$$\underline{w}[0] = \underline{0} \quad \mu > 0: \text{konstante Schrittweite}$$

Berechne zu jedem Zeitpunkt $k = 0, 1, 2, \ldots$:

1. Filterausgangswert:
$$y[k] = \underline{w}^t[k]\underline{x}[k] \tag{3.22}$$

2. Fehlerwert:
$$e[k] = d[k] - y[k] \tag{3.23}$$

3. Aufdatierung des Koeffizientenvektors:
$$\underline{w}[k+1] = \underline{w}[k] + \mu e[k]\underline{x}[k] \tag{3.24}$$

Der LMS Algorithmus wurde erstmals 1960 von B. Widrow und M. E. Hoff vorgestellt [24] und ist dank seiner Einfachheit noch heute der weitaus am häufigsten angewandte Algorithmus zur Adaption eines FIR-basierten adaptiven Filters. Wir erinnern uns daran, dass die wichtigsten Schritte der Herleitung des Algorithmus waren:

1. Definition eines Gütemasses, welches aus dem Ensemblemittelwert des quadratischen Fehlers besteht (MSE).

2. Herleitung des Gradienten-Verfahrens, welches durch iterative Suche den Koeffizientenvektor $\underline{w}^o$ findet, welcher das Gütemass, den MSE minimiert.

3. Approximation der benötigten Gradientenfunktion durch den Momentangradienten $\underline{G}[k]$, der direkt aus dem Eingangs- und Fehlersignal berechnet werden kann.

Das Prinzip des Koeffizientenabgleichs ist auch in Figur 3.4 dargestellt. Die rechnerischen Anforderungen des LMS-Algorithmus können wie folgt angeben werden, wobei nur die Anzahl reeller[8] Multiplikationen (ArM$_{\text{LMS}}$) gezählt und Additionen

---
[8]bei komplexen Signalen entsprechend komplexe Multiplikationen.

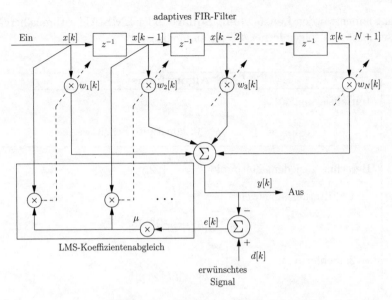

Figur 3.4: Koeffizientenabgleich durch den LMS-Algorithmus

vernachlässigt werden: Pro Iteration sind N Multiplikationen für den Filterausgang $y[k]$ und $(N+1)$ Multiplikationen für die Aufdatierung notwendig. Damit belaufen sich die **Anzahl reeller Multiplikationen** ArM_{LMS} **beim LMS-Algorithmus** auf

$$\text{ArM}_{\text{LMS}} = 2N + 1 \qquad \text{pro Iteration.} \tag{3.25}$$

Da zu jedem Zeitpunkt k eine Iteration erfolgt, fallen in Zeitintervallen von $T = 1/f_s$ (f_s: Abtastfrequenz) $2N+1$ reelle Multiplikationen an. Um den Rechenaufwand bei grossen Filterlängen N zu reduzieren, lohnt es sich, die Aufdatierung von $\underline{w}[k]$ und die Faltung $y[k] = \underline{w}^t[k]\underline{x}[k]$ (mit Hilfe des sog. Overlap-Save-Verfahrens) im Frequenzbereich durchzuführen (siehe Kapitel 5).

Der Momentangradient scheint auf den ersten Blick eine relativ grobe Approximation des Gradienten zu sein. In der Tat muss die Tauglichkeit (bzw. die Konvergenz) des LMS-Algorithmus erst noch bewiesen werden. Der Verlauf der LMS-Adaption, ausgehend vom Startwert $\underline{w}[0] = \underline{0}$ für zwei ausgewählte Musterfunktionen $x[k]$ und $d[k]$ ist in Figur 3.1 dargestellt. Die LMS-Adaption weist gegenüber dem 'exakten' Gradienten-Verfahren einen deutlich 'unruhigeren' Verlauf auf. Trotz der Gradientenapproximation scheint der Koeffizientenvektor nach dem Einschwingvorgang zumindest in die Nähe der Wiener-Lösung $\underline{w}^o$ zu gelangen und

3.1 NEWTON-, GRADIENTEN-VERFAHREN, LMS-ALGORITHMUS

um diese zu schwanken. Diese Fluktuationen erzeugen einen Überschussfehler J_{ex}, den wir in Abschnitt 3.2.7 berechnen werden.

Der Verlauf der LMS-Adaption ist in dem Sinne deterministisch, dass bei paralleler Ausführung mehrerer LMS-Algorithmen, bei jeweils gleichem Startwert und den selben Signalen $x[k]$ und $d[k]$, immer derselbe zeitliche Verlauf der Filterkoeffizienten resultiert. Der Momentangradient wird ja direkt aus den Signalen $x[k]$ und $d[k]$ berechnet, so dass immer derselbe Schätzfehler bei der Gradientenapproximation gemacht wird. Wird der LMS-Algorithmus jedoch jeweils mit verschiedenen Musterfunktionen $x[k]$ und $d[k]$ des gleichen zu Grunde liegenden stochastischen Prozesses (mit der Statistik $\mathbf{R}$ und $\underline{p}$) betrieben, so wird sich jedes Mal ein anderer Verlauf ergeben. Deshalb kann im Falle von stochastischen Signalen $x[k]$ und $d[k]$ der Verlauf der LMS-Adaption nur im Ensemblemittel beschrieben werden. In Abschnitt 3.2.2 wird gezeigt, dass der Erwartungswert $E\{\underline{w}[k]\}$ des LMS-Gewichtsvektors bei der Adaption zu jedem Zeitpunkt k dem Gewichtsvektor $\underline{w}[k]$ des Gradienten-Verfahrens entspricht[9]. Wenn also – in einem Gedankenexperiment – in Figur 3.1 unendlich viele LMS-Adaptionsvorgänge eingezeichnet und dann alle Verläufe gemittelt würden, ergäbe sich der Verlauf des Gradienten-Verfahrens. Nachdem noch bewiesen wird, dass das Gradienten-Verfahren zur Wiener-Lösung konvergiert, wird deshalb auch der LMS-Algorithmus im Ensemblemittel $\underline{w}^\circ$ erreichen.

Es wird ferner gezeigt, dass Erwartungswert des Momentangradienten $\underline{G}[k]$ für ein konstantes $\underline{w}$ dem Gradienten $\nabla_{\underline{w}}\{J(\underline{w})\}$ entspricht. Deshalb weist der Momentangradient trotz der 'wahrhaft groben' Approximation im Ensemblemittel in die 'richtige' Richtung. Wegen der rekursiven Form der Adaptionsgleichung des LMS-Algorithmus findet eine Art Mittelung des Momentangradienten – allerdings über die Zeit – statt, welche die Unsicherheit der Gradientenapproximation reduziert, und zu einer 'vernünftigen' Adaption der Gewichte führt.

Ein Nachteil des LMS-Algorithmus ist die Abhängigkeit seiner Konvergenzgeschwindigkeit von der Konditionierung $\chi(\mathbf{R})$ des Eingangssignals. Der LMS-Algorithmus gilt deshalb als eher langsam. In den Kapiteln 4 und 5 werden Adaptionsalgorithmen behandelt, die unabhängig von der Konditionierung eine schnelle Konvergenz erzielen.

Im nächsten Abschnitt wird das Konvergenzverhalten des Gradienten-Verfahrens und des LMS-Algorithmus analysiert und Fragen zur Stabilität der Konvergenzrate und der Genauigkeit des Algorithmus beantwortet. Wesentliche Parameter werden dabei unter anderem die Schrittweite c oder μ und die Eigenwerte der Autokorrelationsmatrix $\mathbf{R}$ des Eingangssignals sein.

---

[9] bei Einhaltung der sog. fundamentalen Annahmen, siehe Abschnitt 3.2.2.

3.2 Konvergenzeigenschaften der Gradienten-Suchalgorithmen

Um die Konvergenzeigenschaften des in der Praxis wichtigen LMS-Algorithmus zu verstehen, ist es sinnvoll, zuerst diese Eigenschaften für das Gradienten-Verfahren nach der Rekursionsformel (3.5) zu untersuchen. Die dabei erzielten Resultate sind anschaulich und geben Einblick sowohl in den allgemeinen Adaptionsprozess wie auch in sinnvolle Ansätze für dessen analytische Behandlung. Anschliessend werden wir zeigen, dass unter der Voraussetzung gewisser statistischer Einschränkungen bezüglich des Eingangs- und des erwünschten Signals die hier erzielten Resultate 'im Mittel' auch für den LMS-Algorithmus (3.24) gelten. So können die Konvergenzbedingungen und -zeitkonstanten im Mittel direkt auf den LMS-Algorithmus übertragen werden. Nachdem bewiesen ist, dass der LMS-Algorithmus 'im Mittel' konvergiert, wird die Varianz der LMS-Filterkoeffizienten nach dem Einschwingvorgang bestimmt, um die Ungenauigkeit (die Fehleinstellung M) des Algorithmus abschätzen zu können. Dies gelingt durch Einführung eines Gradientenrauschvektors, der die Ungenauigkeit des Momentangradienten beschreibt.

3.2.1 Konvergenz des Gradienten-Verfahrens

Der Gradient der Fehlerfunktion $J(\underline{w})$ ist gegeben durch (2.87)

$$\nabla_{\underline{w}}\{J(\underline{w})\} = -2\underline{p} + 2\mathbf{R}\underline{w} \tag{3.26}$$

und somit bei der k-ten Iteration des Koeffizientenvektors durch:

$$\nabla_{\underline{w}}\{J(\underline{w})\}\big|_{\underline{w}=\underline{w}[k]} = -2\underline{p} + 2\mathbf{R}\underline{w}[k] \tag{3.27}$$

Eingesetzt in die Rekursionsformel des Gradienten-Verfahrens (3.5) folgt

$$\begin{aligned}\underline{w}[k+1] &= \underline{w}[k] - 2c(-\underline{p} + \mathbf{R}\underline{w}[k]) \\ &= \underline{w}[k] + \mu\underline{p} - \mu\mathbf{R}\underline{w}[k]\end{aligned} \tag{3.28}$$

wobei wir die Konstante $2c$ mit der üblichen Bezeichnung für die Schrittweite μ ersetzt haben. Mit der Einheitsmatrix $\mathbf{I}$ lässt sich (3.28) umschreiben und wir erhalten für die **Rekursionsformel des Gradienten-Verfahrens** :

$$\boxed{\underline{w}[k+1] = (\mathbf{I} - \mu\mathbf{R})\underline{w}[k] + \mu\underline{p}} \tag{3.29}$$

Zunächst zeigen wir, dass diese Rekursionsformel tatsächlich für $k \to \infty$ zum optimalen Koeffizientenvektor $\underline{w}^o$ konvergiert. Ohne Verlust der Allgemeinheit

3.2 KONVERGENZEIGENSCHAFTEN

nehmen wir für den Anfangswert des Gewichtsvektors $\underline{w}[0] = \underline{0}$ an. Dann folgt für jeden weiteren Schritt:

$$\begin{aligned}
\underline{w}[1] &= (\mathbf{I} - \mu\mathbf{R})\underline{w}[0] + \mu\underline{p} = \mu\underline{p} \\
\underline{w}[2] &= \mu(\mathbf{I} - \mu\mathbf{R})\underline{p} + \mu\underline{p} \\
\underline{w}[3] &= (\mathbf{I} - \mu\mathbf{R})\underline{w}[2] + \mu\underline{p} \\
&= (\mathbf{I} - \mu\mathbf{R})\left[\mu(\mathbf{I} - \mu\mathbf{R})\underline{p} + \mu\underline{p}\right] + \mu\underline{p} \\
&= \mu(\mathbf{I} - \mu\mathbf{R})^2\underline{p} + \mu(\mathbf{I} - \mu\mathbf{R})\underline{p} + \mu\underline{p} \\
&= \mu\left[(\mathbf{I} - \mu\mathbf{R})^2 + (\mathbf{I} - \mu\mathbf{R}) + \mathbf{I}\right]\underline{p} \\
\underline{w}[k] &= \mu\left[(\mathbf{I} - \mu\mathbf{R})^{k-1} + (\mathbf{I} - \mu\mathbf{R})^{k-2} + \ldots + \mathbf{I}\right]\underline{p} \\
&= \mu\left[\sum_{m=0}^{k-1}(\mathbf{I} - \mu\mathbf{R})^m\right]\underline{p}
\end{aligned} \qquad (3.30)$$

Wir erinnern uns an die endliche Potenzreihe mit $|\alpha| < 1$:

$$S = \sum_{m=0}^{k-1}\alpha^m = 1 + \alpha + \ldots + \alpha^{k-1} \qquad (3.31)$$

Es gilt:

$$S\alpha = \alpha\sum_{m=0}^{k-1}\alpha^m = \alpha + \alpha^2 + \ldots + \alpha^k \qquad (3.32)$$

Wir bilden die Differenz $S - S\alpha$, lösen nach S auf und erhalten somit:

$$S = \sum_{m=0}^{k-1}\alpha^m = \frac{1 - \alpha^k}{1 - \alpha} = (1 - \alpha^k)(1 - \alpha)^{-1} \qquad (3.33)$$

Weil $|\alpha| < 1$, gilt:

$$\lim_{k\to\infty} S = \lim_{k\to\infty}\sum_{m=0}^{k-1}\alpha^m = \frac{1}{1 - \alpha} \qquad (3.34)$$

Wir nehmen nun an, dass die Matrix $(\mathbf{I} - \mu\mathbf{R})$ 'kleiner als eins' ist, und zwar in dem Sinne, dass der Betrag (oder die Länge) eines beliebigen Vektors $\underline{v}$ verkleinert wird, wenn er mit dieser Matrix multipliziert wird, also:

$$\|(\mathbf{I} - \mu\mathbf{R})\underline{v}\| < \|\underline{v}\| \qquad (3.35)$$

Mit dieser Annahme und (3.33) lässt sich (3.30) folgendermassen schreiben:

$$\begin{aligned}
\underline{w}[k] &= \mu\left([\mathbf{I} - (\mathbf{I} - \mu\mathbf{R})^k]\underbrace{[\mathbf{I} - (\mathbf{I} - \mu\mathbf{R})]^{-1}}_{\mu\mathbf{R}}\right)\underline{p} \\
&= [\mathbf{I} - (\mathbf{I} - \mu\mathbf{R})^k]\mathbf{R}^{-1}\underline{p}
\end{aligned} \qquad (3.36)$$

Mit der Annahme (3.35) folgt

$$\lim_{k\to\infty} (\mathbf{I} - \mu\mathbf{R})^k = \mathbf{0} \qquad (3.37)$$

und mit (3.36) und (3.37):

$$\boxed{\lim_{k\to\infty} \underline{w}[k] = \mathbf{R}^{-1}\underline{p} = \underline{w}^\circ} \qquad (3.38)$$

Damit wurde gezeigt, dass die Rekursionsformel (3.29) nach 'genügend langer Zeit' und unter der Annahme (3.35) tatsächlich zum optimalen Koeffizientenvektor $\underline{w}^\circ$ konvergiert.

Um noch mehr Einsicht in das Konvergenzverhalten des Gradienten-Verfahrens zu erhalten, wenden wir die Eigenvektortransformation (2.127) an

$$\underline{w}[k] = \mathbf{Q}\underline{w}'[k] \qquad (3.39)$$

wobei $\mathbf{Q}$ wiederum die $N \times N$ Matrix der Eigenvektoren der Autokorrelationsmatrix ist. Ferner benötigen wir noch die Beziehungen (2.124), (2.125) und (2.133)

$$\mathbf{R} = \mathbf{Q}\mathbf{\Lambda}\mathbf{Q}^H = \sum_{i=1}^{N} \lambda_i \underline{q}_i \underline{q}_i^H \qquad (3.40)$$

$$\mathbf{\Lambda} = \mathbf{Q}^H \mathbf{R} \mathbf{Q} \qquad (3.41)$$

$$\underline{p} = \mathbf{Q}\underline{p}' \qquad (3.42)$$

wobei $\mathbf{\Lambda}$ die Diagonalmatrix der N Eigenwerte von $\mathbf{R}$ ist. Durch Einsetzen dieser Beziehungen in (3.29) erhalten wir:

$$\mathbf{Q}\underline{w}'[k+1] = (\mathbf{I} - \mu\mathbf{Q}\mathbf{\Lambda}\mathbf{Q}^H)\mathbf{Q}\underline{w}'[k] + \mu\mathbf{Q}\underline{p}' \qquad (3.43)$$

Weil $\mathbf{Q}^H\mathbf{Q} = \mathbf{I}$, lässt sich (3.43) durch Vormultiplikation mit $\mathbf{Q}^H$ vereinfachen und wir erhalten die **entkoppelte Form der Rekursionsformel des Gradienten-Verfahrens**:

$$\boxed{\underline{w}'[k+1] = (\mathbf{I} - \mu\mathbf{\Lambda})\underline{w}'[k] + \mu\underline{p}'} \qquad (3.44)$$

Die entsprechenden N Gleichungen sind voneinander entkoppelt weil $\mathbf{I}$ und $\mathbf{\Lambda}$ Diagonalmatrizen sind, und können somit jeweils für sich betrachtet werden. Die i-te Gleichung lautet:

$$\boxed{w'_i[k+1] = (1 - \mu\lambda_i)w'_i[k] + \mu p'_i} \qquad (3.45)$$

3.2 KONVERGENZEIGENSCHAFTEN

Wir stellen fest, dass die i-te skalare Gleichung (3.45) eine ähnliche Form hat wie die Matrix-Gleichung (3.29) und gehen deshalb bei der Grenzwertberechnung $k \to \infty$ analog zu oben vor:

Mit dem Anfangswert $w_i'[0]$ erhalten wir:

$$
\begin{aligned}
w_i'[1] &= (1-\mu\lambda_i)w_i'[0] + \mu p_i' \\
w_i'[2] &= (1-\mu\lambda_i)w_i'[1] + \mu p_i' = \mu(1-\mu\lambda_i)p_i' + \mu p_i' + (1-\mu\lambda_i)^2 w_i'[0] \\
w_i'[3] &= = \mu\left[(1-\mu\lambda_i)^2 + (1-\mu\lambda_i) + 1\right]p_i' + (1-\mu\lambda_i)^3 w_i'[0] \\
w_i'[k] &= \mu\left[\sum_{m=0}^{k-1}(1-\mu\lambda_i)^m\right]p_i' + (1-\mu\lambda_i)^k w_i'[0]
\end{aligned}
\qquad(3.46)
$$

Wählen wir nun μ genügend klein, damit

$$|1-\mu\lambda_i| < 1 \qquad(3.47)$$

dann erhalten wir mit (3.34):

$$\lim_{k\to\infty}\sum_{m=0}^{k-1}(1-\mu\lambda_i)^m = \frac{1}{1-(1-\mu\lambda_i)} = \frac{1}{\mu\lambda_i} \qquad(3.48)$$

Daraus folgt der Grenzwert von $w_i'[k]$ für $k \to \infty$ mit (3.46):

$$
\begin{aligned}
\lim_{k\to\infty} w_i'[k] &= \lim_{k\to\infty} \mu \underbrace{\left[\sum_{m=0}^{k-1}(1-\mu\lambda_i)^m\right]}_{\to \frac{1}{\mu\lambda_i}} p_i' + \underbrace{(1-\mu\lambda_i)^k}_{\to 0} w_i'[0] \qquad(3.49)\\
&= \frac{1}{\mu\lambda_i}\mu p_i' = \frac{p_i'}{\lambda_i} = w_i'^o \qquad(3.50)
\end{aligned}
$$

Jeder entkoppelte Koeffizient $w_i'[k]$ konvergiert also zu einem Wert $w_i'^o = \frac{p_i'}{\lambda_i}$, der nach(2.137) der Wiener-Lösung entspricht.

Die Entkopplung der Rekursionsgleichung brachte vor allem die Erkenntnis, dass für eine Konvergenz des Gradienten-Verfahrens (und des LMS-Algorithmus 'im Mittel') die Bedingung (3.47) für alle Eigenwerte λ_i der Autokorrelationsmatrix und die Schrittweite μ erfüllt sein muss:

$$\boxed{|1-\mu\lambda_i| < 1 \qquad 1 \le i \le N} \qquad(3.51)$$

3.2.2 Konvergenz des LMS-Algorithmus

Das Konvergenzverhalten des LMS-Algorithmus kann nur 'im Mittel' im Sinne des Erwartungswerts beurteilt werden, da jede einzelne Realisation einer Adaption der Filterkoeffizienten durch den LMS-Algorithmus unterschiedlich verläuft, selbst wenn vom gleichen Startwert $\underline{w}[0]$ und einer unveränderten Statistik ausgegangen wird. Dies liegt natürlich daran, dass der LMS-Algorithmus eine Approximation des Gradienten verwendet, die sich direkt aus den Signalen $x[k]$ und $d[k]$ berechnet, welche ihrerseits bei jeder Realisation einen anderen zeitlichen Verlauf aufweisen.

In diesem Abschnitt wird gezeigt, dass – bei gleichem Startwert $\underline{w}[0]$ und gleicher Wienerlösung $\underline{w}^\circ$ – der Erwartungswert (Ensemblemittelwert) des Gewichtsvektors $E\{\underline{w}[k]\}$ bei der Adaption durch den LMS-Algorithmus zu jedem Zeitpunkt k dem Gewichtsvektor $\underline{w}[k]$ des Gradienten-Verfahrens entspricht, d.h.:

$$E\{\underline{w}[k]\} \;=\; \underline{w}[k] \qquad (3.52)$$
$$\text{LMS} \qquad\quad \text{Gradienten-Verfahren}$$

Damit lassen sich die Aussagen, die über das Konvergenzverhalten des Gradienten-Verfahrens im vorherigen Abschnitt getroffen wurden 'im Mittel' direkt auf den LMS-Algorithmus übertragen. Insbesondere ist damit gezeigt, dass für den Grenzübergang $k \to \infty$ 'im Mittel' auch der LMS-Algorithmus die Wiener-Lösung $\underline{w}^\circ$ erreicht:

$$\lim_{k \to \infty} E\{\underline{w}[k]\} = \mathbf{R}^{-1}\underline{p} = \underline{w}^\circ \qquad (3.53)$$

Wir fassen zunächst kurz die bis jetzt erhaltenen Resultate zusammen: Nach dem Gradienten-Verfahren werden die Koeffizienten des FIR-Filters nach folgender Rekursionsformel aufdatiert (3.5):

$$\underline{w}[k+1] = \underline{w}[k] - c\nabla_{\underline{w}}\{J(\underline{w}[k])\} \qquad (3.54)$$

Oder nach Einsetzen des Gradienten und mit $\mu = 2c$ (3.29):

$$\underline{w}[k+1] \;=\; (\mathbf{I} - \mu\mathbf{R})\underline{w}[k] + \mu\underline{p} \qquad (3.55)$$
$$=\; (\mathbf{I} - \mu\mathbf{R})\underline{w}[k] + \mu\mathbf{R}\underline{w}^\circ \qquad (3.56)$$

Das Konvergenzverhalten dieser Rekursionsformel wurde im letzten Abschnitt untersucht und folgende Ergebnisse erhalten:

1. Der Koeffizientenvektor konvergiert zur Wiener-Lösung $\underline{w}^\circ$:

$$\lim_{k \to \infty} \underline{w}[k] = \mathbf{R}^{-1}\underline{p} = \underline{w}^\circ \qquad (3.57)$$

3.2 KONVERGENZEIGENSCHAFTEN

2. Die Konvergenzbedingung, die von sämtlichen Eigenwerten der Autokorrelationsmatrix **R** und der Schrittweite μ zu erfüllen sind, lautet (3.51):

$$|1 - \mu\lambda_i| < 1 \quad i = 1, \ldots, N \qquad (3.58)$$

Der LMS-Algorithmus verwendet einen Momentangradienten $\underline{G}[k]$

$$\nabla_{\underline{w}}\left\{e^2[k]\right\} = \underline{G}[k] = -2e[k]\underline{x}[k] \qquad (3.59)$$

der sich als Gradient des *momentanen* quadratischen Fehlers – statt des *Erwartungswertes* des quadratischen Fehlers – berechnet. Die Rekursionsformel des LMS-Algorithmus (3.24) lautet entsprechend (mit $\mu = 2c$):

$$\begin{aligned}\underline{w}[k+1] &= \underline{w}[k] - c\nabla_{\underline{w}}\left\{e^2[k]\right\} & (3.60)\\ &= \underline{w}[k] + \mu e[k]\underline{x}[k] & (3.61)\end{aligned}$$

Um zu zeigen, dass der LMS-Algorithmus 'im Mittel' das gleiche Konvergenzverhalten wie das Gradienten-Verfahren aufweist, müssen einige Voraussetzungen an die statistischen Eigenschaften des Eingangssignals $\underline{x}[k]$ und des erwünschten Signals $d[k]$ gestellt werden, welche in der Literatur als **fundamentale Annahmen**[10] [9] bezeichnet werden. Die Analyse des LMS-Algorithmus unter diesen Annahmen wird **Unabhängigkeits-Theorie**[11] genannt.

Fundamentale Annahmen:

1. Der Eingangsvektor $\underline{x}[k]$ ist unabhängig von allen vorangehenden Vektoren $\underline{x}[k-1], \underline{x}[k-2], \ldots, \underline{x}[0]$:

$$E\left\{\underline{x}[k]\underline{x}^t[i]\right\} = \mathbf{0} \quad i < k \qquad (3.62)$$

2. Der Eingangsvektor $\underline{x}[k]$ ist unabhängig von allen vergangenen Werten des erwünschten Signals $d[k-1], d[k-2], \ldots, d[0]$.

3. Das erwünschte Signal $d[k]$ zum Zeitpunkt k ist unabhängig von allen vergangenen Werten $d[k-1], d[k-2], \ldots, d[0]$.

4. Der Eingangsvektor $\underline{x}[k]$ und das erwünschte Signal $d[k]$ sind gemeinsam gaussverteilt.

Aus den LMS-Gleichungen (3.22), (3.23) und (3.24) ist ersichtlich, dass der Gewichtsvektor $\underline{w}[k+1]$ zum Zeitpunkt $k+1$ eine Funktion des Eingangsvektors $\underline{x}[k]$ und des erwünschten Signals $d[k]$ zum Zeitpunkt k (und vergangenen Zeiten) und

---
[10] engl. fundamental assumptions.
[11] engl. independence theory.

dem Startwert $\underline{w}[0]$ ist. $\underline{w}[k+1]$ ist jedoch nicht abhängig von $\underline{x}[k+1]$, da nach den ersten beiden Punkten der fundamentalen Annahmen $\underline{x}[k+1]$ unabhängig von $\underline{x}[k]$ und $\underline{d}[k]$ ist. Wenn $\underline{x}[k+1]$ und $\underline{w}[k+1]$ unabhängig sind, dann sind es auch die Vektoren $\underline{x}[k]$ und $\underline{w}[k]$ einer Iteration zuvor. Bei Einhaltung der fundamentalen Annahmen sind also der Eingangsvektor und der Gewichtsvektor jeweils zum *gleichen* Zeitpunkt unabhängig und es gilt wegen (1.52)

$$E\{\underline{x}^t[k]\underline{w}[k]\} = E\{\underline{x}^t[k]\}\, E\{\underline{w}[k]\} \qquad (3.63)$$

Diese Eigenschaft wird im folgenden für den Konvergenzbeweis des LMS-Algorithmus benötigt. Die Punkte 3 und 4 der fundamentalen Annahmen finden hier keine weitere Anwendung.

Die fundamentalen Annahmen, insbesondere die Forderung der gegenseitigen Unabhängigkeit aufeinander folgender Eingangsvektoren $\underline{x}[k]$ (3.62) stellen eine starke Einschränkung dar, wenn man bedenkt, dass bei einer FIR-basierten Verarbeitung der Eingangsvektor $\underline{x}[k]$ und sein 'Vorgänger' $\underline{x}[k-1]$, $(N-1)$ Werte gemeinsam haben und deshalb sehr wohl abhängig sind. Die Autokorrelationsmatrix $\mathbf{R} = E\{\underline{x}[k]\underline{x}^t[k]\}$ und die Matrix $\mathbf{R}' = E\{\underline{x}[k]\underline{x}^t[k-1]\}$ besitzen deshalb ähnliche Elemente, so dass die Bedingung (3.62), nämlich $\mathbf{R}' = E\{\underline{x}[k]\underline{x}^t[k-1]\} = \mathbf{0}$ bei einer FIR-basierten Verarbeitung[12] nicht erfüllt ist. Trotzdem ist in der Literatur der Konvergenzbeweis des LMS-Algorithmus unter Voraussetzung der fundamentalen Annahmen die Regel[13].

Wir beginnen mit der LMS-Konvergenzanalyse, indem wir den Erwartungswert des Momentangradienten $\underline{G}[k]$ betrachten:

$$\begin{aligned} E\{\underline{G}[k]\} &= -2E\{e[k]\underline{x}[k]\} = -2E\{\underline{x}[k]e[k]\} \\ &= -2E\{\underline{x}[k]d[k] - \underline{x}[k]\underline{w}^t[k]\underline{x}[k]\} \\ &= -2E\{d[k]\underline{x}[k] - \underline{x}[k]\underline{x}^t[k]\underline{w}[k]\} \end{aligned} \qquad (3.64)$$

Dabei wurde von (3.22), (3.23), (3.59) und der Vertauschbarkeit von Skalaren und Skalarprodukten Gebrauch gemacht. Mit der Definition von $\mathbf{R}$ und $\underline{p}$ ((2.21) und (2.22)) und wegen der Unabhängigkeit zwischen $\underline{w}[k]$ und $\underline{x}[k]$, die ja aus den fundamentalen Annahmen folgt (3.63), erhalten wir

$$E\{\underline{G}[k]\} = -2E\{d[k]\underline{x}[k]\} + 2E\{\underline{x}[k]\underline{x}^t[k]\}\, E\{\underline{w}[k]\} \qquad (3.65)$$

und damit:

$$\boxed{E\{\underline{G}[k]\} = 2(\mathbf{R}E\{\underline{w}[k]\} - \underline{p}[k])} \qquad (3.66)$$

---

[12]Die Forderung der Unabhängigkeit ist nur bei mehrkanaligen Systemen (z.B. Beamformer [8]) realistisch, da hier die Eingangsdaten parallel verarbeitet werden und sich damit aufeinander folgende Eingangsvektoren zeitlich nicht überlappen.

[13]Die Analyse ohne diese Einschränkung ist Gegenstand der aktuellen Forschung. Ein Beweis, der ohne die fundamentalen Annahmen auskommt, findet sich in [15].

3.2 KONVERGENZEIGENSCHAFTEN

Wird $\underline{w}[k]$ konstant gehalten, folgt daraus:

$$E\{\underline{G}[k]\} = 2(\mathbf{R}\underline{w}[k] - \underline{p}[k]) \qquad (3.67)$$

Vergleicht man (3.67) mit (3.26), so wird deutlich, dass für ein *konstantes* $\underline{w}[k]$ der Scharmittelwert des Momentangradienten $\underline{G}[k]$ und der Gradient von $J(\underline{w}[k])$ identisch sind, was bedeutet, dass die Unsicherheit des Momentangradienten bei einer Scharmittelwertbildung verschwindet.

Nun wird der Erwartungswert auf beide Seiten der LMS-Rekursionsformel (3.24) angewendet:

$$\begin{aligned} E\{\underline{w}[k+1]\} &= E\{\underline{w}[k]\} + \mu E\{e[k]\underline{x}[k]\} \\ &= E\{\underline{w}[k]\} + \mu(E\{d[k]\underline{x}[k]\} - E\{\underline{x}[k]\underline{x}^t[k]\underline{w}[k]\}) \end{aligned} \qquad (3.68)$$

Nach Vollzug der gleichen Schritte wie bei (3.64) und (3.66) und mit $\underline{p} = \mathbf{R}\underline{w}^o$ folgt schliesslich:

$$\begin{aligned} E\{\underline{w}[k+1]\} &= E\{\underline{w}[k]\} + \mu(\underline{p} - \mathbf{R}E\{\underline{w}[k]\}) \\ &= (\mathbf{I} - \mu\mathbf{R})E\{\underline{w}[k]\} + \mu\mathbf{R}\underline{w}^o \end{aligned} \qquad (3.69)$$

Dieser Ausdruck entspricht – bis auf den Erwartungswert – genau der Rekursionsformel (3.55) des Gradienten-Verfahrens. Damit ist gezeigt, dass der Erwartungswert des Gewichtsvektors $E\{\underline{w}[k]\}$ bei der Adaption durch den LMS-Algorithmus zu jedem Zeitpunkt k dem Gewichtsvektor des Gradienten-Verfahrens entspricht, d.h.:

$$\begin{array}{cc} E\{\underline{w}[k]\} &= \underline{w}[k] \\ \text{LMS} & \text{Gradienten-Verfahren} \end{array} \qquad (3.70)$$

Die Konvergenzbedingungen des Gradienten-Verfahrens (3.58) gelten deshalb 'im Mittel' auch für den LMS-Algorithmus:

> Der *Erwartungswert* des Koeffizientenvektors $E\{\underline{w}[k]\}$ bei der Adaption durch den LMS-Algorithmus konvergiert für $k \to \infty$ 'im Mittel' zur Wiener-Lösung $\underline{w}^o$, wenn
>
> $$|1 - \mu\lambda_i| < 1 \qquad 1 \le i \le N \qquad (3.71)$$
>
> erfüllt ist.

Etwas allgemeiner formuliert:

> Die Beziehungen, welche die Konvergenz des Gewichtsvektors beim Gradienten-Verfahrens beschreiben, sind 'im Mittel' auch auf den LMS-Algorithmus übertragbar. (3.72)

Beispielsweise lautet die durch Koordinatendrehung 'entkoppelte' Version der Rekursionsformel (3.44) für den LMS-Algorithmus wie folgt:

$$E\{\underline{w}'[k+1]\} = (\mathbf{I} - \mu\mathbf{\Lambda})E\{\underline{w}'[k]\} + \mu\underline{p}' \qquad (3.73)$$

Die Feststellung, dass der LMS-Algorithmus 'im Mittel' die Wiener-Lösung $\underline{w}^\circ$ erreicht, ist nicht ausreichend, um die Tauglichkeit des Algorithmus zu belegen, solange unbekannt ist, wie weit eine einzelne Realisierung der LMS-Adaption um diesen Mittelwert schwanken kann. Erst die Bestimmung der Fehleinstellung in Abschnitt 3.2.7, ermöglicht eine Aussage über die Qualität der Adaption durch den LMS-Algorithmus.

Im folgenden werden wir weitere Konvergenzaspekte anhand des Gradienten-Verfahrens untersuchen und dabei berücksichtigen, dass die Ergebnisse 'im Mittel' auch für den LMS-Algorithmus gelten.

3.2.3 Grenzen der Schrittweite μ

Um die Konvergenz des Gradienten-Verfahrens zu gewährleisten, muss nach (3.51) für alle Eigenwerte λ_i und die Schrittweite μ gelten:

$$\boxed{|1 - \mu\lambda_i| < 1 \quad 1 \leq i \leq N} \qquad (3.74)$$

Daraus folgt für die Schrittweite μ

$$\boxed{0 < \mu < \frac{2}{\lambda_{\max}} = \mu_{\max}} \qquad (3.75)$$

wobei $\lambda_{\max}$ der Grösste der N Eigenwerte der Autokorrelationsmatrix $\mathbf{R}$ ist. In der Praxis zeigt sich allerdings, dass μ bis zu zwei Grössenordnungen kleiner als $\mu_{\max} = \frac{2}{\lambda_{\max}}$ gewählt werden muss, um eine monoton abnehmende Konvergenz sicher zu gewährleisten.

Wir wollen nun dieses Resultat geometrisch begründen: Wegen (2.154) wissen wir, dass die Eigenwerte proportional zur zweiten Ableitung der N-dimensionalen

3.2 KONVERGENZEIGENSCHAFTEN

schalenförmigen Fehlerfläche nach den Hauptachsen sind und damit die 'Krümmung' dieser Fehlerfläche längs der Hauptachsen beschreiben. Dies ist z.B. in Figur 2.11 bei einem Eigenwertverhältnis $\chi(\mathbf{R}) = \frac{\lambda_{\max}}{\lambda_{\min}} = 10$ zu erkennen. Je grösser λ_i, desto steiler oder 'enger' ist die entsprechende Parabel in der vertikalen Schnittfläche längs der entsprechenden Hauptachse. Denken wir uns die 'engste', dem Eigenwert $\lambda_{\max}$ entsprechende Parabel in Figur 3.5 dargestellt, so ist leicht einzusehen, dass die Schrittweite μ eine wesentliche Rolle für ei-

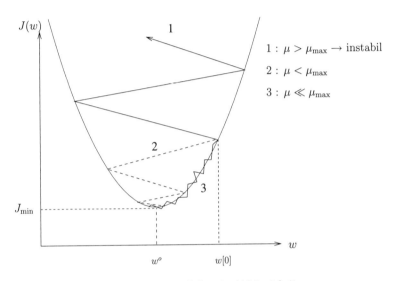

Figur 3.5: Konvergenzverhalten in Abhängigkeit von μ

ne konvergierende Adaption des Gradienten-Verfahrens, und damit auch für den LMS-Adaptionsprozess, spielt: Die Korrektur bei jeder Iteration des Gradienten-Verfahrens (3.5) entspricht dem mit $-c = -\frac{\mu}{2}$ gewichteten Gradienten, in einer Dimension also der mit $-\frac{\mu}{2}$ gewichteten Steigung. Ab einer gewissen Grenze $\mu_{\max}$ ist der Korrekturschritt so gross, dass der Algorithmus instabil wird (Vorgang 1 in Figur 3.5).

In der Praxis ist der grösste Eigenwert $\lambda_{\max}$ von $\mathbf{R}$ nicht ohne weiteres anzugeben. Wir wollen deshalb noch eine obere Grenze für μ bestimmen, die durch Grössen gegeben ist, die wirklich messbar sind.

Weil nach (2.111) $\lambda_i \geq 0$, gilt die Abschätzung

$$\lambda_{\max} \leq \sum_i \lambda_i = \sum_i (\text{Diagonalelemente von } \mathbf{\Lambda}) = \text{Sp}(\mathbf{\Lambda}) \qquad (3.76)$$

wobei $\text{Sp}(\mathbf{\Lambda})$ die **Spur** der Matrix $\mathbf{\Lambda}$ bezeichnet.

Da $\text{Sp}(\mathbf{AB}) = \text{Sp}(\mathbf{BA})$, lässt sich schreiben:

$$\begin{aligned} \text{Sp}(\mathbf{\Lambda}) &= \text{Sp}(\mathbf{Q}^H \mathbf{R} \mathbf{Q}) \\ &= \text{Sp}(\mathbf{R} \underbrace{\mathbf{Q} \mathbf{Q}^H}_{\mathbf{I}}) = \text{Sp}(\mathbf{R}) \\ &= \sum (\text{Diagonalelemente von } \mathbf{R}) \end{aligned} \qquad (3.77)$$

Zusammen mit (3.76) gilt also:

$$\lambda_{\max} \leq \text{Sp}(\mathbf{R}) = \sum (\text{Diagonalelemente von } \mathbf{R}) \qquad (3.78)$$

Ferner wissen wir, dass jeder Diagonalwert $r[0]$ von $\mathbf{R}$ der mittleren Leistung $E\{|x[k]|^2\}$ des Eingangssignals entspricht. Folglich gilt:

$$\lambda_{\max} \leq \text{Sp}(\mathbf{R}) = N \cdot E\{|x[k]|^2\} = N \cdot (\text{mittlere Eingangsleistung}) \qquad (3.79)$$

Mit (3.75) erhalten wir daraus eine **konservative (und 'sichere') obere Grenze** $\mu_{\max 2}$ **für die Schrittweite** μ, nämlich i. Allg.

$$0 < \mu < \mu_{\max 2} = \frac{2}{\text{Sp}(\mathbf{R})} \qquad (3.80)$$

oder für FIR-basierte AF:

$$\boxed{0 < \mu < \mu_{\max 2} = \frac{2}{N \cdot (\text{mittlere Eingangsleistung})}} \qquad (3.81)$$

Die mittlere Eingangsleistung $E\{|x[k]|^2\}$ ist in der Praxis z.B. durch eine zeitliche Mittelung einfach zu schätzen. Die oberen Grenzen für die Schrittweite gelten für das Gradienten-Verfahren und 'im Mittel' im Sinne von (3.72) auch für den LMS-Algorithmus.

Wir fassen nun noch die Beziehungen (2.126), (2.111) und (3.77), die allgemein für eine Autokorrelationsmatrix gelten, zusammen:

$$\boxed{\begin{aligned} \det(\mathbf{R}) &= \det(\mathbf{\Lambda}) = \prod_{i=1}^{N} \lambda_i \qquad (3.82) \\ \text{Sp}(\mathbf{R}) &= \text{Sp}(\mathbf{\Lambda}) = \sum_{i=1}^{N} \lambda_i \qquad (3.83) \\ \lambda_i &\geq 0 \quad 1 \leq i \leq N \qquad (3.84) \end{aligned}}$$

3.2 KONVERGENZEIGENSCHAFTEN

3.2.4 Die Konvergenzzeit

In Anbetracht der Darstellung des Konvergenzverlaufs in Figur 3.5 dürfte rein intuitiv klar sein, dass die Konvergenz eines Adaptionsalgorithmus umso langsamer abläuft, je kleiner die Schrittweite μ gewählt wird (Vorgang 3 ist langsamer als Vorgang 2). *Die Konvergenzzeit wird umgekehrt proportional zur Grösse μ sein.*

Um eine obere Grenze für die Konvergenzzeit und ihre Abhängigkeit vom der Schrittweite μ zu erhalten, betrachten wir, etwas umgeschrieben, nochmals die Rekursionsformel (3.29) des Gradienten-Verfahrens:

$$\underline{w}[k+1] = \underline{w}[k] + \mu(\underline{p} - \mathbf{R}\underline{w}[k]) \tag{3.85}$$

Die Rekursionsformel in den Koordinaten des Abweichungsvektors $\underline{v} = \underline{w} - \underline{w}^\circ$ erhalten wir mit $\underline{p} = \mathbf{R}\underline{w}^\circ$ durch Umformung:

$$\begin{aligned}
\underline{w}[k+1] &= \underline{w}[k] + \mu(\mathbf{R}\underline{w}^\circ - \mathbf{R}\underline{w}[k]) \\
\underline{w}[k+1] - \underline{w}^\circ &= \underline{w}[k] - \underline{w}^\circ - \mu\mathbf{R}(\underline{w}[k] - \underline{w}^\circ) \\
\underline{v}[k+1] &= (\mathbf{I} - \mu\mathbf{R})\underline{v}[k]
\end{aligned} \tag{3.86}$$

Um diese Gleichung zu entkoppeln, gehen wir wie bei (3.44) vor. Mit

$$\mathbf{R} = \mathbf{Q}\mathbf{\Lambda}\mathbf{Q}^H \tag{3.87}$$

erhalten wir

$$\underline{v}[k+1] = (\mathbf{I} - \mu\mathbf{Q}\mathbf{\Lambda}\mathbf{Q}^H)\underline{v}[k] \tag{3.88}$$

und durch Linksmultiplikation beider Seiten mit $\mathbf{Q}^H$, wobei $\mathbf{Q}^H = \mathbf{Q}^{-1}$ folgt:

$$\mathbf{Q}^H \underline{v}[k+1] = (\mathbf{I} - \mu\mathbf{\Lambda})\mathbf{Q}^H \underline{v}[k] \tag{3.89}$$

Nachdem

$$\underline{v}' = \mathbf{Q}^H \underline{v} \tag{3.90}$$

ergibt sich die **entkoppelte Form der Rekursionsformel für den Abweichungsvektor des Gradienten-Verfahrens**:

$$\boxed{\underline{v}'[k+1] = (\mathbf{I} - \mu\mathbf{\Lambda})\underline{v}'[k]} \tag{3.91}$$

Der Anfangswert von $\underline{v}'[k]$ ist:

$$\underline{v}'[0] = \mathbf{Q}^H(\underline{w}[0] - \underline{w}^\circ) \tag{3.92}$$

Bei einem Anfangskoeffizientenvektor $\underline{w}[0] = \underline{0}$ gilt somit:

$$\underline{v}'[0] = -\mathbf{Q}^H \underline{w}^\circ \tag{3.93}$$

Betrachten wir nun die i-te der in der Matrixgleichung (3.91) enthaltenen N Gleichungen:

$$v'_i[k+1] = (1 - \mu\lambda_i)v'_i[k] \qquad i = 1, 2, \ldots, N \qquad k = 0, 1, 2, \ldots \qquad (3.94)$$

Mit dem Anfangswert $v'_i[0]$ ergibt sich

$$\begin{aligned}
v'_i[1] &= (1 - \mu\lambda_i)v'_i[0] \\
v'_i[2] &= (1 - \mu\lambda_i)^2 v'_i[0] \\
\vdots &= \vdots \\
v'_i[k] &= (1 - \mu\lambda_i)^k v'_i[0] \qquad i = 1, 2, \ldots, N
\end{aligned} \qquad (3.95)$$

oder für die N Gleichungen der N Koeffizienten v'_i in einer Matrixgleichung ausgedrückt:

$$\underline{v}'[k] = (\mathbf{I} - \mu\mathbf{\Lambda})^k \underline{v}'[0] \qquad (3.96)$$

Aus (3.95) ist nochmals zu erkennen, dass die Bedingungen (3.74) und (3.75) für die Stabilität und Konvergenz des Adaptionsprozesses notwendig sind. Weil die Eigenwerte λ_i positiv und reell sind[14], wird bei Einhaltung der Bedingung $|1 - \mu\lambda_i| < 1$, die Sequenz $v'_i[k]$ mit zunehmendem k, wie in Figur 3.6 angedeutet, monoton abnehmen. Betrachten wir nun die Zeit[15] τ_i, für welche die Grösse $v'_i[k]$

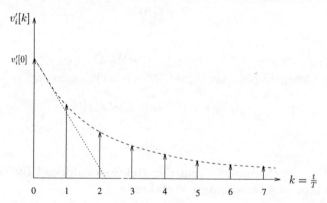

Figur 3.6: Konvergenzverlauf des Abweichungsvektor $v'_i[k]$ mit zunehmender Zeit k

vom Anfangswert $v'_i[0]$ auf den $1/e$-ten Teil (ca. 37%) des Anfangswertes gefallen ist, und machen den Ansatz:

$$v'_i[0]e^{-1} = (1 - \mu\lambda_i)^{\tau_i} v'_i[0] \qquad (3.97)$$

Es folgt:

$$\tau_i = \frac{-1}{\ln(1 - \mu\lambda_i)} \qquad (3.98)$$

---

[14]falls $\mathbf{R}$ positiv definit ist.
[15]τ_i ist auf das Abtastintervall T normiert, also dimensionslos.

3.2 KONVERGENZEIGENSCHAFTEN

Für den Fall einer kleinen Schrittweite μ können wir die bekannte Approximation $\ln(1 \pm \varepsilon) \approx \pm\varepsilon$ anwenden und erhalten:

$$\tau_i \approx \frac{1}{\mu\lambda_i} \qquad \mu \ll \mu_{\max} \tag{3.99}$$

Im Sinne von Figur 3.5 bedeutet diese Beziehung: Je steiler die Parabel (je grösser λ_i) und je grösser die Schrittweite μ, desto schneller die Konvergenz.

Obige Herleitung betrifft nur den Konvergenzverlauf eines einzelnen Elementes v'_i des Abweichungsvektors in Hauptachsenkoordinaten. Wir interessieren uns jedoch für das Konvergenzverhalten des *gesamten Filters* $\underline{w}$ und müssen dazu den transienten Verlauf der eigentlichen Filterkoeffizienten $w_i[k]$ untersuchen. Die Beziehung zwischen $\underline{v}'$ und $\underline{w}$ ist gegeben durch:

$$\underline{v}'[k] = \mathbf{Q}^H(\underline{w}[k] - \underline{w}^o) \tag{3.100}$$

Nach beidseitiger Vormultiplikation mit $\mathbf{Q}$ und Umformung folgt:

$$\begin{aligned}
\underline{w}[k] &= \underline{w}^o + \mathbf{Q}\underline{v}'[k] \\
&= \underline{w}^o + [\underline{q}_1, \underline{q}_2, \ldots, \underline{q}_N] \begin{bmatrix} v'_1[k] \\ v'_2[k] \\ \vdots \\ v'_N[k] \end{bmatrix} \\
&= \underline{w}^o + \sum_{m=1}^{N} \underline{q}_m v'_m[k]
\end{aligned} \tag{3.101}$$

Verwenden wir (3.95) für $v'_m[k]$, so erhalten wir den dynamischen Verlauf des i-ten Filterkoeffizienten

$$\begin{aligned}
w_i[k] &= w_i^o + \sum_{m=1}^{N} q_{mi} v'_m[k] \\
&= w_i^o + \sum_{m=1}^{N} q_{mi}(1-\mu\lambda_m)^k v'_m[0] \qquad i = 1, 2, \ldots, N
\end{aligned} \tag{3.102}$$

wobei w_i^o der optimale Wert des i-ten Filterkoeffizienten, q_{mi} das i-te Element des m-ten Eigenvektors $\underline{q}_m$ und $v'_m[0]$ der Anfangswert des m-ten Elementes von $\underline{v}'$ ist.

Der Übersicht halber schreiben wir die Summe in (3.102) aus:

$$\begin{aligned}
w_i[k] = w_i^o &+ q_{1i}(1-\mu\lambda_1)^k v'_1[0] \\
&+ q_{2i}(1-\mu\lambda_2)^k v'_2[0] \\
&+ \ldots \\
&\vdots \\
&+ q_{Ni}(1-\mu\lambda_N)^k v'_N[0]
\end{aligned} \tag{3.103}$$

Der Verlauf der Konvergenz jedes Filtergewichts $w_i[k]$ wird also von N exponentiell abklingenden Termen bestimmt, welche die natürlichen Modi der Adaption darstellen. Jeder einzelne Modus wird entsprechend seiner zugehörigen Zeitkonstante τ_i nach (3.98) bzw. (3.99) abnehmen. Es ist klar, dass w_i nur konvergiert, wenn alle Modi abgeklungen sind. Daher konvergiert w_i über das Ganze gesehen so schnell wie der langsamste in der Summe vorhandene Modus oder entkoppelte Filterkoeffizient v_i'. Die obere Grenze der Gesamt-Zeitkonstanten τ_g des Koeffizienten w_i lässt sich deshalb wie folgt definieren:

$$\begin{aligned} \tau_{g\max} &= \max_i \{\tau_i\} \\ &= \max_i \left\{ \frac{-1}{\ln(1 - \mu\lambda_i)} \right\} \\ &= \frac{-1}{\ln\left(1 - \mu \min_i \{\lambda_i\}\right)} \end{aligned}$$

Und für $\mu \ll \mu_{\max}$:

$$\tau_{g\max} \approx \frac{1}{\mu \min_i \{\lambda_i\}} = \frac{1}{\mu \lambda_{\min}} \qquad (3.104)$$

Diese Grenze gilt gleichermassen für alle Gewichte w_i des Filters. Damit erhalten wir eine Abschätzung für die **obere Grenze der Zeitkonstanten τ_g aller Gewichte w_i**:

$$\boxed{\tau_{g\max} \approx \frac{1}{\mu \lambda_{\min}}} \qquad (3.105)$$

Entsprechend kann auch eine untere Grenze der Zeitkonstanten τ_g angegeben werden; sie wird vom grössten Eigenwert der Autokorrelationsmatrix $\mathbf{R}$ abhängen:

$$\tau_{g\min} = \frac{-1}{\ln(1 - \mu\lambda_{\max})} \qquad (3.106)$$

Und für $\mu \ll \mu_{\max}$:

$$\boxed{\tau_{g\min} \approx \frac{1}{\mu \lambda_{\max}}} \qquad (3.107)$$

Wir sehen also, dass beim Gradienten-Verfahren die Eigenwerte von $\mathbf{R}$ die Konvergenzzeit der FIR-Filterkoeffizienten bestimmen. Weil einerseits die Schrittweite μ durch den grössten Eigenwert begrenzt ist (3.75) und anderseits die maximale Konvergenzzeit durch den kleinsten Eigenwert festgelegt ist (3.105), spielt das Verhältnis $\frac{\lambda_{\max}}{\lambda_{\min}}$ für die Konvergenzzeit eine entscheidende Rolle. Dies wird mit

3.2 KONVERGENZEIGENSCHAFTEN

der Einführung der **normierten Schrittweite** α noch deutlicher. Wir normieren die Schrittweite auf den maximal zulässigen Wert $\mu_{\max}$:

$$\alpha = \frac{\mu}{\mu_{\max}} = \frac{\mu \lambda_{\max}}{2} \qquad 0 < \alpha < 1 \qquad (3.108)$$

bzw.

$$\mu = \frac{2\alpha}{\lambda_{\max}} \qquad 0 < \alpha < 1 \qquad (3.109)$$

Ist $\mu \ll \mu_{\max}$, also $0 < \alpha \ll 1$, so gilt mit (3.105) und (3.109) für **die obere Grenze der Zeitkonstanten** τ_g **aller Gewichte** w_i:

$$\boxed{\tau_{g_{\max}} \approx \frac{1}{2\alpha} \frac{\lambda_{\max}}{\lambda_{\min}} \qquad 0 < \alpha \ll 1} \qquad (3.110)$$

Für einen gegebenen normierten Adaptionsschritt α bestimmt also das *Eigenwertverhältnis* $\frac{\lambda_{\max}}{\lambda_{\min}}$ die Konvergenzgeschwindigkeit des Filterkoeffizientenvektors $\underline{w}[k]$. Das Eigenwertverhältnis wird als **Konditionszahl** bezeichnet und wurde bereits in (2.161) aufgeführt:

$$\chi(\mathbf{R}) = \frac{\lambda_{\max}}{\lambda_{\min}} \qquad (3.111)$$

Mit (2.162) wurde auch eine Ungleichung zur Abschätzung der Konditionszahl der Autokorrelationsmatrix aus den spektralen Eigenschaften (Leistungsdichtespektrum) des Eingangssignals angegeben:

$$\chi(\mathbf{R}) = \frac{\lambda_{\max}}{\lambda_{\min}} \leq \frac{S_{\max}}{S_{\min}} \qquad (3.112)$$

Daraus ist ersichtlich, dass ein Eingangssignal mit einem 'unruhigen' Spektrum eine Autokorrelationsmatrix mit einer grossen Konditionszahl besitzt, was die Konvergenz des Algorithmus verlangsamt. Optimal für den Algorithmus ist weisses Rauschen am Eingang, das eine Konditionszahl von $\chi(\mathbf{R}) = 1$ besitzt (alle Eigenwerte sind identisch) und somit minimale Konvergenzzeiten ermöglicht.

Da gezeigt wurde, dass sich der LMS-Algorithmus im Ensemblemittel wie das Gradienten-Verfahren verhält, können obige Aussagen im Mittel im Sinne von (3.72) auch auf den LMS-Algorithmus übertragen werden.

3.2.5 Die Lernkurve

Neben dem zeitlichen Verlauf der Filterkoeffizienten bei der Adaption ist auch die zeitliche Entwicklung des MSE von Interesse. Während der Einschwingphase ist das Fehlersignal nichtstationär, so dass der MSE vom Zeitpunkt k abhängt:

$$J[k] = E\{e^2[k]\} \qquad (3.113)$$

Wird $J[k]$ in Funktion der Zeit k aufgezeichnet, wird die sog. **Lernkurve** des Algorithmus erhalten. Aus der Lernkurve ist ersichtlich, wie schnell ein Algorithmus konvergiert und wie nahe der Algorithmus an den Minimalwert $J_{\min}$ herankommt.

Für einen gegebenen zeitlichen Verlauf des Abweichungsvektors $\underline{v}[k]$ bei der Adaption durch einen Algorithmus kann $J[k]$ mit Hilfe von (2.85) angegeben werden:

$$J[k] = J(\underline{v}[k]) = E\{e^2[k]\} = J_{\min} + \underline{v}^t[k]\mathbf{R}\underline{v}[k] \tag{3.114}$$

Der gleiche Ausdruck in entkoppelter Form lautet mit (2.144):

$$J[k] = J(\underline{v}'[k]) = J_{\min} + \sum_{i=1}^{N} \lambda_i\, v'_i[k]^2 \tag{3.115}$$

Für das Gradienten-Verfahren wurde der transiente Verlauf von $v'_i[k]$ im vorherigen Abschnitt mit (3.95) bestimmt:

$$v'_i[k] = (1 - \mu\lambda_i)^k v'_i[0] \qquad i = 1, 2, \ldots, N \tag{3.116}$$

Durch Einsetzen von (3.116) in (3.115) erhalten wir somit die **Lernkurve des Gradienten-Verfahrens:**

$$\boxed{J(\underline{v}'[k]) = J_{\min} + \sum_{i=1}^{N} v'^2_i[0]\lambda_i(1 - \mu\lambda_i)^{2k}} \tag{3.117}$$

Dabei ist $v'_i[0]$ der Startwert der i–ten Komponente v'_i. Auch aus dieser Gleichung ist ersichtlich, dass das Gradienten-Verfahren für $k \to \infty$ unter der Bedingung $|1 - \mu\lambda_i| < 1$ zum Minimum $J_{\min}$ konvergiert, weil dann die Summe verschwindet.

In Figur 3.7 sind die (theoretischen) Lernkurven für das Gradienten-Verfahren und den LMS-Algorithmus dargestellt. Während die Lernkurve des Gradienten-Verfahrens $J_{\min}$ für $k \to \infty$ erreicht, bleibt beim LMS-Algorithmus auch für $k \to \infty$ immer ein Überschussfehler $J_{\text{ex}}[k] > 0$

$$J[k] = E\{e^2[k]\} = J_{\min} + J_{\text{ex}}[k] \tag{3.118}$$

bestehen, der in Abschnitt 3.2.7 diskutiert wird.

Ähnlich wie bei der Analyse des Konvergenzverhaltens des Koeffizientenvektors können wir auch hier fragen, nach welcher Zeit bzw. nach wievielen Iterationen die Lernkurve des Gradienten-Verfahrens, genauer die Abweichung

$$\Delta J(\underline{v}'[k]) = J(\underline{v}'[k]) - J_{\min} = \sum_{i=1}^{N} \lambda_i\, v'_i[k]^2 \tag{3.119}$$

auf den e-ten Teil gesunken sein wird. Mit (3.98) oder (3.99) kennen wir bereits die Zeitkonstante τ_i des i-ten Modus $v'_i[k]$ der Adaption. Da in der Summe von

3.2 KONVERGENZEIGENSCHAFTEN

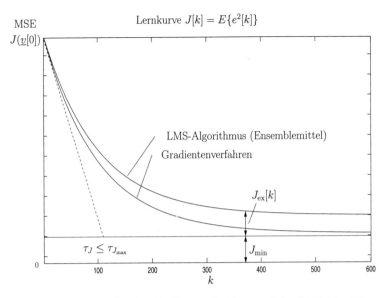

Figur 3.7: Lernkurven für das Gradienten-Verfahren und den LMS-Algorithmus

(3.115) die Komponenten $v'_i[k]$ quadriert vorkommen, halbieren sich jeweils die Zeitkonstanten der Summanden $|v'_i[k]|^2$. Wir erhalten damit analog zu (3.98) und (3.99) für die **Zeitkonstante** τ_{J_i} **des** i**-ten Modus der Lernkurve**

$$\tau_{J_i} = \frac{-1}{2\ln(1-\mu\lambda_i)} \qquad (3.120)$$

und für $\mu \ll \mu_{\max}$:

$$\boxed{\tau_{J_i} \approx \frac{1}{2\mu\lambda_i}} \qquad (3.121)$$

Typisch für die 'Konvergenzzeit' der Lernkurve ist, dass auch sie mit abnehmender Schrittweite μ zunimmt und der Maximalwert von τ_{J_i} durch den kleinsten Eigenwert gegeben ist:

$$\boxed{\tau_{J_{\max}} \approx \frac{1}{2\mu\lambda_{\min}}} \qquad (3.122)$$

Und mit der normierten Schrittweite α (3.108) folgt für den **Maximalwert der Zeitkonstanten der Lernkurve**

$$\boxed{\tau_{J_{\max}} \approx \frac{1}{4\alpha}\frac{\lambda_{\max}}{\lambda_{\min}} = \frac{1}{4\alpha}\chi(\mathbf{R}) \qquad 0 < \alpha \ll 1} \qquad (3.123)$$

wobei $\chi(\mathbf{R})$ die Konditionszahl von $\mathbf{R}$ ist. Wir haben die i-te Zeitkonstante der Lernkurve mit τ_{J_i} bezeichnet, um sie von der Zeitkonstanten des i-ten Filterkoeffizienten τ_i (3.99) zu unterscheiden. In der Literatur wird häufig τ_{J_i} auch mit $(\tau_{\text{MSE}})_i$ bezeichnet, um anzudeuten, dass es sich um die Zeitkonstante des mittleren quadratischen Fehlers (MSE) handelt.

Zur Beurteilung der 'Geschwindigkeit' eines Adaptionsalgorithmus werden üblicherweise die Zeitkonstanten der Lernkurve τ_{J_i} herangezogen. Sie entsprechen jeweils den halben Zeitkonstanten der Filterkoeffizienten:

$$\tau_{J_i} = \frac{\tau_i}{2} \qquad (3.124)$$

Da sich der LMS-Algorithmus 'im Mittel' wie das Gradienten-Verfahren verhält, können wir die τ_{J_i} als (optimistische) Abschätzungen für die Zeitkonstanten τ_{LMS_i} der Lernkurve des LMS-Algorithmus verwenden:

$$\tau_{\text{LMS}_i} \approx \tau_{J_i} \qquad (3.125)$$

Insbesondere gilt für die **obere Grenze der Zeitkonstanten der LMS-Lernkurve**:

$$\boxed{\tau_{\text{LMS}} \approx \frac{1}{4\alpha} \frac{\lambda_{\max}}{\lambda_{\min}} = \frac{1}{4\alpha}\chi(\mathbf{R}) \qquad 0 < \alpha \ll 1} \qquad (3.126)$$

Wegen (3.123) bzw. (3.126) ist die Konvergenzgeschwindigkeit sowohl des Gradienten-Verfahrens als auch des LMS-Algorithmus abhängig von der Konditionierung $\chi(\mathbf{R})$ des Eingangs und der Schrittweite (μ bzw. α). Der LMS-Algorithmus gilt deshalb als eher 'langsamer' Algorithmus. Wir werden in den folgenden Kapiteln Adaptionsalgorithmen kennenlernen, deren Konvergenzgeschwindigkeit unabhängig von der Konditionierung des Eingangssignals ist.

3.2.6 Gradientenvektor, LMS-approximierter Gradientenvektor und Gradientenrauschvektor

In diesem Abschnitt wird ermittelt, welchen Einfluss die Approximation des Gradientenvektors beim LMS-Algorithmus auf die Varianz des Abweichungsvektors $\underline{v}[k]$ im eingeschwungenen Zustand, d.h. in der Nähe der Wiener-Lösung, hat. Aus der Varianz des Abweichungsvektors kann dann in Abschnitt 3.2.7 mit dem bekannten Zusammenhang (3.114)

$$J(\underline{v}[k]) = J_{\min} + \underline{v}^t[k]\mathbf{R}\underline{v}[k]$$

auf den Überschussfehler J_{ex} geschlossen werden. Im eingeschwungenen Zustand wird dieser als Erwartungswert der Abweichung $\Delta J(\underline{v}[k])$ vom Minimum $J_{\min}$ berechnet:

$$J_{\text{ex}}[k] = E\{\Delta J(\underline{v}[k])\} = E\{\underline{v}^t[k]\mathbf{R}\underline{v}[k]\} \qquad k \gg 0 \qquad (3.128)$$

3.2 KONVERGENZEIGENSCHAFTEN

Zur Berechnung der Varianz des Abweichungsvektors $\underline{v}[k]$ gehen wir wie folgt vor:

- Beschreibung der Ungenauigkeit des LMS-Momentangradienten $\underline{G}[k]$ durch einen Gradientenrauschvektor $\underline{N}[k]$ und Berechnung der Autokovarianzmatrix $\text{Cov}\{\underline{N}[k]\}$ von $\underline{N}[k]$.

- Bestimmung des Einflusses des Gradientenrauschvektors $\underline{N}[k]$ auf die Rekursionsgleichung des Gradienten-Verfahrens und damit auf die Varianz des Abweichungsvektors $\underline{v}[k]$.

Zunächst definieren wir analog zur Autokorrelationsmatrix $\mathbf{R} = E\{\underline{x}[k]\underline{x}^t[k]\}$ (2.19) die **Autokovarianzmatrix C**

$$\mathbf{C} = \text{Cov}\{\underline{x}[k]\} = E\{(\underline{x}[k] - \underline{\mu})(\underline{x}[k] - \underline{\mu})^t\} \qquad (3.129)$$

wobei der Vektor $\underline{\mu}$ aus den Mittelwerten der Komponenten von $\underline{x}[k]$ besteht. Die Elemente von $\mathbf{C}$ sind Autokovarianzfunktionen (1.38) der Komponenten von $\underline{x}[k]$. Analog zu dem in (1.40) angegebenen Zusammenhang zwischen der Autokovarianz- und Autokorrelationsfunktion gilt:

$$\begin{aligned} \mathbf{C} = \text{Cov}\{\underline{x}[k]\} &= E\{\underline{x}[k]\underline{x}^t[k] - \underline{x}[k]\underline{\mu}^t - \underline{\mu}\,\underline{x}^t[k] + \underline{\mu}\,\underline{\mu}^t\} \\ &= \mathbf{R} - \underline{\mu}\,\underline{\mu}^t \end{aligned} \qquad (3.130)$$

In Abschnitt 3.1.3 wurde für die Herleitung des LMS-Algorithmus der Gradient der Fehlerfunktion $J(\underline{w}[k]) = E\{e^2[k]\}$ *approximiert, indem direkt der Gradient* $\underline{G}[k]$ *des momentanen quadratischen Fehlers* $e^2[k]$ *berechnet wurde:*

$$\underline{G}[k] = \nabla_{\underline{w}}\{e^2[k]\} = -2e[k]\underline{x}[k] \qquad (3.131)$$

Nun stellen wir den durch diese Approximation gegenüber dem wirklichen Gradienten entstehenden stochastischen Fehler durch einen **Gradientenrauschvektor** $\underline{N}[k]$ dar, der dem wahren Gradienten $\nabla_{\underline{w}}\{J(\underline{w}[k])\}$ überlagert ist, also:

$$\underline{G}[k] = \nabla_{\underline{w}}\{J(\underline{w}[k])\} + \underline{N}[k] \qquad (3.132)$$

Unter der Annahme, dass der LMS-Algorithmus eingeschwungen ist (grosse k) und wir uns *in der Nähe* des optimalen Wertes des Koeffizientenvektors $\underline{w}^o$ befinden, wird der Gradient vernachlässigbar klein $\nabla_{\underline{w}}\{J(\underline{w}[k])\} \approx \underline{0}$, so dass mit (3.20) der Rauschvektor ausgedrückt werden kann durch:

$$\underline{N}[k] \approx \underline{G}[k] = -2e[k]\underline{x}[k] \qquad (3.133)$$

Achtung: Alle Betrachtungen in diesem Abschnitt gelten nur in der Nähe des optimalen Wertes des Koeffizientenvektors $\underline{w}^o$*, d.h. nach erfolgtem Einschwingvorgang (für grosse k).*

Wir berechnen nun die Autokovarianzmatrix des Rauschvektors:

$$\text{Cov}\{\underline{N}[k]\} = E\{\underline{N}[k]\underline{N}^t[k]\} = 4E\{e^2[k]\underline{x}[k]\underline{x}^t[k]\} \qquad (3.134)$$

Weil der Koeffizientenvektor in der Nähe des Optimalwertes $\underline{w}^o$ liegt, können wir annehmen, dass

1. wegen (2.62) $e^2[k]$ unkorreliert mit dem Eingangssignal $\underline{x}[k]$ ist, womit wir in (3.134) den Erwartungswert als Produkt zweier Erwartungswerte schreiben können und

2. $E\{e^2[k]\} \approx J(\underline{w}^o) = J_{\min}$.

Daraus folgt:

$$\begin{aligned}\text{Cov}\{\underline{N}[k]\} &\approx 4E\{e^2[k]\}\,E\{\underline{x}[k]\underline{x}^t[k]\} \\ &\approx 4J_{\min}\mathbf{R} \end{aligned} \qquad (3.135)$$

Mit diesem Resultat lässt sich der Gradientenrauschvektor in Hauptachsenkoordinaten umrechnen. Mit $\underline{N}'[k] = \mathbf{Q}^{-1}\underline{N}[k]$ erhalten wir:

$$\begin{aligned}\text{Cov}\{\underline{N}'[k]\} &= \text{Cov}\{\mathbf{Q}^{-1}\underline{N}[k]\} \\ &= E\{\mathbf{Q}^{-1}\underline{N}[k](\mathbf{Q}^{-1}\underline{N}[k])^t\} \\ &= E\{\mathbf{Q}^{-1}\underline{N}[k]\underline{N}^t[k]\mathbf{Q}\} \end{aligned} \qquad (3.136)$$

Weil die Modal-Matrix $\mathbf{Q}$ konstant ist, kann sie aus dem Erwartungswert herausgezogen werden. Mit (3.135) und (2.125) folgt:

$$\begin{aligned}\text{Cov}\{\underline{N}'[k]\} &= \mathbf{Q}^{-1}E\{\underline{N}[k]\underline{N}^t[k]\}\mathbf{Q} \\ &= \mathbf{Q}^{-1}\text{Cov}\{\underline{N}[k]\}\mathbf{Q} \\ &\approx 4J_{\min}\mathbf{Q}^{-1}\mathbf{R}\mathbf{Q} = 4J_{\min}\mathbf{\Lambda} \end{aligned} \qquad (3.137)$$

Dieser Ausdruck gibt also die Autokovarianzmatrix des Gradientenrauschvektors an, wie er durch Anwendung der LMS-Gradientenapproximation entsteht.

Nun bestimmen wir den Einfluss des Gradientenrauschvektors auf die Rekursionsformel des Gradienten-Verfahrens (3.5), die wir hier nochmals angeben

$$\underline{w}[k+1] = \underline{w}[k] - c\nabla_{\underline{w}}\{J(\underline{w}[k])\} \qquad (3.138)$$

oder in den Koordinaten des Abweichungsvektors:

$$\underline{v}[k+1] = \underline{v}[k] - c\nabla_{\underline{v}}\{J(\underline{v}[k])\} \qquad (3.139)$$

Dabei ist der Gradiente durch (2.50) gegeben:

$$\nabla_{\underline{v}}\{J(\underline{v}[k])\} = 2\mathbf{R}\underline{v}[k] \qquad (3.140)$$

3.2 KONVERGENZEIGENSCHAFTEN

Nun fügen wir diesem Gradienten im Sinne einer eintretenden Unsicherheit oder eines Schätzfehlers einen allgemeinen Gradientenrauschvektor $\underline{N}[k]$ hinzu und berechnen die Autokovarianzmatrix Cov$\{\underline{v}'[k]\}$ des Abweichungsvektors in Hauptachsenkoordinaten $\underline{v}'$. In diesem Ausdruck wird dann die Autokovarianzmatrix des allgemeinen Gradientenrauschvektors $\underline{N}[k]$ erscheinen. Diese Matrix haben wir bereits mit (3.137) für den Gradientenrauschvektor der LMS-Approximation berechnet. Auf diese Weise wird es uns gelingen, die Auswirkung der LMS-Approximation auf die Gradientenverarbeitung im Adaptionsvorgang zu berechnen und in Form einer Autokovarianzmatrix Cov$\{\underline{v}'[k]\}$ für den Abweichungsvektor anzugeben.

Durch Hinzufügen von $\underline{N}[k]$ zum Gradienten in (3.139) erhalten wir also:

$$\underline{v}[k+1] = \underline{v}[k] - c\left(\nabla_{\underline{w}}\{J(\underline{v}[k])\} + \underline{N}[k]\right) \tag{3.141}$$

Mit $\mu = 2c$ und (3.140) ergibt sich daraus:

$$\begin{aligned}\underline{v}[k+1] &= \underline{v}[k] - \mu\left(\mathbf{R}\underline{v}[k] + \frac{1}{2}\underline{N}[k]\right) \\ &= (\mathbf{I} - \mu\mathbf{R})\,\underline{v}[k] - \frac{\mu}{2}\underline{N}[k]\end{aligned} \tag{3.142}$$

Durch Übergang in Hauptachsenkoordinaten ($\underline{v} = \mathbf{Q}\underline{v}'$) ergibt sich

$$\mathbf{Q}\underline{v}'[k+1] = (\mathbf{I} - \mu\mathbf{R})\mathbf{Q}\underline{v}'[k] - \frac{\mu}{2}\underline{N}[k] \tag{3.143}$$

und nach Vormultiplikation mit $\mathbf{Q}^{-1}$:

$$\begin{aligned}\underline{v}'[k+1] &= \left(\mathbf{I} - \mu\mathbf{Q}^{-1}\mathbf{R}\mathbf{Q}\right)\underline{v}'[k] - \frac{\mu}{2}\mathbf{Q}^{-1}\underline{N}[k] \\ &= (\mathbf{I} - \mu\mathbf{\Lambda})\underline{v}'[k] - \frac{\mu}{2}\underline{N}'[k]\end{aligned} \tag{3.144}$$

wobei wiederum $\underline{N}'[k] = \mathbf{Q}^{-1}\underline{N}[k]$ gilt.

Dies ist die Rekursionsgleichung des Gradienten-Verfahrens für den Abweichungsvektor $\underline{v}'[k]$ für den Fall, dass dem Gradienten ein allgemeiner Gradientenrauschvektor $\underline{N}'[k]$ überlagert ist. Wir wollen nun die Kovarianzmatrix Cov$\{\underline{v}'[k]\}$ des Abweichungsvektors berechnen. Dazu benötigen wir das äussere Vektorprodukt $\underline{v}'[k]\underline{v}'^t[k]$. Mit (3.144) erhalten wir:

$$\begin{aligned}\underline{v}'[k]\underline{v}'^t[k] &= (\mathbf{I} - \mu\mathbf{\Lambda})\underline{v}'[k-1]\underline{v}'^t[k-1](\mathbf{I} - \mu\mathbf{\Lambda})^t + \frac{\mu^2}{4}\underline{N}'[k-1]\underline{N}'^t[k-1] \\ &\quad - \frac{\mu}{2}\left\{(\mathbf{I} - \mu\mathbf{\Lambda})\underline{v}'[k-1]\underline{N}'^t[k-1] + \underline{N}'[k-1]\underline{v}'^t[k-1](\mathbf{I} - \mu\mathbf{\Lambda})^t\right\}\end{aligned} \tag{3.145}$$

Dieser Ausdruck lässt sich vereinfachen, weil

1. $(\mathbf{I}-\mu\mathbf{\Lambda})$ eine Diagonalmatrix und folglich gleich ihrer transponierten Matrix ist,

2. der Abweichungsvektor $\underline{v}'[k]$ und der Rauschvektor $\underline{N}'[k]$ voneinander unabhängig sind und jeweils mittelwertfrei angenommen werden können,

3. $\underline{v}'[k]$ in der Nähe des Optimums statistisch herumirrt und unabhängig von seiner Vergangenheit angenommen werden kann. $E\{\underline{v}'[k]\underline{v}'^t[k]\}$ wird damit diagonal und das Matrizenprodukt im ersten Term von (3.145) kommutativ.

Nehmen wir also beidseits von (3.145) den Erwartungswert, so erhalten wir die Autokorrelationsmatrix $E\{\underline{v}'[k]\underline{v}'^t[k]\}$, die auch gerade der gesuchten Autokovarianzmatrix entspricht, weil $\underline{v}'[k]$ mittelwertfrei ist (3.130). Dabei können wir Stationarität annehmen, d.h.

$$E\left\{\underline{v}'[k-1]\underline{v}'^t[k-1]\right\} = E\left\{\underline{v}'[k]\underline{v}'^t[k]\right\} \qquad (3.146)$$

weil wir uns in der Nähe des Minimums $J_{\min} = J(\underline{w}^o)$ befinden und alle transienten Vorgänge als abgeklungen angenommen werden. Wir erhalten damit nach kurzer Rechnung:

$$\operatorname{Cov}\{\underline{v}'[k]\} = E\left\{\underline{v}'[k]\underline{v}'^t[k]\right\} = (\mathbf{I}-\mu\mathbf{\Lambda})^2 \operatorname{Cov}\{\underline{v}'[k]\} + \frac{\mu^2}{4}\operatorname{Cov}\{\underline{N}'[k]\} \quad (3.147)$$

Aufgelöst nach $\operatorname{Cov}\{\underline{v}'[k]\}$ ergibt sich:

$$\boxed{\operatorname{Cov}\{\underline{v}'[k]\} = \frac{\mu}{8}\left(\mathbf{\Lambda} - \frac{\mu}{2}\mathbf{\Lambda}^2\right)^{-1}\operatorname{Cov}\{\underline{N}'[k]\]}} \qquad (3.148)$$

Diese Gleichung beschreibt die gesuchte Beziehung zwischen der Autokovarianzmatrix von $\underline{v}'[k]$ und derjenigen eines *beliebigen* Gradientenrauschvektors $\underline{N}[k]$ bei Anwendung des Gradienten-Verfahrens. Soll nun dieser Gradientenrauschvektor gerade den Schätzfehler darstellen, der bei der LMS-Gradientenapproximation entsteht, so können wir den entsprechenden, bereits ermittelten Ausdruck (3.137) für $\operatorname{Cov}\{\underline{N}'[k]\}$ in (3.148) einsetzen:

$$\begin{aligned}\operatorname{Cov}\{\underline{v}'[k]\} &\approx \frac{\mu}{8}\left(\mathbf{\Lambda}-\frac{\mu}{2}\mathbf{\Lambda}^2\right)^{-1}4J_{\min}\mathbf{\Lambda} = \frac{\mu}{2}J_{\min}\left(\mathbf{\Lambda}-\frac{\mu}{2}\mathbf{\Lambda}^2\right)^{-1}\mathbf{\Lambda}\\ &= \frac{\mu}{2}J_{\min}\left(\mathbf{I}-\frac{\mu}{2}\mathbf{\Lambda}\right)^{-1} \qquad (3.149)\end{aligned}$$

In der Praxis gilt $\mu \ll \mu_{\max}$, so dass die Elemente der Matrix $\frac{\mu}{2}\mathbf{\Lambda}$ viel kleiner als Eins sind und wir diese Terme gegenüber der Einheitsmatrix vernachlässigen

3.2 KONVERGENZEIGENSCHAFTEN

können:

$$\boxed{\operatorname{Cov}\{\underline{v}'[k]\} \approx \frac{\mu}{2} J_{\min} \mathbf{I}} \qquad (3.150)$$

Gehen wir ins $\underline{v}$-Koordinatensystem zurück, so erhalten wir, weil $\mathbf{Q}$ konstant ist und aus dem Erwartungswert gezogen werden kann:

$$\begin{aligned}
\operatorname{Cov}\{\underline{v}[k]\} &= E\{\underline{v}[k]\underline{v}^t[k]\} = E\{\mathbf{Q}\underline{v}'[k]\underline{v}'^t[k]\mathbf{Q}^{-1}\} & (3.151)\\
&= \mathbf{Q}\operatorname{Cov}\{\underline{v}'[k]\}\mathbf{Q}^{-1} \approx \frac{\mu}{2} J_{\min}\mathbf{Q}\mathbf{I}\mathbf{Q}^{-1} = \frac{\mu}{2} J_{\min}\mathbf{I} & (3.152)
\end{aligned}$$

Bei der Rückrotation bleibt also die Autokovarianzmatrix unverändert.

Nachdem nun mit der **Autokovarianzmatrix des Abweichungsvektors**

$$\boxed{\operatorname{Cov}\{\underline{v}[k]\} \approx \frac{\mu}{2} J_{\min} \mathbf{I}} \qquad (3.153)$$

die Auswirkung der LMS-Gradientenapproximation quantifiziert ist, sind wir soweit, dass wir zur eigentlichen Diskussion über den Überschussfehler J_{ex} und die Fehleinstellung M des LMS-Algorithmus übergehen können.

3.2.7 Der Überschussfehler J_{ex} und die Fehleinstellung M beim LMS-Algorithmus

In Abschnitt 3.2.1 wurde gezeigt, dass das Gradienten-Verfahren bei Einhaltung der Bedingung $\mu < \mu_{\max}$ zur Wiener-Lösung und damit zum Minimalwert $J_{\min} = J(\underline{w}^o)$ der Fehlerfunktion $J(\underline{w})$ konvergiert. Bei Anwendung des LMS-Algorithmus, der eine Approximation des Gradienten-Verfahrens darstellt, können wir hingegen höchstens erwarten, *in die Nähe* von $J_{\min}$ zu gelangen. Anstatt einer eindeutigen Konvergenz des Koeffizientenvektors $\underline{w}$ zum Wert $\underline{w}^o$, wird bei der LMS-Gradientenapproximation $\underline{w}$ um den Wert $\underline{w}^o$ 'herumirren' und damit zusätzlich zu $J_{\min}$ eine Abweichung $\Delta J(\underline{v}[k])$ verursachen. Dieser Vorgang ist in Figur 3.8 schematisch veranschaulicht. Mit (3.70) wurde jedoch gezeigt, dass sich der LMS-Algorithmus 'im Mittel' wie das Gradienten-Verfahren verhält. Wenn also der transiente Adaptionsvorgang entsprechend der Lernkurve abgeschlossen ist und die Fluktuationen des Gewichtsvektors stationär sind, können wir annehmen, dass der Erwartungswert des Gewichtsvektors zur Wiener-Lösung konvergiert

$$E\{\underline{w}[k]\} = \underline{w}^o \qquad k \to \infty \qquad (3.154)$$

bzw. der Erwartungswert des Abweichungsvektors verschwindet:

$$E\{\underline{v}[k]\} = \underline{0} \qquad k \to \infty \qquad (3.155)$$

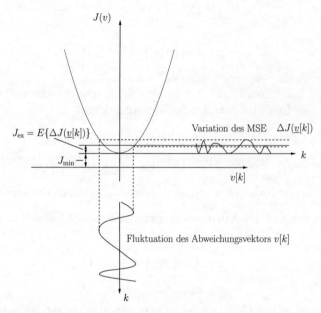

Figur 3.8: Schematische Darstellung der Entstehung des Überschussfehlers J_{ex} im eingeschwungenen Zustand

Die Fluktuationen des Abweichungsvektors $\underline{v}[k]$ um den Nullvektor $\underline{0}$ sind von stochastischer Natur[16] und wurden im vorherigen Abschnitt durch die Autokovarianzmatrix $\text{Cov}\{\underline{v}[k]\} \approx \frac{\mu}{2} J_{\min} \mathbf{I}$ beschrieben.

Wir definieren nun (allgemein für einen beliebigen Algorithmus) den **Überschussfehler** (engl. **excess MSE**) $J_{\text{ex}}[k]$ als Abweichung der Lernkurve (bzw. des MSE) $J[k] = E\{e^2[k]\}$ vom Minimum $J_{\min}$ der Wiener-Lösung:

$$J_{\text{ex}}[k] = J[k] - J_{\min} \qquad (3.156)$$

Die Abweichung $\Delta(J(\underline{v}[k]))$ von $J_{\min}$, die der Abweichungsvektor $\underline{v}[k]$ erzeugt, erhalten wir mit (3.114):

$$\Delta(J(\underline{v}[k])) = \underline{v}^t[k] \mathbf{R} \underline{v}[k]$$

Weil der Abweichungsvektor beim LMS-Algorithmus im eingeschwungenen Zustand nicht konstant ist, sondern um den Nullvektor $\underline{0}$ schwankt, berechnen wir den Überschussfehler J_{ex} als Erwartungswert der Abweichung $\Delta(J(\underline{v}[k]))$

$$J_{\text{ex}} = E\{\Delta(J(\underline{v}[k]))\} = E\{\underline{v}^t[k]\mathbf{R}\underline{v}[k]\} \qquad k \gg 0 \qquad (3.158)$$

---

[16] bei stochastischen Signalen $x[k]$ und $d[k]$.

3.2 KONVERGENZEIGENSCHAFTEN

Es handelt sich hierbei um den Ensemblemittelwert mehrerer Ausführungen des LMS-Algorithmus mit jeweils unterschiedlichen Musterfunktionen $x[k]$ und $d[k]$ des gleichen stochastischen Prozesses. Dieser Ensemblemittelwert wird bei Simulationen oft auch durch einen durch zeitliche Mittelung gewonnenen Schätzwert angegeben, weil angenommen werden kann, dass $\Delta(J(\underline{v}[k]))$ nach abgeschlossenem Einschwingvorgang stationär und ergodisch ist.

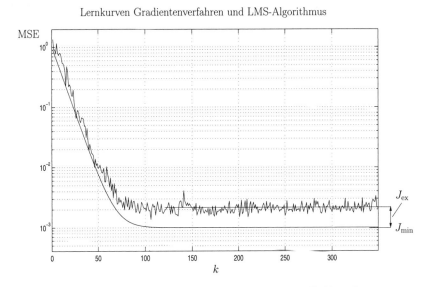

Figur 3.9: Lernkurven: Gradienten-Verfahren und LMS-Algorithmus

In Figur 3.9 ist eine simulierte Lernkurve des LMS-Algorithmus und die Lernkurve des Gradienten-Verfahrens dargestellt. Dabei wurde der MSE des LMS-Algorithmus $J[k] = E\{e^2[k]\}$ (die Lernkurve) durch Mittelung des quadratischen Fehlers $e^2[k]$ von $L = 100$ Ausführungen der LMS-Adaption geschätzt[17].

Mit (2.143) können wir den Überschussfehler auch durch den Abweichungsvektor in Hauptachsenkoordinaten $\underline{v}'[k]$ ausdrücken:

$$J_{\text{ex}} = E\left\{\underline{v}'^t[k]\mathbf{\Lambda}\underline{v}'[k]\right\} \qquad k \gg 0 \qquad (3.159)$$

Es ist nun von Interesse, in welchem Verhältnis der Überschussfehler J_{ex} zum Minimum $J_{\min}$ steht. Der entsprechende Quotient wird als **Fehleinstellung** M (engl. **misadjustment**) bezeichnet

$$M = \frac{J_{\text{ex}}}{J_{\min}} = \frac{E\left\{\underline{v}'^t[k]\mathbf{\Lambda}\underline{v}'[k]\right\}}{J_{\min}} \qquad k \gg 0 \qquad (3.160)$$

---
[17]Für $L \to \infty$ würde diese Schätzung dem Ensemblemittelwert entsprechen (eine Kurve wie in Figur 3.7 gezeigt).

und ist *das* Mass, das üblicherweise zur Beurteilung der Genauigkeit eines Adaptionsalgorithmus herangezogen wird.

Wir wollen nun die Fehleinstellung für den LMS-Algorithmus angeben. Mit (2.142) wurde gezeigt, dass gilt:

$$\underline{v}'^t[k]\mathbf{\Lambda}\underline{v}'[k] = \sum_{i=1}^{N} \lambda_i v_i'^2[k] \tag{3.161}$$

Daraus folgt mit (3.159):

$$\begin{aligned} J_{\text{ex}} &= E\left\{\sum_{i=1}^{N} \lambda_i v_i'^2[k]\right\} \quad k \gg 0 \\ &= \sum_{i=1}^{N} \lambda_i E\left\{v_i'^2[k]\right\} \quad k \gg 0 \end{aligned} \tag{3.162}$$

Im vorherigen Abschnitt haben wir mit (3.153) die Kovarianzmatrix des Abweichungsvektors für den LMS-Algorithmus nach dem Abklingen des transienten Teils des Adaptionsvorgangs bestimmt:

$$\text{Cov}\{\underline{v}'[k]\} \approx \frac{\mu}{2} J_{\min} \mathbf{I} \tag{3.163}$$

Es handelt sich hierbei um eine Diagonalmatrix, wobei alle Diagonalelemente identisch sind:

$$E\left\{v_i'^2[k]\right\} \approx \frac{\mu}{2} J_{\min} \tag{3.164}$$

Damit sind wir am Ziel und können nun den Überschussfehler J_{ex} und die Fehleinstellung M angeben, die beim LMS-Algorithmus entstehen. Mit (3.162) erhalten wir:

$$\begin{aligned} J_{\text{ex}} &= \sum_{i=1}^{N} \lambda_i E\left\{v_i'^2[k]\right\} \quad k \gg 0 \\ &\approx \frac{\mu}{2} J_{\min} \sum_{i=1}^{N} \lambda_i = \frac{\mu}{2} J_{\min} \text{Sp}(\mathbf{R}) \end{aligned} \tag{3.165}$$

Daraus folgt für die Fehleinstellung M nach (3.160):

$$M = \frac{J_{\text{ex}}}{J_{\min}} \approx \frac{\mu}{2} \text{Sp}(\mathbf{R}) = \frac{\mu}{2} \sum_{i=1}^{N} \lambda_i = \frac{\mu}{2} \cdot N \cdot \text{Eingangsleistung} \tag{3.166}$$

Dabei wurde ausgenützt, dass gemäss (3.79) gilt:

$$\text{Sp}(\mathbf{R}) = N \cdot \text{Eingangsleistung} \tag{3.167}$$

3.2 KONVERGENZEIGENSCHAFTEN

Fassen wir zusammen:

> **Die Approximation des Gradienten beim LMS-Algorithmus verursacht:**
>
> **Überschussfehler:**
>
> $$J_{\text{ex}} \approx \frac{\mu}{2} J_{\min} \text{Sp}(\mathbf{R}) = \frac{\mu}{2} J_{\min} N \cdot \text{Eingangsleistung} \qquad (3.168)$$
>
> **Fehleinstellung:**
>
> $$M_{\text{LMS}} = \frac{J_{\text{ex}}}{J_{\min}} \approx \frac{\mu}{2} \text{Sp}(\mathbf{R}) = \frac{\mu}{2} \cdot N \cdot \text{Eingangsleistung} \qquad (3.169)$$

Die Fehleinstellung M ist also proportional zur Schrittweite μ und der Filterlänge N. Sie ist jedoch nicht, wie auf den ersten Blick vermutet werden könnte, von der Eingangsleistung abhängig, weil die Schrittweite μ jeweils umgekehrt proportional zur Eingangsleistung gewählt wird. Dies wird deutlich, wenn wir μ durch die normierte Schrittweite α aus (3.108)

$$\alpha = \frac{\mu}{\mu_{\max}} = \frac{\mu \lambda_{\max}}{2} \qquad 0 < \alpha < 1 \qquad (3.170)$$

ausdrücken: Ersetzen wir μ in (3.166) durch (3.109) erhalten wir:

$$M_{\text{LMS}} \approx \frac{\mu}{2} \sum_{i=1}^{N} \lambda_i \approx \frac{\alpha}{\lambda_{\max}} \sum_{i=1}^{N} \lambda_i \qquad 0 < \alpha < 1 \qquad (3.171)$$

Bei einer Skalierung der Eingangsleistung um einen Faktor a werden auch alle Eigenwerte mit a multipliziert. Gleichung (3.171) bleibt jedoch unverändert, wenn alle Eigenwerte skaliert werden und somit ist die Fehleinstellung M unabhängig von der Eingangsleistung. Insbesondere folgt aus (3.171) für den Fall, dass alle Eigenwerte gleich sind:

$$M_{\text{LMS}} \approx \alpha N \qquad 0 < \alpha < 1 \qquad (3.172)$$

Für eine gegebene Filterlänge N ist die Fehleinstellung M also proportional zur Schrittweite. Anderseits wissen wir, dass die Zeitkonstante der Lernkurve des LMS-Adaptionsvorgangs nach (3.121) und (3.125) umgekehrt proportional zur Schrittweite μ ist:

$$\boxed{\tau_{\text{LMS}i} \approx \frac{1}{2\mu \lambda_i}} \qquad (3.173)$$

Bringen wir die Zeitkonstante in den Ausdruck für die Fehleinstellung M ein, wird die Gegenläufigkeit von Fehleinstellung und Konvergenzzeit deutlich. Es gilt:

$$\mathrm{Sp}(\mathbf{R}) = \sum_{i=1}^{N} \lambda_i$$

$$\approx \frac{1}{2\mu} \sum_{i=1}^{N} \frac{1}{\tau_{\mathrm{LMS}i}} \tag{3.174}$$

Eingesetzt in den Ausdruck für M (3.166) erhält man:

$$\boxed{M_{\mathrm{LMS}} \approx \frac{1}{4} \sum_{i=1}^{N} \frac{1}{\tau_{\mathrm{LMS}i}}} \tag{3.175}$$

Eine kleine Fehleinstellung wird also nur für grosse Werte der Zeitkonstanten $\tau_{\mathrm{LMS}i}$ erreicht.

Sind alle Eigenwerte bzw. Zeitkonstanten gleich, so vereinfacht sich (3.175) zu:

$$\boxed{M_{\mathrm{LMS}} \approx \frac{N}{4\tau_{\mathrm{LMS}}}} \tag{3.176}$$

Dieser Ausdruck ist eine für die Praxis recht gute **Approximation für den Zusammenhang zwischen der Fehleinstellung, der Anzahl der FIR-Koeffizienten N und der Zeitkonstante der Lernkurve.**

Bei gleichen Eigenwerten gilt dabei wegen (3.173) für die LMS-Zeitkonstante:

$$\tau_{\mathrm{LMS}} \approx \frac{1}{2\mu\lambda} = \frac{1}{2\mu \cdot \mathrm{Eingangsleistung}} \tag{3.177}$$

Auch diese Approximation bewährt sich in der Praxis, wobei auch hier die Schrittweite abhängig von der Eingangsleistung gewählt wird.

Damit können wir obige Ausführungen wie folgt zusammenfassen:

- Wenn man annimmt, dass sich ein Adaptionsvorgang in etwa vier Zeitkonstanten auf seinen Endwert stabilisiert hat (Einschwingzeit), lässt sich nach (3.176) als Daumenregel angeben, dass *die Fehleinstellung M etwa der Anzahl FIR-Filterkoeffizienten N dividiert durch die Einschwingzeit der Lernkurve entspricht.*

- Bei gegebener Einschwingzeit nimmt die Fehleinstellung linear mit der Zahl N der Filterkoeffizienten zu (3.176).

3.2 KONVERGENZEIGENSCHAFTEN

- Die Einschwingzeit der Lernkurve ist umgekehrt proportional zur Fehleinstellung: Eine langsame/schnelle Adaption hat eine kleine/grosse Fehleinstellung zur Folge (3.176).

- Die Fehleinstellung (3.169) ist proportional, die Einschwingzeit (3.177) der Lernkurve umgekehrt proportional zur Schrittweite μ. Eine schnelle Adaption und eine kleine Fehleinstellung ist somit nicht gleichzeitig zu erreichen. Die Wahl der Schrittweite μ muss sich an den Vorgaben der Anwendung orientieren. Ist z.B. eine 10-prozentige Fehleinstellung gegenüber $J_{\min}$ für eine Anwendung akzeptabel, so lässt sich dies nach (3.176) erreichen, indem die Schrittweite so gewählt wird, dass die Einschwingzeit ($\approx 4\tau_{LMS}$) etwa zehn Mal der gesamten Speicherdauer des FIR-Filters entspricht.

- Der LMS-Algorithmus kann auf Änderungen der Statistik während der Adaption umso schneller reagieren ('tracking'), je grösser die Schrittweite $\mu < \mu_{\max}$ ist. Ein gutes Nachführverhalten geht somit auch mit einer grösseren Fehleinstellung einher.

Wahl der Anzahl der Gewichte N

Der MSE im eingeschwungenen Zustand ist allgemein bei einem beliebigen Algorithmus durch zwei Anteile gegeben

$$J = J_{\min} + J_{\text{ex}} \qquad (3.178)$$

die beide von der Anzahl verwendeter adaptiver Gewichte N abhängen. $J_{\min}$ stellt den minimal erreichbaren MSE dar, der bei der Beschreibung des Zusammenhangs zwischen $x[k]$ und $d[k]$ durch das Filter entsteht. Dieser Zusammenhang (der beispielsweise durch die Impulsantwort eines unbekannten Systems gegeben ist) kann mit wachsender Anzahl adaptiver Gewichte N mit zunehmender Genauigkeit identifiziert werden, so dass $J_{\min}$ abnimmt, wenn N grösser wird. Anderseits nimmt der zweite Anteil J_{ex}, der für die Ungenauigkeit des Adaptionsalgorithmus steht, mit der Anzahl der Gewichte N zu (beim LMS-Algorithmus gemäss (3.168)), weil mit jedem zusätzlichen Gewicht ein weiterer verrauschter Parameter hinzukommt. Die Anzahl der Gewichte N ist deshalb – nicht zuletzt auch wegen des Rechenaufwandes – möglichst klein zu halten, aber gross genug, um den Anforderungen der Anwendungen gerecht zu werden.

3.2.8 Simulation: Systemidentifikation durch den LMS-Algorithmus

In den Figuren 3.10 und 3.11 sind die LMS-Lernkurven einer Simulation gezeigt, bei der ein System, das durch eine schnell abklingende kausale IIR-Impulsantwort gegeben ist, durch ein adaptives FIR-Filter mit $N = 10$ Koeffizienten identifiziert wurde. Die Anordnung entspricht der Klasse 'Systemidentifikation' gemäss Figur 1.2. Für das Eingangssignal $x[k]$ wurde die Summe einer Sinusschwingung und eines weissen Rauschsignals gewählt, wobei durch Variation der Gewichtung der Anteile unterschiedliche Konditionierungen des Eingangs erreicht wurden. Der Systemausgang $d'[k]$ wurde durch Faltung von $x[k]$ mit der IIR-Impulsantwort erhalten. Anschliessend wurde zu $d'[k]$ ein weiteres weisses Rauschsignal (Messrauschen $n[k]$) mit der Leistung $\sigma_n^2 = 1 \cdot 10^{-3}$ hinzugefügt um das erwünschte Signal $d[k]$ zu bilden. Wenn die Systemidentifikation perfekt ist, bleibt im Fehlersignal $e[k]$ nur das zum Eingang unkorrelierte Messrauschen $n[k]$ übrig, so dass J_{min} bei $J_{min} = \sigma_n^2 = 1 \cdot 10^{-3}$ liegt. Bei den gezeigten Lernkurven des LMS-Algorithmus handelt es sich um den quadrierten Fehler $e^2[k]$, jeweils über 200 LMS-Ausführungen gemittelt.

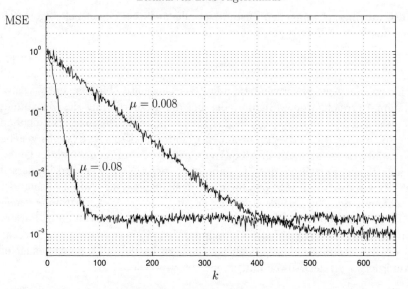

Figur 3.10: LMS-Lernkurven bei verschiedenen Schrittweiten $\mu = 0.08|0.008$; Konditionierung $\chi(\mathbf{R}) = 1$, $N = 10$

Beim ersten Durchgang (Figur 3.10) wurde ein Eingangssignal mit der Konditionierung $\chi(\mathbf{R}) = 1$ und zwei verschiedene Schrittweiten $\mu = 0.08|0.008$ gewählt. Es ist deutlich zu sehen, dass die grössere Schrittweite eine schnellere Konvergenz, aber auch einen grösseren Überschussfehler J_{ex} bewirkt (im Einklang mit (3.168) und (3.173)). Beim zweiten Durchgang (Figur 3.11) wurde bei gleicher Schrittweite die Konditionierung des Eingangssignals $\chi(\mathbf{R}) = 1|26|52$ variiert. Die Simulation bestätigt, dass die Konvergenzgeschwindigkeit des LMS-Algorithmus von der Konditionierung des Eingangssignals abhängt, wobei Signale mit einem flachen Spektrum ($\chi(\mathbf{R}) = 1$, weisses Rauschen) die schnellste Konvergenz bewirken.

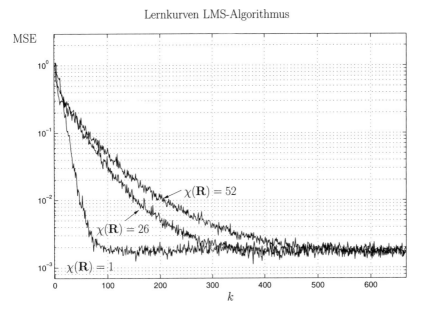

Figur 3.11: LMS-Lernkurven bei verschiedenen Konditionierungen des Eingangssignals $\chi(\mathbf{R}) = 1|26|52$; $\mu = 0.08$, $N = 10$

3.3 Varianten des LMS-Algorithmus

Im folgenden wollen wir einige LMS-Varianten angeben, die durch weitere Vereinfachungen aus dem LMS-Algorithmus hervorgehen oder im Gegenteil Zusatzinformationen (teilweise bekannte Statistik) in den Algorithmus integrieren.

3.3.1 Der normierte LMS-Algorithmus (NLMS)

Die Schrittweite μ darf die obere Grenze (3.81)

$$0 < \mu < \frac{2}{N \cdot \text{(mittlere Eingangsleistung)}} \qquad (3.179)$$

nicht überschreiten, damit die Konvergenz des LMS-Algorithmus gewährleistet ist. Falls die Eingangsleistung starken Schwankungen unterliegt, ist es sinnvoll, μ laufend der momentanen Eingangsleistung anzupassen. Dabei wird die Eingangsleistung durch folgendes Skalarprodukt geschätzt:

$$\begin{aligned}\underline{x}^t[k]\underline{x}[k] &= \sum_{i=0}^{N-1} x^2[k-i] = x^2[k] + x^2[k-1] + \ldots + x^2[k-N+1] \\ &\approx N \cdot E\{x^2[k]\} = N \cdot \text{(mittlere Eingangsleistung)}\end{aligned} \qquad (3.180)$$

Mit dieser Schätzung gilt für die Schrittweite

$$\mu[k] = \frac{\beta}{\gamma + \underline{x}^t[k]\underline{x}[k]} \qquad 0 < \beta < 2 \qquad (3.181)$$

wobei γ eine kleine positive 'Sicherheitskonstante' ist, die verhindern soll, dass $\mu[k]$ sehr gross wird, falls die Eingangsleistungsschätzung zu klein ausfallen sollte. Die Aufdatierung der Filtergewichte beim **normierten LMS-Algorithmus (NLMS)** erfolgt somit durch:

$$\boxed{\underline{w}[k+1] = \underline{w}[k] + \frac{\beta}{\gamma + \underline{x}^t[k]\underline{x}[k]} \, e[k]\underline{x}[k] \quad 0 < \beta < 2} \qquad (3.182)$$

Was den Rechenaufwand dieser LMS-Variante betrifft, kann der scheinbar zusätzliche Aufwand von N Multiplikationen und Additionen für den Ausdruck $\underline{x}^t[k]\underline{x}[k]$ durch Verwendung von N Speicherplätzen vermieden werden: Aus (3.180) ist ersichtlich, dass der Wert $\underline{x}^t[k+1]\underline{x}[k+1]$ durch Addition von $x^2[k+1]$ und Subtraktion von $x^2[k-N+1]$ erhalten werden kann, sofern die übrigen Grössen $x^2[.]$ abgespeichert werden. Der zusätzliche Aufwand liegt damit bei einer Multiplikation, einer Addition und einer Subtraktion. Um die Division in (3.182) durch das Resultat kommt man aber nicht herum.

3.3.2 Der komplexe LMS-Algorithmus

Ist das Eingangssignal $x[k]$, das Ausgangssignal $y[k]$ und das erwünschte Signal $d[k]$ komplex, so kann der reelle LMS-Algorithmus zur Adaption eines FIR-

3.3 VARIANTEN DES LMS-ALGORITHMUS

basierten adaptiven Filters zum sog. komplexen LMS-Algorithmus erweitert werden. Dabei werden auch die Filterkoeffizienten $\underline{w}[k]$ komplex. Der Momentangradient wird nun als Gradient des momentanen quadratischen Fehlerbetrags $|e[k]|^2$ berechnet.

Der **komplexe LMS-Algorithmus** lautet [9]:

Komplexer LMS-Algorithmus

Initialisierung:

$$\underline{w}[0] = \underline{0} \quad \mu > 0: \text{ konstante Schrittweite}$$

Berechne zu jedem Zeitpunkt $k = 0, 1, 2, \ldots$:

1. Filterausgangswert:
$$y[k] = \underline{w}^H[k]\underline{x}[k] \qquad (3.183)$$

2. Fehlerwert:
$$e[k] = d[k] - y[k] \qquad (3.184)$$

3. Aufdatierung des Koeffizientenvektors:
$$\underline{w}[k+1] = \underline{w}[k] + \mu e^*[k]\underline{x}[k] \qquad (3.185)$$

Dabei bedeutet 'H' die hermitesche Transposition und '$*$' konjugiert komplex. Der bisher behandelte reelle LMS-Algorithmus ist ein Spezialfall des allgemeineren komplexen LMS-Algorithmus. Trotzdem können die Aussagen zum Konvergenzverhalten des reellen LMS-Algorithmus auch auf die komplexe Variante übertragen werden.

3.3.3 Der Newton-LMS-Algorithmus

In Abschnitt 3.1.1 wurde das Newton-Verfahren behandelt, das auf kürzestem Wege auf der Fehlerfläche zu $\underline{w}^o$ herabsteigt. In Unkenntnis von $\mathbf{R}$ und $\underline{p}$ wurde $\mathbf{R}^{-1}$ durch $\mathbf{I}$ und der Gradient durch den Momentangradienten ersetzt und somit der LMS-Algorithmus erhalten. Falls nun doch die Statistik des Eingangssignals und damit $\mathbf{R}$ bekannt sein sollte, kann $\mathbf{R}^{-1}$ mit Vorteil eingesetzt werden.

Der so modifizierte LMS-Algorithmus wird **Newton-LMS-Algorithmus** genannt:

Newton-LMS-Algorithmus
Initialisierung: $$\underline{w}[0] = \underline{0} \qquad 0 < \mu_0 < 1: \text{konstante Schrittweite}$$
Berechne zu jedem Zeitpunkt $k = 0, 1, 2, \ldots$:   1. Filterausgangswert: $$y[k] = \underline{w}^t[k]\underline{x}[k] \qquad (3.186)$$ 2. Fehlerwert: $$e[k] = d[k] - y[k] \qquad (3.187)$$ 3. Aufdatierung des Koeffizientenvektors: $$\underline{w}[k+1] = \underline{w}[k] + \mu_0 \mathbf{R}^{-1}\underline{x}[k]e[k] \qquad (3.188)$$

Die Vormultiplikation durch $\mathbf{R}^{-1}$ bewirkt eine Dekorrelation des Eingangssignals und zusätzlich eine Beschleunigung der langsamen Modi der Adaption wie im folgenden gezeigt wird:

Die Karhunen-Loève-Transformation (KLT) ((2.164), hier für reelle Eingangsdaten)

$$\underline{x}'[k] = \mathbf{Q}^t\underline{x}[k] \qquad (3.189)$$

dekorreliert den Eingangsvektor $\underline{x}[k]$, so dass die Autokorrelationsmatrix $\mathbf{R}'$ von $\underline{x}'[k]$ eine Diagonalmatrix ist. Wir wollen nun diesen dekorrelierten Vektor $\underline{x}'[k]$ als Eingang des LMS-Algorithmus verwenden. Damit der Ausgangswert $y[k]$ unverändert bleibt, transformieren wir auch den Gewichtsvektor, $\underline{w}'[k] = \mathbf{Q}^t\underline{w}[k]$, so dass (mit $\mathbf{Q}^t = \mathbf{Q}^{-1}$, (2.123)) gilt:

$$\begin{aligned} y[k] &= \underline{w}'^t[k]\underline{x}'[k] = (\mathbf{Q}^t\underline{w}[k])^t\mathbf{Q}^t\underline{x}[k] & (3.190) \\ &= \underline{w}^t[k]\mathbf{Q}\mathbf{Q}^t\underline{x}[k] = \underline{w}^t[k]\underline{x}[k] & (3.191) \end{aligned}$$

Die LMS-Rekursionsgleichung in den neuen Koordinaten lautet

$$\underline{w}'[k+1] = \underline{w}'[k] + \mu\underline{x}'[k]e[k] \qquad (3.192)$$

und entsprechend die i-te Gleichung:

$$w_i'[k+1] = w_i'[k] + \mu x_i'[k]e[k] \qquad (3.193)$$

3.3 VARIANTEN DES LMS-ALGORITHMUS

Da gemäss (2.165) die Komponenten von $\underline{x}'[k]$ nach der KL-Transformation unkorreliert sind, d.h. $E\{x'_i[k]x'_j[k]\} = 0$ für $i \neq j$ ist, erfolgt die Adaption des Gewichtes (Modus) w_i' unabhängig von den anderen Gewichten (Modi) des Adaptionsvorgangs. Um nun langsame Modi (mit kleinen Eigenwerten) zu beschleunigen und somit den Algorithmus unabhängig von der Konditionierung zu machen, normieren wir die Schrittweite in Anlehnung an (3.75) auf

$$\mu = \mu_0 \frac{1}{\lambda_i} \qquad \mu_0 < 1 \qquad (3.194)$$

und erhalten:

$$w_i'[k+1] = w_i'[k] + \mu_0 \frac{1}{\lambda_i} x_i'[k]e[k] \qquad \mu_0 < 1 \qquad (3.195)$$

Die Dekorrelation des Eingangs durch die KLT ermöglicht also den Zugriff auf jeden einzelnen Modus w_i' und die unabhängige Adaption dieses Modus mit einer individuell angepassten Schrittweite $\mu_0 \frac{1}{\lambda_i}$.

Nun schreiben wir (3.195) für alle w_i in Form einer Matrixgleichung

$$\underline{w}'[k+1] = \underline{w}'[k] + \mu_0 \mathbf{\Lambda}^{-1} \underline{x}'[k]e[k] \qquad \mu_0 < 1 \qquad (3.196)$$

und ersetzen $\underline{w}'[k]$ und $\underline{x}'[k]$ wieder durch die Vektoren $\underline{w}[k]$ und $\underline{x}[k]$:

$$\mathbf{Q}^t \underline{w}[k+1] = \mathbf{Q}^t \underline{w}[k] + \mu_0 \mathbf{\Lambda}^{-1} \mathbf{Q}^t \underline{x}[k]e[k] \qquad \mu_0 < 1 \qquad (3.197)$$

Durch Multiplikation von links mit $\mathbf{Q}$ und mit (2.124) folgt

$$\begin{aligned}\underline{w}[k+1] &= \underline{w}[k] + \mu_0 \mathbf{Q}\mathbf{\Lambda}^{-1}\mathbf{Q}^t \underline{x}[k]e[k] \\ &= \underline{w}[k] + \mu_0 (\mathbf{Q}^t \mathbf{\Lambda} \mathbf{Q})^{-1}\underline{x}[k]e[k] \\ &= \underline{w}[k] + \mu_0 \mathbf{R}^{-1}\underline{x}[k]e[k] \qquad \mu_0 < 1 \end{aligned} \qquad (3.198)$$

Diese Rekursionsgleichung entspricht jedoch gerade der des Newton-LMS-Algorithmus (3.188). Damit ist gezeigt, dass die Vormultiplikation mit der Inversen der Autokorrelationsmatrix $\mathbf{R}^{-1}$ eine Dekorrelation des Eingangssignals und zusätzlich eine Beschleunigung der langsamen Modi bewirkt. Auf der Fehlerfläche betrachtet bewirkt $\mathbf{R}^{-1}$ (im Mittel) eine Drehung des Momentangradienten in Richtung der optimalen Wiener-Lösung. Der Newton-LMS-Algorithmus weist damit auch bei einem schlecht konditionierten Eingang ein optimales Konvergenzverhalten (kleine Zeitkonstanten) auf, während dies beim gewöhnlichen LMS-Algorithmus nur bei weissen Eingangsdaten der Fall ist (siehe 3.111).

Der Newton-LMS-Algorithmus gehört zu einer Klasse von Algorithmen, die im Engl. als Klasse der *'self-orthogonalizing adaptive filtering algorithms'* [9] bezeichnet wird. Diese Algorithmen dekorrelieren die Eingangsdaten durch Transformation in das orthonormale Eigenvektorkoordinatensystem, was die oben erwähnten Vorteile bringt, jedoch meist auch mit einem zusätzlichen Rechenaufwand verbunden ist. Der RLS- und der FLMS-Algorithmus[18], die in den folgenden Kapiteln beschrieben werden, besitzen ebenfalls diese Eigenschaft.

---
[18]Die Dekorrelation erfolgt beim FLMS-Algorithmus (näherungsweise) durch die DFT.

3.3.4 Der P-Vektor- oder Griffiths-Algorithmus

Eine Variante des LMS-Algorithmus, die eine Zusatzinformation, nämlich die Kenntnis des Kreuzkorrelationsvektors $\underline{p}$ ausnutzt und dabei ohne das erwünschte Signal $d[k]$ auskommt, ist der P-Vektor- oder Griffiths-Algorithmus [25]. Zur Herleitung dieser LMS-Variante formen wir den LMS-Algorithmus etwas um:

$$\begin{aligned}\underline{w}[k+1] &= \underline{w}[k] + \mu e[k]\underline{x}[k]\\ &= \underline{w}[k] + \mu(d[k] - y[k])\underline{x}[k]\\ &= \underline{w}[k] + \mu d[k]\underline{x}[k] - \mu y[k]\underline{x}[k]\end{aligned} \quad (3.199)$$

Ist nun der Kreuzkorrelationsvektor $\underline{p}$ bekannt,

$$E\{d[k]\underline{x}[k]\} = \underline{p} \quad (3.200)$$

können wir $\underline{p}$ für den 'momentanen Kreuzkorrelationsvektor' $d[k]\underline{x}[k]$ in (3.199) einsetzen, und erhalten:

$$\boxed{\underline{w}[k+1] = \underline{w}[k] + \mu\underline{p} - \mu y[k]\underline{x}[k]} \quad (3.201)$$

Diese Relation ist als **Griffiths-, P-Vektor- oder auch Steuervektor-Algorithmus** bekannt [7]. Es ist ersichtlich, dass der Algorithmus ohne das erwünschte Signal $d[k]$ auskommt.

Um das Konvergenzverhalten dieses Algorithmus zu untersuchen, ersetzen wir in (3.201) $y[k]$ durch $\underline{x}^t[k]\underline{w}[k]$ und bekommen

$$\begin{aligned}\underline{w}[k+1] &= \underline{w}[k] + \mu\underline{p} - \mu(\underline{x}^t[k]\underline{w}[k])\underline{x}[k]\\ &= \underline{w}[k] + \mu\underline{p} - \mu\underline{x}[k]\underline{x}^t[k]\underline{w}[k]\end{aligned} \quad (3.202)$$

wobei die Tatsache verwendet wurde, dass $\underline{x}^t[k]\underline{w}[k]$ eine skalare Grösse und somit vertauschbar mit $\underline{x}[k]$ ist.

Der Griffiths-Algorithmus ist eine Variante des LMS-Algorithmus, und als solche betrachten wir bei der Konvergenzuntersuchung das Verhalten *im Ensemblemittel*. Die Analyse erfolgt analog zu Abschnitt 3.2.2, wo wir unter Voraussetzung der fundamentalen Annahmen von der Unabhängigkeit von $\underline{x}[k]$ und $\underline{w}[k]$ Gebrauch gemacht haben. Wir berechnen den Erwartungswert von (3.202) und erhalten:

$$\begin{aligned}E\{\underline{w}[k+1]\} &= E\{\underline{w}[k]\} + \mu\underline{p} - \mu\mathbf{R}E\{\underline{w}[k]\}\\ &= [\mathbf{I} - \mu\mathbf{R}]E\{\underline{w}[k]\} + \mu\underline{p}\end{aligned} \quad (3.203)$$

Diese Gleichung hat im Wesentlichen die gleiche Form, wie Gleichung (3.69), bei welcher wir fanden, dass

$$\lim_{k\to\infty} E\{\underline{w}[k]\} = \mathbf{R}^{-1}\underline{p} = \underline{w}^\circ \quad (3.204)$$

sofern
$$0 < \mu < \frac{2}{\lambda_{\max}} \quad (3.205)$$
eingehalten wird. Der Griffiths-Algorithmus verhält sich damit – wie auch der LMS-Algorithmus – 'im Mittel' gleich wie das Gradienten-Verfahren.

3.3.5 Der Vorzeichen-LMS-Algorithmus

In einigen stark vereinfachten, aber dennoch erstaunlich wirksamen Varianten des LMS-Algorithmus werden in dem ohnehin schon erheblich approximierten Gradiententerm nur *Signalvorzeichen statt Werte* verarbeitet:

Fehlervorzeichen LMS-Algorithmus

Bei dieser Variante wird nur das Vorzeichen des Fehlerwertes berücksichtigt. Der Algorithmus lässt sich also folgendermassen formulieren:

1. Filterausgang:
$$y[k] = \underline{x}^t[k]\underline{w}[k]$$

2. Vorzeichen des Fehlers:
$$\bar{e}[k] = \mathrm{sgn}(d[k] - y[k]) = \mathrm{sgn}(e[k]) = \begin{cases} 1 & e[k] > 0 \\ 0 & e[k] = 0 \\ -1 & e[k] < 0 \end{cases}$$

3. Adaption:
$$\underline{w}[k+1] = \underline{w}[k] + \mu \bar{e}[k]\underline{x}[k] \quad (3.206)$$

Datenvorzeichen LMS-Algorithmus

Hier wird die Signumfunktion auf die N Werte des Eingangssignalvektors $x[k-i]$ mit $0 \leq i \leq N-1$ angewendet:

1. Filterausgang:
$$y[k] = \underline{x}^t[k]\underline{w}[k]$$

2. Fehler:
$$e[k] = d[k] - y[k]$$

3. Adaption:
$$w_i[k+1] = w_i[k] + \mu e[k]\mathrm{sgn}(x[k-i]) \qquad 0 \leq i \leq N-1 \quad (3.207)$$

Fehlervorzeichen - Datenvorzeichen LMS-Algorithmus

Bei dieser Variante werden ausschliesslich die Vorzeichen des Fehler- und des Datensignals benützt:

$$w_i[k+1] = w_i[k] + \mu \operatorname{sgn}(e[k]) \operatorname{sgn}(x[k-i]) \qquad 0 \leq i \leq N-1 \qquad (3.208)$$

Der Vorteil dieser starken Vereinfachung des Algorithmus nach (3.206) und (3.207) ist, dass bei einer FIR-Filterlänge von N Gewichten die Anzahl Multiplikationen für jeden Rekursionsschritt von $2N$ auf die Hälfte reduziert wird. Als Nachteil macht sich natürlich die weitere Approximation durch eine vergrösserte Fehleinstellung M bemerkbar. Diese kann nur durch eine kleinere Schrittweite μ wettgemacht werden, was wiederum zu einer Verlangsamung des Adaptionsvorgangs führt. Diese Situation ist besonders bei der dritten Variante nach (3.208) ausgeprägt.

4 Least-Squares-Adaptionsalgorithmen

Die Adaptionsalgorithmen aus Kapitel 3 wurden auf der Grundlage der *Wiener-Filter-Theorie* entwickelt. Bei gegebener Statistik des Eingangssignals und des erwünschten Signals wird durch die Wiener-Filter-Theorie ein Gewichtsvektor $\underline{w}^o$ (das Wiener-Filter) geliefert, der optimal im **statistischen** Sinn ist. Das Optimalitätskriterium ist dementsprechend ein Ensemblemittelwert und wird als mittlerer quadratischer Fehler MSE definiert (2.16):

$$J(\underline{w}) = E\{e^2[k]\} \tag{4.1}$$

Das Wiener-Filter wird beim Gradienten-Verfahren durch Adaption des Gewichtsvektors nach einem iterativen Schema angestrebt, das auf dem Gradienten der Fehlerfunktion $J(\underline{w})$ basiert. In Unkenntnis der Statistik wird der Gradient beim LMS-Algorithmus approximiert, so dass hier eine gewisse Ungenauigkeit (ausgedrückt durch den Überschussfehler J_{ex}) in Kauf genommen werden muss. Der LMS-Algorithmus ist einfach implementierbar, hat aber den Nachteil der langsamen Konvergenz bei einem schlecht konditionierten Eingangssignal.

Eine Alternative zur Wiener-Filter-Theorie ist das **'Least-Squares'-Verfahren**, das sich nicht auf die Statistik der beteiligten Signale bezieht, sondern sein Optimalitätskriterium *direkt* aus den bis zum aktuellen Zeitpunkt k vorhandenen Daten bildet. Die sog. **deterministische** Fehlerfunktion besteht aus der Summe der quadrierten Fehlerwerte von einem Zeitpunkt l_0 bis zum aktuellen Zeitpunkt k:

$$J_k = \sum_{l=l_0}^{k} |e[l]|^2 = \sum_{l=l_0}^{k} |y[l] - d[l]|^2 \tag{4.2}$$

Das Least-Squares-Verfahren liefert einen Gewichtsvektor $\underline{w}_k^o$, der die *deterministische* Fehlerfunktion J_k minimiert und optimal bezüglich der bis zum Zeitpunkt k vorhandenen Daten ist. Die optimale Lösung $\underline{w}_k^o$ ist deshalb zeitabhängig. Im Deutschen wird dieses Verfahren als *Methode der kleinsten Fehlerquadrate* bezeichnet. Sie kann als deterministisches Analogon zur Wiener-Filter-Theorie angesehen werden. Ein Adaptionsalgorithmus, der das Least-Squares-Verfahren umsetzt, ist der **'Recursive Least-Squares-'** oder **RLS-Algorithmus**: Der RLS-Algorithmus führt rekursiv, d.h. ausgehend von der zum Zeitpunkt $(k-1)$ optimalen Lösung $\underline{w}^o_{k-1}$ auf Grund der neu zum Zeitpunkt k erhaltenen Werte $x[k]$ und $d[k]$ *in einem Schritt* eine Aufdatierung zum neuen Optimum $\underline{w}^o_k$ durch. Der RLS-Algorithmus unterscheidet sich somit von den Gradientensuchalgorithmen aus Kapitel 3 nicht nur im (nun deterministischen) Gütemass der Adaption, sondern auch dadurch, dass der adaptierte Gewichtsvektor zu jedem Zeitpunkt optimal bezüglich der momentan vorhandenen Daten und der Fehlerfunktion J_k ist.

Beim RLS-Algorithmus werden die einkommenden Daten *direkt und nicht entsprechend ihrer statistischen Eigenschaften* verarbeitet um das Optimum $\underline{w}^o_k$ zu bestimmen. Obwohl auch der LMS-Algorithmus seine Information zur Schätzung des Momentangradienten direkt aus den Signalen $x[k]$ und $d[k]$ zieht, und er in diesem Sinn ebenfalls deterministisch ist, verfolgt der LMS-Algorithmus ein anderes Ziel, nämlich das Optimum bezüglich der *statistischen* Gütefunktion $J(\underline{w})$, die Wiener-Lösung $\underline{w}^o$, zu erreichen.

Trotz der unterschiedlichen Definition der Gütefunktionen $J(\underline{w})$ und J_k, gehen diese bei einer stationären und ergodischen Umgebung für $k \to \infty$ ineinander über[1], weil dann der Zeitmittelwert J_k gerade auch dem Ensemblemittelwert $J(\underline{w})$ des quadratischen Fehlers entspricht. Die beiden Gütefunktionen werden in Tabelle 4.1 gegenübergestellt.

	Wiener-Filter-Theorie	Least-Squares-Verfahren
Fehlerfunktion	$J(\underline{w}) = E\{e^2[k]\}$	$J_k = \sum_{l=l_0}^{k} |e[l]|^2$
optimaler Gewichtsvektor	$\underline{w}^o$	$\underline{w}^o_k$
bei Stationarität und Ergodizität gilt:		$\lim_{k \to \infty} \underline{w}^o_k = \underline{w}^o$

Tabelle 4.1: Fehlerfunktionen der Wiener-Filter-Theorie und des Least-Squares-Verfahrens

4.1 Das Least-Squares-Schätzproblem

Das 'Least-Squares'-Schätzproblem kann wie folgt beschrieben werden:

Es liegen Beobachtungen des Eingangs- und des erwünschten Signals $x[l]$ und $d[l]$ von einem Zeitpunkt $l = l_0 - N + 1$ bis zum aktuellen Zeitpunkt $l = k$ vor. Dabei wird angenommen, dass das erwünschte Signal $d[l]$ zum Zeitpunkt l, wie in Figur 2.6 gezeigt, eine lineare Funktion $H(z)$ des Eingangsvektors $\underline{x}[l]$ ist, die durch die unbekannten FIR-Filterkoeffizienten h_i, $1 \leq i \leq N$, beschrieben ist.

---

[1]bis auf eine multiplikative Konstante, die bei der Optimierung keine Rolle spielt.

4.1 DAS LEAST-SQUARES-SCHÄTZPROBLEM

Ferner überlagert sich $d[l]$ noch ein zum Eingang orthogonaler Anteil (in Figur 2.6 als $d[k]^\perp$ angegeben), der hier einfach als Messrauschen $n[l]$ bezeichnet wird:

$$d[l] = \underline{x}^t[l]\underline{h} + n[l] \qquad l_0 \leq l \leq k \qquad (4.3)$$

Mit dem FIR-Filter $\underline{w}$ (N Koeffizienten) soll nun das erwünschte Signal $d[l]$ geschätzt werden:

$$d[l] \stackrel{!}{=} y[l] = \underline{x}^t[l]\underline{w} \qquad l_0 \leq l \leq k \qquad (4.4)$$

Als Gütemass der Schätzung dient die **deterministische Fehlerfunktion**:

$$J_k = \sum_{l=l_0}^{k} |e[l]|^2 = \sum_{l=l_0}^{k} |y[l] - d[l]|^2 \qquad (4.5)$$

Der Gewichtsvektor, der J_k für die Daten im Zeitintervall $l_0 \leq l \leq k$ minimiert wird als $\underline{w}_k^o$ bezeichnet.

Wir haben nun das folgende System von $k - l_0 + 1$ Gleichungen nach $\underline{w}$ aufzulösen:

$$\underline{x}^t[l]\underline{h} + n[l] = d[l] \stackrel{!}{=} y[l] = \underline{x}^t[l]\underline{w} \qquad l_0 \leq l \leq k \qquad (4.6)$$

Oder ausgeschrieben:

$$
\begin{array}{llllll}
l = l_0 & : & d[l_0] & \stackrel{!}{=} y[l_0] & = & x[l_0]w_1 + x[l_0 - 1]w_2 + \ldots + x[l_0 - N + 1]w_N \\
l = l_0 + 1 & : & d[l_0 + 1] & \stackrel{!}{=} y[l_0 + 1] & = & x[l_0 + 1]w_1 + x[l_0]w_2 + \ldots + x[l_0 - N + 2]w_N \\
\vdots & & \vdots & \vdots & & \vdots \\
l = k & : & d[k] & \stackrel{!}{=} y[k] & = & x[k]w_1 + x[k - 1]w_2 + \ldots + x[k - N + 1]w_N
\end{array}
$$

Sind weniger als N Gleichungen vorhanden, ist das System unterbestimmt und es existiert eine Parameterlösung für $\underline{w}_k^o$. Sind genau N Gleichungen vorhanden, existiert genau eine Lösung $\underline{w}_k^o$, die das Gleichungssystem löst, so dass für den Schätzfehler gilt: $e[l] = 0$, $l_0 \leq l \leq k$. Zu jedem Zeitpunkt $l = k + 1, k + 2, \ldots$ kommt eine neue Gleichung zum bisherigen Gleichungssystem hinzu. Diese Gleichung ist i. Allg. unabhängig von den anderen Gleichungen, weil das Messrauschen $n[l]$ zum Eingang $\underline{x}[l]$ orthogonal ist. Ab einer Anzahl von N Gleichungen, d.h. für $k > l_0 + N - 1$ ist das System überbestimmt und nicht mehr ohne einen Fehler $e[l] \neq 0$ durch ein $\underline{w}_k^o$ lösbar (dies ist der Normalfall). Das Least-Squares-Verfahren findet nun einen 'Kompromiss' für $\underline{w}_k^o$, der die Summe der Fehlerquadrate J_k minimiert.

Um die Konvergenz der Folge der optimalen Gewichtsvektoren $\underline{w}_k^o$ $k = 1, 2\ldots$ beurteilen zu können, lohnt es sich den Fall zu betrachten, in welchem kein Messrauschen vorhanden ist: Der Wert $d[l]$ ist dann eindeutig durch

$$d[l] = \underline{x}^t[l]\underline{h} \qquad l_0 \leq l \leq k \qquad (4.7)$$

gegeben. In diesem Fall ist ab einer Anzahl von N Gleichungen jede neu hinzukommende Gleichung linear abhängig von den vorherigen. Der gesuchte Gewichtsvektor $\underline{w}_k^o$ ist ab dem Zeitpunkt $k = l_0 + N - 1$ (N Gleichungen) eindeutig bestimmt und erfüllt auch alle neu hinzukommenden Gleichungen. Für den Fehler gilt dann $e[l] = 0$. Dies ist auch der Grund, warum der auf dem Least-Squares-Verfahren basierende RLS-Algorithmus bereits nach N Iterationen das unbekannte System identifiziert hat, wenn kein Messrauschen vorhanden ist und das unbekannte System durch ein FIR-Filter $\underline{h}$ mit höchstens N Koeffizienten beschrieben werden kann. Im Allgemeinen muss davon ausgegangen werden, dass das erwünschte Signal auch einen Anteil (den wir als Messrauschen bezeichnet haben) enthält, der nicht durch eine FIR-Filterung des Eingangssignals berechenbar ist. Ist dieser Anteil nicht zu gross, d.h. bei gutem SNR (engl. signal-to-noise ratio) im erwünschten Signal $d[k]$, so benötigt der RLS-Algorithmus etwa N bis $2N$ Iterationen bis zur Konvergenz.

Um nun den Gewichtsvektor $\underline{w}_k^o$ zu bestimmen, der die Fehlerfunktion J_k minimiert, setzen wir (4.4) in (4.5) ein:

$$\begin{aligned} J_k &= \sum_{l=l_0}^{k} \left(\underline{w}_k^t \underline{x}[l] - d[l] \right) \left(\underline{x}^t[l] \underline{w}_k - d[l] \right) \\ &= \sum_{l=l_0}^{k} \left(\underline{w}_k^t \underline{x}[l] \underline{x}^t[l] \underline{w}_k - 2\underline{w}_k^t \underline{x}[l] d[l] + d^2[l] \right) \\ &= \underline{w}_k^t \left(\sum_{l=l_0}^{k} \underline{x}[l] \underline{x}^t[l] \right) \underline{w}_k - 2\underline{w}_k^t \sum_{l=l_0}^{k} \underline{x}[l] d[l] + \sum_{l=l_0}^{k} d^2[l] \end{aligned} \quad (4.8)$$

Das äussere Vektorprodukt $\underline{x}[l]\underline{x}^t[l]$ in (4.8), nämlich

$$\underline{x}[l]\underline{x}^t[l] = \begin{bmatrix} x[l]x[l] & x[l]x[l-1] & \ldots & x[l]x[l-N+1] \\ x[l-1]x[l] & x[l-1]x[l-1] & \ldots & x[l-1]x[l-N+1] \\ \vdots & \vdots & \ddots & \vdots \\ x[l-N+1]x[l] & x[l-N+1]x[l-1] & \ldots & x[l-N+1]x[l-N+1] \end{bmatrix} \quad (4.9)$$

spielte bereits bei der Definition der Autokorrelationsmatrix **R** (2.21) eine Rolle, die als Ensemblemittelwert von $\underline{x}[l]\underline{x}^t[l]$ gegeben ist:

$$\mathbf{R} = E\{\underline{x}[l]\underline{x}^t[l]\} \quad (4.10)$$

Die Elemente von **R** entsprechen der Autokorrelationsfunktion $r[i]$ von $\underline{x}[l]$ für unterschiedliche Verschiebungen i.

In (4.8) kommt nun ein endlicher zeitlicher Mittelwert, nämlich die Summe von $\underline{x}[l]\underline{x}^t[l]$ im Zeitintervall $l_0 \leq l \leq k$, vor. Diese wird als **deterministische Auto-**

4.1 DAS LEAST-SQUARES-SCHÄTZPROBLEM

korrelationsmatrix $\mathcal{R}_k$ bezeichnet:

$$\boxed{\mathcal{R}_k = \sum_{l=l_0}^{k} \underline{x}[l]\underline{x}^t[l]} \quad (4.11)$$

Wird $\mathcal{R}_k$ ausgeschrieben

$$\mathcal{R}_k = \sum_{l=l_0}^{k} \underline{x}[l]\underline{x}^t[l] =$$

$$= \begin{bmatrix} \sum_{l=l_0}^{k} x[l]x[l] & \sum_{l=l_0}^{k} x[l]x[l-1] & \cdots & \sum_{l=l_0}^{k} x[l]x[l-N+1] \\ \sum_{l=l_0}^{k} x[l-1]x[l] & \sum_{l=l_0}^{k} x[l-1]x[l-1] & \cdots & \sum_{l=l_0}^{k} x[l-1]x[l-N+1] \\ \vdots & \vdots & \ddots & \vdots \\ \sum_{l=l_0}^{k} x[l-N+1]x[l] & \sum_{l=l_0}^{k} x[l-N+1]x[l-1] & \cdots & \sum_{l=l_0}^{k} x[l-N+1]x[l-N+1] \end{bmatrix}$$

(4.12)

wird deutlich, dass es sich bei den Elementen von $\mathcal{R}_k$ um deterministische Autokorrelationsfunktionen handelt, die ebenfalls endliche zeitliche Mittelwerte sind:

$$\rho_k[m,n] = \sum_{l=l_0}^{k} x[l-m]x[l-n] \quad \text{wobei gilt:} \quad \rho_k[m,n] = \rho_k[n,m] \quad (4.13)$$

Die deterministische Autokorrelationsmatrix ausgedrückt durch die deterministischen Autokorrelationsfunktionen hat die Form:

$$\mathcal{R}_k = \begin{bmatrix} \rho_k[0,0] & \rho_k[0,1] & \cdots & \rho_k[0,N-1] \\ \rho_k[1,0] & \rho_k[1,1] & \cdots & \rho_k[1,N-1] \\ \vdots & \vdots & \ddots & \vdots \\ \rho_k[N-1,0] & \rho_k[N-1,1] & \cdots & \rho_k[N-1,N-1] \end{bmatrix} \quad (4.14)$$

Die deterministische Autokorrelationsmatrix beschreibt die Korrelation der Eingangsdaten im Zeitintervall $l_0 \leq l \leq k$ und ist somit vom Zeitpunkt k abhängig. $\mathcal{R}_k$ ist wegen (4.13) symmetrisch, aber i. Allg. *nicht* Toeplitz.

Analog zu $\mathcal{R}_k$ kann der **deterministische Kreuzkorrelationsvektor** $\underline{P}_k$ definiert werden

$$\boxed{\underline{P}_k = \sum_{l=l_0}^{k} d[l] \cdot \underline{x}[l]} \quad (4.15)$$

der die Kreuzkorrelation der Eingangsdaten mit den Werten des erwünschten Signals im Zeitintervall $l_0 \leq l \leq k$ beschreibt. Mit der Definition von $\mathcal{R}_k$ und

$\underline{\mathcal{P}}_k$, vereinfacht sich der Ausdruck für die **deterministische Fehlerfunktion** J_k (4.8) zu:

$$J_k = \underline{w}_k^t \mathcal{R}_k \underline{w}_k - 2\underline{w}_k^t \underline{\mathcal{P}}_k + \sum_{l=l_0}^{k} d^2[l] \qquad (4.16)$$

Um nun den im Sinne des Least-Squares-Verfahrens optimalen Gewichtsvektor $\underline{w}_k^o$ zu bestimmen, gehen wir wie in Abschnitt 2.3.3 vor, in welchem die Fehlerfunktion $J(\underline{w})$

$$J(\underline{w}) = E\{e^2[k]\} = \underline{w}^t \mathbf{R} \underline{w} - 2\underline{w}^t \underline{p} + E\{d^2[k]\} \qquad (4.17)$$

minimiert wurde. Die Gleichungen für die Fehlerfunktionen J_k und $J(\underline{w})$ sind identisch, wenn die deterministischen Grössen $\mathcal{R}_k$, $\underline{\mathcal{P}}_k$ und $\sum_{l=l_0}^{k} d^2[l]$ durch ihre statistischen Äquivalente $\mathbf{R}$, $\underline{p}$ und $E\{d^2[k]\}$ ersetzt werden. Darum kann mit Bezug auf (2.48) der Gradient von J_k nach dem Gewichtsvektor $\underline{w}_k$ direkt angegeben und durch Gleichsetzen mit dem Nullvektor das Minimum von J_k ermittelt werden.

$$\nabla_{\underline{w}} \{J_k\} = (2\mathcal{R}_k \underline{w}_k - 2\underline{\mathcal{P}}_k)|_{\underline{w}_k = \underline{w}_k^o} = \underline{0} \qquad (4.18)$$

Dieses inhomogene Gleichungssystem hat den **optimalen Gewichtsvektor** $\underline{w}_k^o$ als Lösung:

$$\underline{w}_k^o = \mathcal{R}_k^{-1} \underline{\mathcal{P}}_k \qquad (4.19)$$

Gleichung (4.19) stellt das deterministische Analogon zur Wiener-Hopf-Gleichung (2.51) dar. Sie gibt den im 'Least-Squares'-Sinn optimalen Gewichtsvektor $\underline{w}_k^o$ bezüglich der im Intervall $l_0 \leq l \leq k$ zur Verfügung stehenden Daten $x[l]$ und $d[l]$ an.

Im Allgemeinen unterscheiden sich $\underline{w}_k^o$ und die Wiener-Lösung $\underline{w}^o$ wegen der unterschiedlichen Definition der Fehlerfunktionen. Für den Fall einer *stationären und ergodischen* Umgebung gilt jedoch: Ensemblemittelwerte können durch die entsprechenden Zeitmittelwerte ersetzt werden. Die deterministische Autokorrelationsmatrix $\mathcal{R}_k$ entspricht in diesem Fall – bis auf einen Faktor b – einer Schätzung der 'statistischen' Autokorrelationsmatrix $\mathbf{R}$, die mit wachsender Dauer der zeitlichen Mittelung präziser wird. Der Grund für das Auftreten des Faktors b ist dass bei der Definition von $\mathcal{R}_k$ auf einen (bei der Mittelung üblichen) Faktor $b = \frac{1}{k-l_0+1}$ vor der Summe verzichtet wurde. Der Faktor b hat jedoch bei der Berechnung von $\underline{w}_k^o$ keinen Einfluss, weil b auch bei der Schätzung von $\underline{\mathcal{P}}_k$ auftritt, und somit bei der Multiplikation mit der Inversen von $\mathcal{R}_k$ in $\underline{w}_k^o = \mathcal{R}_k^{-1} \underline{\mathcal{P}}_k$

herausfällt. Im Grenzfall $k \to \infty$ gilt:

$$\boxed{\lim_{k \to \infty} \underline{w}_k^o = \underline{w}^o} \tag{4.20}$$

Der genaue Zusammenhang zwischen $\mathcal{R}_k$ und $\mathbf{R}$ wird in Abschnitt 4.4 beschrieben.

4.2 Der RLS-Algorithmus

Zur Adaption des Gewichtsvektors eines adaptiven FIR-Filters $\underline{w}_k^o$ nach dem Least-Squares-Verfahren, jedoch in einer effizienten rekursiven Form, eignet sich der 'Recursive Least-Squares'- oder RLS-Algorithmus. Wir können das vom RLS-Algorithmus zu lösende Problem folgendermassen formulieren: Es seien Werte des Eingangs- bzw. erwünschten Signals $x[l]$ und $d[l]$ für die Zeitpunkte $l_0 \leq l \leq k-1$ empfangen worden, woraus der optimale Koeffizientenvektor $\underline{w}_{k-1}^o$ berechnet worden ist. Mit den neu empfangenen Werten $x[k]$ und $d[k]$ kann dann die deterministische Fehlerfunktion J_k folgendermassen aufdatiert werden:

$$J_k = \sum_{l=l_0}^{k} |y[l] - d[l]|^2 = J_{k-1} + |y[k] - d[k]|^2 \tag{4.21}$$

Daraus soll rekursiv in einer effizienten Prozedur der neue, aufdatierte optimale Koeffizientenvektor $\underline{w}_k^o$ berechnet werden.

Mit den Gleichungen (4.11), (4.15) und (4.19) kann eine erste Version des RLS-Algorithmus angegeben werden, der vier Schritte beinhaltet:

1. Aufdatierung der Autokorrelationsmatrix $\mathcal{R}_{k-1}$ auf $\mathcal{R}_k$:

$$\mathcal{R}_k = \mathcal{R}_{k-1} + \underline{x}[k]\underline{x}^t[k] \tag{4.22}$$

2. Aufdatierung des Kreuzkorrelationsvektors von $\underline{P}_{k-1}$ auf $\underline{P}_k$:

$$\underline{P}_k = \underline{P}_{k-1} + d[k]\underline{x}[k] \tag{4.23}$$

3. Inversion von $\mathcal{R}_k$.

4. Berechnung des neuen optimalen Koeffizientenvektors $\underline{w}_k^o$:

$$\underline{w}_k^o = \mathcal{R}_k^{-1}\underline{P}_k \tag{4.24}$$

Hier haben wir wieder einmal ein scheinbar einfaches Rezept, das aber sehr rechenintensiv und für eine praktische Anwendung ungeeignet ist: Wenn N die Länge des Koeffizientenvektors ist, werden für jeden Aufdatierungsschritt rund $N^3 + 2N^2 + N$ Multiplikationen benötigt. Die N^3 Multiplikationen entstammen der Matrixinversion, sofern diese mit der klassischen Gauss'schen Eliminationsmethode ausgeführt wird. Diese Methode ist aber hier besonders ineffizient, weil sie in keiner Weise der speziellen, bereits in Abschnitt 2.3.2 aufgeführten und auch für $\mathcal{R}_k$ gültigen Eigenschaften ($\mathcal{R}_k$ ist z.B. symmetrisch, positiv definit, allerdings i. Allg. nicht Toeplitz) einer Autokorrelationsmatrix Rechnung trägt.

Nun lässt sich mit einer als **Matrixinversions-Lemma**[2] bezeichneten Zerlegung von $\mathcal{R}_k$ die Matrixinversion (bei Berücksichtigung der speziellen Eigenschaften von $\mathcal{R}_k$) besonders elegant ausführen:

Es seien $\mathbf{A}$ und $\mathbf{B}$ positiv definite $N \times N$-Matrizen, $\mathbf{D}$ eine positiv definite $M \times M$-Matrix und $\mathbf{C}$ eine $N \times M$-Matrix. Dann gilt folgende Zerlegung der Matrix $\mathbf{A}$:

$$\mathbf{A} = \mathbf{B}^{-1} + \mathbf{C}\mathbf{D}^{-1}\mathbf{C}^H \qquad (4.25)$$

'H' steht hier wiederum für die *hermitesche* Transposition. Sind die Elemente von $\mathbf{C}$ reell, so wird 'H' durch 't' für *transponiert* ersetzt. Anschaulich lässt sich die Korrektheit der Dimensionierung dieser Zerlegung nach Figur 4.1 verifizieren.

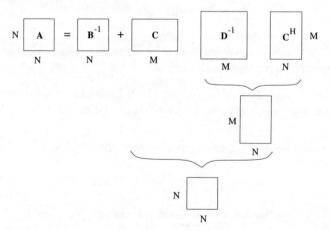

Figur 4.1: Matrixzerlegung zur Anwendung des Matrixinversions-Lemmas

Nach dem Matrixinversions-Lemma gilt für die Inverse von $\mathbf{A}$:

$$\mathbf{A}^{-1} = \mathbf{B} - \mathbf{B}\mathbf{C}(\mathbf{D} + \mathbf{C}^H\mathbf{B}\mathbf{C})^{-1}\mathbf{C}^H\mathbf{B} \qquad (4.26)$$

---

[2] Das Matrixinversions- oder MI-Lemma wird in der Literatur auch als *Woodbury's Identity* nach dem vermuteten 'Entdecker' (1950) benannt. In der Signalverarbeitungsliteratur wurde dieses Lemma erstmals von T.Kailath im Jahr 1960 vorgestellt.

4.2 DER RLS-ALGORITHMUS

Der Beweis des Lemmas gelingt durch Multiplikation jeweils der rechten Seiten von (4.25) und (4.26), wobei sich die Einheitsmatrix **I** ergeben muss.

Um das Matrixinversions-Lemma[3] auf unser Problem, die Berechnung von $\mathcal{R}_k^{-1}$, anzuwenden, gehen wir von folgender Zuordnung aus:

$$\begin{aligned} \mathbf{A} &= \mathcal{R}_k & (N \times N) \\ \mathbf{B}^{-1} &= \mathcal{R}_{k-1} & (N \times N) \\ \mathbf{C} &= \underline{x}[k] & (N \times 1) \\ \mathbf{D}^{-1} &= 1 & (1 \times 1) \end{aligned} \quad (4.28)$$

Dann gilt nach (4.22):

$$\begin{aligned} \mathcal{R}_k &= \mathcal{R}_{k-1} + \underline{x}[k]\underline{x}^t[k] \\ \mathbf{A} &= \mathbf{B}^{-1} + \mathbf{CC}^H \end{aligned} \quad (4.29)$$

Mit dem Matrixinversions-Lemma (4.26) folgt dann:

$$\boxed{\mathcal{R}_k^{-1} = \mathcal{R}_{k-1}^{-1} - \frac{\mathcal{R}_{k-1}^{-1}\underline{x}[k]\underline{x}^t[k]\mathcal{R}_{k-1}^{-1}}{1 + \underline{x}^t[k]\mathcal{R}_{k-1}^{-1}\underline{x}[k]}} \quad (4.30)$$

Sind also $\mathcal{R}_{k-1}^{-1}$ und ein neuer Wert $x[k]$ (und damit auch $\underline{x}[k]$) gegeben, so können wir *direkt* $\mathcal{R}_k^{-1}$ berechnen, ohne je $\mathcal{R}_k$ und deren Inverse als Gesamtes bestimmen zu müssen. Damit entfällt der mit N^3 Multiplikationen zu Buche schlagende Schritt der Inversion von $\mathcal{R}_k$.

Der zum k-ten Zeitpunkt optimale Koeffizientenvektor $\underline{w}_k^o$ folgt nun als:

$$\underline{w}_k^o = \mathcal{R}_k^{-1}\underline{P}_k \quad (4.31)$$

oder mit (4.30) und (4.23):

$$\begin{aligned} \underline{w}_k^o &= \left(\mathcal{R}_{k-1}^{-1} - \frac{\mathcal{R}_{k-1}^{-1}\underline{x}[k]\underline{x}^t[k]\mathcal{R}_{k-1}^{-1}}{1 + \underline{x}^t[k]\mathcal{R}_{k-1}^{-1}\underline{x}[k]} \right)(\underline{P}_{k-1} + d[k]\underline{x}[k]) \\ &= \mathcal{R}_{k-1}^{-1}\underline{P}_{k-1} - \frac{\mathcal{R}_{k-1}^{-1}\underline{x}[k]\underline{x}^t[k]\mathcal{R}_{k-1}^{-1}\underline{P}_{k-1}}{1 + \underline{x}^t[k]\mathcal{R}_{k-1}^{-1}\underline{x}[k]} + d[k]\mathcal{R}_{k-1}^{-1}\underline{x}[k] \\ &\quad - \frac{d[k]\mathcal{R}_{k-1}^{-1}\underline{x}[k]\underline{x}^t[k]\mathcal{R}_{k-1}^{-1}\underline{x}[k]}{1 + \underline{x}^t[k]\mathcal{R}_{k-1}^{-1}\underline{x}[k]} \end{aligned} \quad (4.32)$$

---

[3]Eine noch etwas allgemeinere Form des Matrixinversions-Lemma lautet übrigens wie folgt:

$$(\mathbf{W} + \mathbf{XYZ})^{-1} = \mathbf{W}^{-1} - \mathbf{W}^{-1}\mathbf{X}(\mathbf{ZW}^{-1}\mathbf{X} + \mathbf{Y}^{-1})^{-1}\mathbf{ZW}^{-1} \quad (4.27)$$

Aus (4.27) folgt (4.26) durch Substitution: $\mathbf{B} = \mathbf{W}^{-1}$, $\mathbf{C} = \mathbf{X}$, $\mathbf{D} = \mathbf{Y}^{-1}$, $\mathbf{C} = \mathbf{Z}^H$.

Dieser etwas unübersichtliche Ausdruck lässt sich mit folgenden Zusammenhängen und Definitionen von Abkürzungen vereinfachen:

Der k-te optimale Koeffizientenvektor:

$$\underline{w}_k^o = \mathcal{R}_k^{-1}\underline{\mathcal{P}}_k \qquad (4.33)$$

Der k-te gefilterte Datenvektor:

$$\underline{z}_k \triangleq \mathcal{R}_{k-1}^{-1}\underline{x}[k] \qquad (4.34)$$

Der a priori-Ausgangswert:

$$y_o[k] \triangleq \underline{x}^t[k]\underline{w}_{k-1}^o \qquad (4.35)$$

Der a priori-Fehler:

$$e_o[k] \triangleq d[k] - y_o[k] \qquad (4.36)$$

Die normierte Eingangsleistung:

$$q_k \triangleq \underline{x}^t[k]\underline{z}_k = \underline{x}^t[k]\mathcal{R}_{k-1}^{-1}\underline{x}[k] \qquad (4.37)$$

Der normierte gefilterte Datenvektor:

$$\tilde{\underline{z}}_k \triangleq \underline{z}_k(1+q_k)^{-1} = \frac{\mathcal{R}_{k-1}^{-1}\underline{x}[k]}{1+\underline{x}^t[k]\mathcal{R}_{k-1}^{-1}\underline{x}[k]} \qquad (4.38)$$

Mit diesen Abkürzungen kann nun der Ausdruck für $\underline{w}_k^o$ (4.32) umgeformt werden:

$$\begin{aligned}
\underline{w}_k^o &= \underline{w}_{k-1}^o - \frac{\underline{z}_k\underline{x}^t[k]\underline{w}_{k-1}^o}{1+\underline{x}^t[k]\underline{z}_k} + d[k]\underline{z}_k - \frac{d[k]\underline{z}_k\underline{x}^t[k]\underline{z}_k}{1+\underline{x}^t[k]\underline{z}_k} \\
&= \underline{w}_{k-1}^o - \frac{\underline{z}_k y_o[k]}{1+q_k} + d[k]\underline{z}_k - \frac{d[k]q_k\underline{z}_k}{1+q_k} \\
&= \underline{w}_{k-1}^o - \frac{\underline{z}_k y_o[k]}{1+q_k} + \frac{d[k]\underline{z}_k}{1+q_k} \\
&= \underline{w}_{k-1}^o + \frac{d[k] - y_o[k]}{1+q_k}\underline{z}_k \\
&= \underline{w}_{k-1}^o + \frac{e_o[k]}{1+q_k}\underline{z}_k = \underline{w}_{k-1}^o + \frac{e_o[k]}{1+q_k}\mathcal{R}_{k-1}^{-1}\underline{x}[k] \qquad (4.39)\\
\underline{w}_k^o &= \underline{w}_{k-1}^o + e_o[k]\tilde{\underline{z}}_k \qquad (4.40)
\end{aligned}$$

Entsprechend ist die rekursive Aufdatierung von $\mathcal{R}_k^{-1}$ (4.46) mit diesen Abkürzungen gegeben durch:

$$\mathcal{R}_k^{-1} = \mathcal{R}_{k-1}^{-1} - \tilde{\underline{z}}_k\underline{x}^t[k]\mathcal{R}_{k-1}^{-1} \qquad (4.41)$$

4.2 DER RLS-ALGORITHMUS

Damit ergibt sich die folgende Iterationsvorschrift des **'Recursive Least-Squares'**- oder **RLS-Algorithmus**:

RLS-Algorithmus

Initialisierung:

$$\hat{\mathcal{R}}_0^{-1} = \eta \mathbf{I}_N \qquad \eta: \text{grosse positive Konstante}$$
$$\underline{w}_0^o = \underline{0}$$

Berechne zu jedem Zeitpunkt $k = 1, 2, \ldots$:

1. A priori-Ausgangswert:

$$y_o[k] = \underline{x}^t[k]\underline{w}_{k-1}^o \qquad (4.42)$$

2. A priori-Fehler:

$$e_o[k] = d[k] - y_o[k] \qquad (4.43)$$

3. Gefilterter normierter Datenvektor:

$$\underline{\tilde{z}}_k = \frac{\mathcal{R}_{k-1}^{-1}\underline{x}[k]}{1 + \underline{x}^t[k]\mathcal{R}_{k-1}^{-1}\underline{x}[k]} \qquad (4.44)$$

4. Aufdatierung des optimalen Gewichtvektors:

$$\underline{w}_k^o = \underline{w}_{k-1}^o + e_o[k]\underline{\tilde{z}}_k \qquad (4.45)$$

5. Aufdatierung der Inversen der deterministischen Autokorrelationsmatrix:

$$\mathcal{R}_k^{-1} = \mathcal{R}_{k-1}^{-1} - \underline{\tilde{z}}_k \underline{x}^t[k] \mathcal{R}_{k-1}^{-1} \qquad (4.46)$$

Im folgenden werden die RLS-Gleichungen und die verwendeten Abkürzungen erläutert:

Die Aufdatierung von $\underline{w}_k^o$ geht vom vorangehenden Koeffizientenvektor $\underline{w}_{k-1}^o$ aus, zu dem ein Korrekturterm $e_o[k]\underline{\tilde{z}}_k$ hinzugefügt wird, der letztlich von den neu eingegangenen Werten $x[k]$ und $d[k]$ abhängt. Der Korrekturterm besteht zum einen aus dem **a priori-Fehler**

$$e_o[k] = d[k] - y_o[k] = d[k] - \underline{x}^t[k]\underline{w}_{k-1}^o \qquad (4.47)$$

also der Differenz zwischen dem soeben eingegangenen Wert $d[k]$ und dem a priori-Ausgangswert $y_o[k]$. Warum die Bezeichnung *a priori*? Mit dem neuen Wert $x[k]$

lässt sich der neue Datenvektor $\underline{x}[k]$ aufstellen. Der Ausgangswert $y_o[k]$ wird aus dem neuen Datenvektor $\underline{x}[k]$, aber dem *alten*, zur Zeit $k-1$ optimalen Gewichtsvektor $\underline{w}_{k-1}^o$ gebildet und ist damit eine *Prädiktion* des optimalen Ausgangswertes, der durch den aktualisierten Gewichtsvektor $\underline{w}_k^o$ gegeben wäre, der aber zu diesem Zeitpunkt noch nicht bekannt ist. Weil also $y_o[k]$ berechnet wird, bevor der neue Gewichtsvektor $\underline{w}_k^o$ vorhanden ist, wird $y_o[k]$ als a priori-Ausgangswert und entsprechend $e_o[k]$ als a priori-Fehler[4] bezeichnet. Der sog. **a posteriori-Fehler** $e[k]$ berechnet sich hingegen auf der Basis des aktualisierten Gewichtsvektors $\underline{w}_k^o$:

$$e[k] = d[k] - \underline{x}[k]^t \underline{w}_k^o \qquad (4.48)$$

Die Unterscheidung zwischen dem a priori- und a posteriori-Fehler wurde erst beim RLS-Algorithmus notwendig: Die Fehlerfunktion J_k des Least-Squares-Verfahren berücksichtigt alle Daten bis zum Zeitpunkt k. Die Fehlerfunktion J_k minimiert also den a posteriori-Fehler $e[k]$. Der a priori-Fehler $e_o[k]$ in der RLS-Gleichung wird jedoch mit dem alten Gewichtsvektor $\underline{w}_{k-1}^o$ berechnet. Auch die Fehlerberechnung beim LMS-Algorithmus (3.23) basiert auf dem alten Gewichtsvektor[5], der in der vorherigen Iteration aufdatiert wurde. Der LMS-Fehler (dort mit $e[k]$ bezeichnet) entspricht also dem a priori-Fehler $e_o[k]$.

Man beachte übrigens, dass gemäss (4.21) der Wert J_k mit zunehmendem k (leicht) zu- und nicht wie beim Gradienten-Verfahren entsprechend der Lernkurve abnimmt. Dies liegt daran, dass mit jedem Zeitschritt ein weiterer a posteriori-Fehlerbeitrag $|e[k]|^2 = |y[k] - d[k]|^2$ addiert wird. J_k ist somit nicht für eine Darstellung der RLS-Lernkurve geeignet. Um den RLS-Algorithmus mit den Lernkurven der Gradienten-Verfahren vergleichen zu können, definieren wir die **RLS-Lernkurve** als Erwartungswert des a priori-Fehlers:

$$\tilde{J}_k = E\{|e_o[k]|^2\} \qquad (4.49)$$

Nun zu den weiteren Abkürzungen. Der Vektor $\underline{z}_k$ heisst gefilterter Datenvektor, weil die Matrix $\mathcal{R}_{k-1}^{-1}$ den Eingangsvektor $\underline{x}[k]$ 'filtert', d.h. die Länge und Richtung des Datenvektors beeinflusst. Ähnlich wie beim Newton-LMS-Algorithmus (3.188) bewirkt diese Vorfilterung eine Dekorrelation des Eingangssignals. Wir kommen in Abschnitt 4.4 darauf zurück.

Die Grösse q_k ist ein Mass für die Eingangssignalleistung $\underline{x}^t[k]\underline{x}[k]$, normalisiert durch die Matrix $\mathcal{R}_{k-1}$. Weil $\mathcal{R}_{k-1}$ mindestens positiv semidefinit ist, wird $1 + q_k \geq 1$ sein. Die Normierung des gefilterten Datenvektors $\underline{\tilde{z}}_k = \underline{z}_k(1 + q_k)^{-1}$ bewirkt eine optimale Regelung der 'Schrittweite' des RLS-Algorithmus, so dass der aufdatierte Gewichtsvektor $\underline{w}_k^o$, wie gefordert, bei jeder Iteration in einem Schritt optimiert wird.

Bevor nun der Rechenaufwand des RLS-Algorithmus und Fragen zur Initialisierung besprochen werden, soll noch eine zweite, etwas übersichtlichere Darstellung

---

[4] $e_o[k]$ wird oft auch als a priori-Prädiktionsfehler bezeichnet.
[5] Der alte Gewichtsvektor wird dort mit $\underline{w}[k]$ indiziert.

4.2 DER RLS-ALGORITHMUS

des Algorithmus angegeben werden, die später als Grundlage zur Analyse des Algorithmus verwendet wird. Dazu wird Gleichung (4.30) zunächst von rechts mit $\underline{x}[k]$ multipliziert:

$$\mathcal{R}_k^{-1}\underline{x}[k] = \mathcal{R}_{k-1}^{-1}\underline{x}[k] - \frac{\mathcal{R}_{k-1}^{-1}\underline{x}[k]\underline{x}^t[k]\mathcal{R}_{k-1}^{-1}\underline{x}[k]}{1 + \underline{x}^t[k]\mathcal{R}_{k-1}^{-1}\underline{x}[k]} \qquad (4.50)$$

Addition von $\mathcal{R}_{k-1}^{-1}\underline{x}[k] - \mathcal{R}_{k-1}^{-1}\underline{x}[k] = 0$ im Zähler und Ausklammern von $\mathcal{R}_{k-1}^{-1}\underline{x}[k]$ führt zu:

$$\begin{aligned}\mathcal{R}_k^{-1}\underline{x}[k] &= \mathcal{R}_{k-1}^{-1}\underline{x}[k] - \frac{\mathcal{R}_{k-1}^{-1}\underline{x}[k]\left(1 + \underline{x}^t[k]\mathcal{R}_{k-1}^{-1}\underline{x}[k]\right) - \mathcal{R}_{k-1}^{-1}\underline{x}[k]}{1 + \underline{x}^t[k]\mathcal{R}_{k-1}^{-1}\underline{x}[k]} \\ &= \mathcal{R}_{k-1}^{-1}\underline{x}[k] - \frac{\mathcal{R}_{k-1}^{-1}\underline{x}[k]\left(1 + \underline{x}^t[k]\mathcal{R}_{k-1}^{-1}\underline{x}[k]\right)}{1 + \underline{x}^t[k]\mathcal{R}_{k-1}^{-1}\underline{x}[k]} + \frac{\mathcal{R}_{k-1}^{-1}\underline{x}[k]}{1 + \underline{x}^t[k]\mathcal{R}_{k-1}^{-1}\underline{x}[k]}\end{aligned} \qquad (4.51)$$

Da der Nenner ein Skalar ist, kann gekürzt werden, und der Ausdruck vereinfacht sich zu

$$\mathcal{R}_k^{-1}\underline{x}[k] = \frac{\mathcal{R}_{k-1}^{-1}\underline{x}[k]}{1 + \underline{x}^t[k]\mathcal{R}_{k-1}^{-1}\underline{x}[k]} = \frac{\mathcal{R}_{k-1}^{-1}\underline{x}[k]}{1 + q_k} \qquad (4.52)$$

Wir können nun den rechten Teil dieser Gleichung in Gleichung (4.39) identifizieren und den Ausdruck dort durch den linken Teil ersetzen. (4.39) wird dann zu:

$$\underline{w}_k^o = \underline{w}_{k-1}^o + \mathcal{R}_k^{-1}e_o[k]\underline{x}[k] \qquad (4.53)$$

Der **RLS-Algorithmus in alternativer Darstellung**, die völlig äquivalent zur Darstellung weiter oben ist, hat dann die Form:

Alternative Darstellung des RLS-Algorithmus
Vorgehensweise wie oben, mit Ausnahme von Punkt 4 und 5:
2. A priori-Fehler: $$e_o[k] = d[k] - \underline{x}^t[k]\underline{w}_{k-1}^o \qquad (4.54)$$ 4. Aufdatierung der Inversen der deterministischen Autokorrelationsmatrix $\mathcal{R}_k^{-1}$ gemäss (4.46) 5. Aufdatierung des optimalen Gewichtvektors: $$\underline{w}_k^o = \underline{w}_{k-1}^o + \mathcal{R}_k^{-1}e_o[k]\underline{x}[k] \qquad (4.55)$$

In dieser etwas übersichtlicheren Darstellung des RLS-Algorithmus wird zuerst die deterministische Autokorrelationsmatrix aufdatiert, um dann den optimalen Gewichtvektor nachzuführen.

4.2.1 Initialisierung und Rechenaufwand des RLS-Algorithmus

Rechenaufwand des RLS-Algorithmus

Um den Rechenaufwand des RLS-Algorithmus (approximativ als $O(1)$, $O(N)$, $O(N^2)$, $O(N^3)$, N ist die Filterlänge) anzugeben, betrachten wir jeden erforderlichen Ausführungsschritt:

1. Annahme der neuen Datenwerte $x[k]$ und $d[k]$.

2. Aufdatierung von $\underline{x}[k]$ durch Zugabe des neuen Wertes $x[k]$.

3. $O(N)$: Berechnung des a priori-Ausgangswerts $y_\mathrm{o}[k]$:
$$y_\mathrm{o}[k] = \underline{x}^t[k]\underline{w}^\mathrm{o}_{k-1} \tag{4.56}$$

4. $O(1)$: Berechnung des a priori-Fehlers:
$$e_\mathrm{o}[k] = d[k] - y_\mathrm{o}[k] \tag{4.57}$$

5. $O(N^2)$: Berechnung des gefilterten Datenvektors $\underline{z}_k$:
$$\underline{z}_k = \mathcal{R}^{-1}_{k-1}\underline{x}[k] \tag{4.58}$$

6. $O(N)$: Berechnung der normierten Eingangsleistung q_k:
$$q_k = \underline{x}^t[k]\underline{z}_k \tag{4.59}$$

7. $O(1)$: Berechnung der Normierungskonstanten v_k:
$$v_k = \frac{1}{1+q_k} \tag{4.60}$$

8. $O(N)$: Berechnung des normierten und gefilterten Datenvektors $\underline{\tilde{z}}_k$:
$$\underline{\tilde{z}}_k = v_k \underline{z}_k \tag{4.61}$$

9. $O(N)$: Aufdatierung von $\underline{w}^\mathrm{o}_k$:
$$\underline{w}^\mathrm{o}_k = \underline{w}^\mathrm{o}_{k-1} + e_\mathrm{o}[k]\underline{\tilde{z}}_k \tag{4.62}$$

10. $O(N^2)$: Aufdatierung der inversen Autokorrelationsmatrix:
$$\mathcal{R}^{-1}_k = \mathcal{R}^{-1}_{k-1} - \underline{\tilde{z}}_k \underline{z}^t_k \tag{4.63}$$

4.2 DER RLS-ALGORITHMUS

Dabei entspricht $O(N)$ dem Rechenaufwand der Multiplikationen und Additionen einer Skalar-Vektormultiplikation oder eines Skalarproduktes und $O(N^2)$ der Grössenordnung des Rechenaufwands bei einer Matrix-Vektormultiplikation (5. Schritt) oder dem äusseren Produkt zweier Vektoren (10. Schritt). Die mit $O(1)$ angegebenen Schritte deuten auf einzelne Additionen, Subtraktionen oder Divisionen hin, welche unabhängig sind von der Filterordnung N und deshalb kaum ins Gewicht fallen.

Addieren wir die Anzahl Rechenoperationen (Multiplikationen und in etwa gleich viele Additionen, die jedoch vernachlässigt werden können) der obigen zehn Schritte, so liegt die **Anzahl reeller Multiplikationen ArM_{RLS} beim RLS-Algorithmus** bei etwa:

$$\boxed{\text{ArM}_{\text{RLS}} = 2O(N^2) + 4O(N) \qquad \text{pro Iteration}} \qquad (4.64)$$

Der Rechenaufwand des RLS-Algorithmus hat damit die Grössenordnung $O(N^2)$ pro Aufdatierungsschritt. Ohne das MI-Lemma sind pro Aufdatierungsschritt rund $N^3 + 2N^2 + N$ Multiplikationen, also $O(N^3)$ erforderlich (siehe S. 134), womit eine deutliche Steigerung der Effizienz erreicht worden ist. Trotzdem ist ein Rechenaufwand von $O(N^2)$ pro Iteration noch beträchtlich. Zum Vergleich: Der Aufwand des LMS-Algorithmus liegt bei $O(N)$ und der des FLMS-Algorithmus (Kapitel 5) sogar bei nur $O(\log_2(N))$. Mit der Entwicklung von komplexeren Varianten des RLS-Algorithmus, den 'schnellen' 'fast'-RLS-Algorithmen (siehe Abschnitt 4.6) konnte jedoch der Aufwand auf $O(N)$ gesenkt werden – allerdings auf Kosten der numerischen Stabilität.

Initialisierung des RLS-Algorithmus

Damit die Inverse der Matrix $\mathcal{R}_k$ existiert, muss $\mathcal{R}_k$ vollen Rang besitzen. Wenn von der Nullmatrix $\mathbf{0}$ ausgegangen wird, erhöht sich der Rang der Matrix $\mathcal{R}_k$ mit der Addition jeder Matrix $\underline{x}[k]\underline{x}^t[k]$ eines neuen Datenvektors $\underline{x}[k]$ in (4.11) um eins. Erst nachdem die ersten N Datenvektoren empfangen worden sind, hat sich eine Matrix $\mathcal{R}_k$ aufgebaut, die vollen Rang N besitzt. $\mathcal{R}_k$ kann dann invertiert und ab diesem Zeitpunkt mit der rekursiven RLS-Adaption begonnen werden.

Eine alternative, einfachere Initialisierung kann durch die Initialisierungsschätzung

$$\hat{\mathcal{R}}_0^{-1} = \eta \mathbf{I}_N \qquad (4.65)$$

vorgenommen werden, wobei η eine grosse positive Konstante und $\mathbf{I}_N$ die $N \times N$ Einheitsmatrix ist. Dieser Ansatz ist natürlich viel weniger genau, er wird jedoch dank seiner Einfachheit in der Praxis oft vorgezogen. Dazu kommt, dass in der

Praxis eine Variante des RLS-Algorithmus, die einen 'Vergessensfaktor' beinhaltet, zur Anwendung kommt, so dass die ungenaue Initialisierung $\hat{\mathcal{R}}_0^{-1} = \eta \mathbf{I}_N$ 'mit der Zeit vergessen wird'.

4.3 Der RLS-Algorithmus mit Vergessensfaktor

Aus der Definition der Fehlerfunktion J_k (4.21) ist ersichtlich, dass der RLS-Algorithmus seine Vergangenheit gleichgewichtig speichert. Er hat damit eine akkumulierende und *ausgleichende* Wirkung auf die eingehenden Daten. Sind die ankommenden Daten nichtstationär, so wird die Nichtstationarität nach längerer Verarbeitung 'ausgeglättet'. Die ausgleichende, integrierende Wirkung des Algorithmus täuscht also eine Stationarität vor, die gegebenenfalls gar nicht existiert. In einer Umgebung in der sich die Statistik, insbesondere das zu identifizierende System das die Beziehung von $x[k]$ und $d[k]$ beschreibt, laufend verändert, muss das bisher unbegrenzte 'Gedächtnis' gekürzt werden: ältere Eingangsdaten sollen 'allmählich vergessen' werden, um sich auf die Veränderungen der Umgebung einstellen zu können. Diese Nachführ-Fähigkeit des RLS-Algorithmus kann durch eine **exponentielle Datengewichtung** der Form

$$\gamma(k,l) = \rho^{k-l} \quad l = 1, 2, \ldots, k \qquad (4.66)$$

bewirkt werden, wobei $0 < \rho \leq 1$ der sog. **Vergessensfaktor**[6] ist. Mit der Wahl von ρ wird die Gewichtung der neuen und alten Daten festgelegt. Ein Mass für das Gedächtnis ist $g(\rho)$:

$$g(\rho) = \frac{1}{1-\rho} \quad 0 < \rho \leq 1 \qquad (4.67)$$

Für $\rho = 1$ ist das Gedächtnis g unendlich. In Figur 4.2 sind einige Verläufe von $\gamma(k,l)$ und $g(\rho)$ dargestellt.

Um den Vergessensfaktor in den RLS-Algorithmus zu integrieren, wird das Gütemass J_k (4.5) wie folgt erweitert:

$$J_k = \sum_{l=l_0}^{k} \rho^{k-l} e^2[l] \qquad (4.68)$$

Ältere Werte des a posteriori Fehlers $e^2[l]$ werden also durch das exponentielle Fenster schwächer gewichtet.

---

[6]engl. forgetting factor.

4.3 DER RLS-ALGORITHMUS MIT VERGESSENSFAKTOR

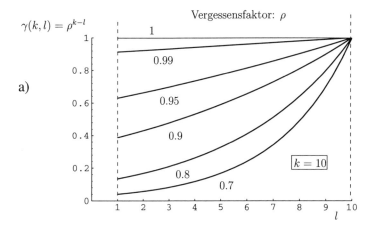

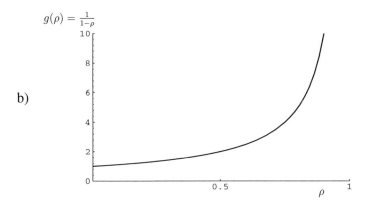

Figur 4.2: a) Exponentielle Gewichtung $\gamma(k,l)$, Vergessensfaktor ρ; b) Gedächtnis $g(\rho)$

Wird die Berechnung von J_k mit der exponentiellen Fehlergewichtung ρ^{k-l} analog zu den Schritten in (4.8) vollzogen, ergibt sich eine entsprechend modifizierte Definition der deterministischen Autokorrelationsmatrix $\mathcal{R}_k$

$$\mathcal{R}_k = \sum_{l=l_0}^{k} \rho^{k-l} \underline{x}[l]\underline{x}^t[l] \qquad (4.69)$$

und des deterministischen Kreuzkorrelationsvektors $\underline{P}$

$$\underline{P}_k = \sum_{l=l_0}^{k} \rho^{k-l} d[l]\underline{x}[l] \qquad (4.70)$$

Die rekursive Aufdatierung dieser beiden Grössen wird dann zu

$$\mathcal{R}_k = \sum_{l=l_0}^{k} \rho^{k-l}\underline{x}[l]\underline{x}^t[l] \tag{4.71}$$

$$= \underline{x}[k]\underline{x}^t[k] + \rho \sum_{l=l_0}^{k-1} \rho^{k-l-1}\underline{x}[l]\underline{x}^t[l]$$

$$= \rho \left(\mathcal{R}_{k-1} + \frac{1}{\rho}\underline{x}[k]\underline{x}^t[k] \right) \tag{4.72}$$

und

$$\underline{\mathcal{P}}_k = \sum_{l=l_0}^{k} \rho^{k-l}d[l]\underline{x}[l]$$

$$= \rho \left(\sum_{l=l_0}^{k-1} \rho^{k-l-1}d[l]\underline{x}[l] \right) + d[k]\underline{x}[k]$$

$$= \rho \left(\underline{\mathcal{P}}_{k-1} + \frac{1}{\rho}d[k]\underline{x}[k] \right) \tag{4.73}$$

Für den optimalen Gewichtsfaktor im k-ten Aufdatierungsschritt folgt somit:

$$\underline{w}_k^\circ = \mathcal{R}_k^{-1}\underline{\mathcal{P}}_k$$

$$= \left(\mathcal{R}_{k-1} + \frac{1}{\rho}\underline{x}[k]\underline{x}^t[k] \right)^{-1} \left(\underline{\mathcal{P}}_{k-1} + \frac{1}{\rho}d[k]\underline{x}[k] \right) \tag{4.74}$$

Von hier an kann wie in Abschnitt 4.2 mit Hilfe des Matrixinversions-Lemmas fortgefahren werden. Es ist einzig zu beachten, dass in (4.28) bei der Matrixzuordnung nun nicht $\mathbf{D}^{-1} = 1$, sondern $\mathbf{D}^{-1} = \rho$ gewählt wird. Es lässt sich leicht zeigen, dass die entsprechenden Aufdatierungsvorschriften wie folgt modifiziert werden müssen:

Berechnung des gefilterten normierten Datenvektors:

$$\underline{\tilde{z}}_k = \frac{\mathcal{R}_{k-1}^{-1}\underline{x}[k]}{\rho + \underline{x}^t[k]\mathcal{R}_{k-1}^{-1}\underline{x}[k]} \tag{4.75}$$

Aufdatierung des Gewichtsvektors:

$$\underline{w}_k^\circ = \underline{w}_{k-1}^\circ + e_o[k]\,\underline{\tilde{z}}_k \tag{4.76}$$

Aufdatierung der Inversen der deterministischen Autokorrelationsmatrix:

$$\mathcal{R}_k^{-1} = \frac{1}{\rho}\left(\mathcal{R}_{k-1}^{-1} - \underline{\tilde{z}}_k\underline{x}^t[k]\mathcal{R}_{k-1}^{-1} \right) \tag{4.77}$$

4.3 DER RLS-ALGORITHMUS MIT VERGESSENSFAKTOR

Die Gleichungen des **RLS-Algorithmus mit Vergessensfaktor** lauten somit:

RLS-Algorithmus mit Vergessensfaktor

Initialisierung:

$$\hat{\mathcal{R}}_0^{-1} = \eta \mathbf{I}_N \qquad \eta: \text{grosse positive Konstante}$$
$$\underline{w}_0^o = \underline{0} \qquad \text{Vergessensfaktor: } 0 < \rho \leq 1$$

Berechne zu jedem Zeitpunkt $k = 1, 2, \ldots$:

1. A priori-Ausgangswert:
$$y_o[k] = \underline{x}^t[k]\underline{w}_{k-1}^o \qquad (4.78)$$

2. A priori-Fehler:
$$e_o[k] = d[k] - y_o[k] \qquad (4.79)$$

3. Gefilterter normierter Datenvektor:
$$\underline{\tilde{z}}_k = \frac{\mathcal{R}_{k-1}^{-1}\underline{x}[k]}{\rho + \underline{x}^t[k]\mathcal{R}_{k-1}^{-1}\underline{x}[k]} \qquad (4.80)$$

4. Aufdatierung des optimalen Gewichtvektors:
$$\underline{w}_k^o = \underline{w}_{k-1}^o + e_o[k]\underline{\tilde{z}}_k \qquad (4.81)$$

5. Aufdatierung der Inversen der deterministischen Autokorrelationsmatrix:
$$\mathcal{R}_k^{-1} = \frac{1}{\rho} \left(\mathcal{R}_{k-1}^{-1} - \underline{\tilde{z}}_k \underline{x}^t[k] \mathcal{R}_{k-1}^{-1} \right) \qquad (4.82)$$

Der Vergleich mit dem Standard RLS-Algorithmus ((4.42)-(4.46)) zeigt, dass bei der Wahl des Vergessensfaktors als $\rho = 1$ die beiden Algorithmen identisch sind. Der Rechenaufwand wird bei Verwendung des Vergessensfaktors ebenfalls unwesentlich verändert. Dazu kommt, dass für $\rho < 1$ die einfachere Initialisierung $\mathcal{R}_0^{-1} = \eta \mathbf{I}$ unproblematisch ist, weil der dabei entstehende Initialfehler durch den Vergessensfaktor 'mehr oder weniger rasch vergessen' wird. Typischerweise liegt der Wert des Vergessensfaktors im Bereich von $(0.95 < \rho < 1)$, womit bereits eine ausreichende Nachführ-Fähigkeit gegeben ist. Kleinere Werte können zu Stabilitätsproblemen bei der Adaption führen. Dies gilt besonders bei einer nichtstationären Umgebung.

4.4 Analyse des RLS-Algorithmus

Der RLS-Algorithmus beruht als deterministischer adaptiver Algorithmus auf dem Konzept, den zum $(k-1)$-ten Zeitpunkt erhaltenen optimalen Gewichtsvektor $\underline{w}_{k-1}^o$ im Zeitpunkt k gerade so anzupassen, dass der Gewichtsvektor $\underline{w}_k^o$ im Sinne der 'Least-Squares'- Optimierung für die Daten bis zum Zeitpunkt k optimal ist. Dieser Vorgang unterscheidet sich wesentlich von dem der Gradientensuchverfahren, wo die Fehlerfläche des MSE auf ihr Minimum abgesucht wird. Trotzdem lässt sich der RLS-Algorithmus durch eine geeignete Transformation auf eine Form bringen, die (zumindest für grosse k) einen direkten Vergleich mit dem LMS-Algorithmus zulässt. Dazu wird u.a. eine Beziehung zwischen der Autokorrelationsmatrix $\mathbf{R}$ und der deterministischen Autokorrelationsmatrix $\mathcal{R}_k$ benötigt:

Wir beginnen mit der Definition[7] von $\mathcal{R}_k$ gemäss (4.71):

$$\mathcal{R}_k = \sum_{l=0}^{k} \rho^{k-l} \underline{x}[l]\underline{x}^t[l] \tag{4.83}$$

Wir nehmen nun den Erwartungswert, der hier ausschliesslich als Scharmittelwert zu verstehen ist:

$$\begin{aligned} E\{\mathcal{R}_k\} &= E\left\{\sum_{l=0}^{k} \rho^{k-l} \underline{x}[l]\underline{x}^t[l]\right\} \\ &= \sum_{l=0}^{k} \rho^{k-l} E\{\underline{x}[l]\underline{x}^t[l]\} \\ &= \mathbf{R} \sum_{l=0}^{k} \rho^{k-l} \\ &= \mathbf{R}\, \frac{1-\rho^{k+1}}{1-\rho} \end{aligned} \tag{4.84}$$

Das bedeutet, dass die deterministische Schätzung $\mathcal{R}_k$ über mehrere Ausführungen des RLS-Algorithmus gemittelt (Scharmittelwert), bis auf einen von k und ρ abhängigen Faktor, der Autokorrelationsmatrix $\mathbf{R}$ entspricht. Insbesondere gilt für $k \to \infty$

$$E\{\mathcal{R}_k\} = \mathbf{R}\, \frac{1}{1-\rho} \qquad k \to \infty \tag{4.85}$$

$\mathcal{R}_k$ wird durch eine gewichtete zeitliche Mittelung des äusseren Produktes $\underline{x}[k]\underline{x}^t[k]$ bestimmt ((4.83)). Je näher ρ bei eins liegt, was ja bedeutet, dass alle vergangenen Werte mit gleicher Gewichtung berücksichtigt werden, desto eher entspricht

---
[7]Wir setzen ohne Einschränkung der Allgemeinheit $l_0 = 0$.

4.4 ANALYSE DES RLS-ALGORITHMUS

(4.83) einer arithmetischen Mittelung: Es fehlt nur der konvergenzerzeugende Faktor $\frac{1}{k+1}$. Da bei ergodischen Prozessen der Zeitmittelwert für $k \to \infty$ dem Scharmittelwert entspricht, kann, unter der Voraussetzung von Stationarität und Ergodizität, der Erwartungswert in (4.84) fallen gelassen werden:

$$\mathcal{R}_k = \mathbf{R}\,\frac{1-\rho^{k+1}}{1-\rho} + \widetilde{\mathcal{R}}_k. \tag{4.86}$$

Die Matrix $\widetilde{\mathcal{R}}_k$ wurde eingeführt, um den Fehler zu berücksichtigen, der durch die endliche Mittelung und die exponentielle Gewichtung des Vergessensfaktors ($\rho < 1$) entsteht. Unter der Bedingung

$$k \gg 1 \quad \text{und} \quad \rho \approx 1 \tag{4.87}$$

ist schliesslich folgende Näherung zulässig:

$$\boxed{\mathcal{R}_k \approx \mathbf{R}\,\frac{1-\rho^{k+1}}{1-\rho}} \tag{4.88}$$

Die deterministische Autokorrelationsmatrix $\mathcal{R}$ entspricht also bis auf einen Faktor einer Schätzung von $\mathbf{R}$, die umso genauer ist, je mehr Daten gemittelt (grosse k) und je weniger alte Werte 'vergessen' worden sind ($\rho \approx 1$).

Wir wollen nun, ähnlich wie bei der Koordinatentransformation in Abschnitt 2.3.6 die RLS-Gleichungen transformieren, um sie auf die Form eines gewöhnlichen LMS-Algorithmus zu bringen. Dieser Schritt soll einen Vergleich der Konvergenzeigenschaften der beiden Algorithmen ermöglichen:

Das Spektrale Theorem (2.125) lautet:

$$\mathbf{R} = \mathbf{Q}\mathbf{\Lambda}\mathbf{Q}^t = \mathbf{Q}\mathbf{\Lambda}^{\frac{1}{2}}\mathbf{\Lambda}^{\frac{1}{2}}\mathbf{Q}^t \tag{4.89}$$

Die Diagonalmatrix $\mathbf{\Lambda}$ wurde hier in zwei identische Diagonalmatrizen $\mathbf{\Lambda}^{\frac{1}{2}}$ zerlegt, die jeweils $\lambda_i^{\frac{1}{2}}$ als i-tes Diagonalelement führen. Mit der Definition $\mathbf{S} = \mathbf{Q}\mathbf{\Lambda}^{\frac{1}{2}}$ lässt sich nun $\mathbf{R}$ zerlegen:

$$\mathbf{R} = \mathbf{S}\mathbf{S}^t \quad \text{bzw.} \quad \mathbf{R}^{-1} = \mathbf{S}^{-t}\mathbf{S}^{-1} \tag{4.90}$$

Die angekündigte Transformation sieht nun wie folgt aus:

$$\underline{x}'[k] = \mathbf{S}^{-1}\underline{x}[k] \quad \text{bzw.} \quad \underline{x}[k] = \mathbf{S}\underline{x}'[k] \tag{4.91}$$

und

$$\underline{w}_k^{o\prime} = \mathbf{S}^t \underline{w}_k^o \quad \text{bzw.} \quad \underline{w}_k^o = \mathbf{S}^{-t}\underline{w}_k^{o\prime}. \tag{4.92}$$

Sie wird nun auf die beiden RLS-Gleichungen (4.54) und (4.55) angewendet, die wir hier nochmals angeben:

$$e_\text{o}[k] = d[k] - \underline{x}^t[k]\underline{w}_{k-1}^\text{o} \qquad (4.93)$$

und

$$\underline{w}_k^\text{o} = \underline{w}_{k-1}^\text{o} + \mathcal{R}_k^{-1} e_\text{o}[k] \underline{x}[k] \qquad (4.94)$$

Setzen wir (4.91) und (4.92) in (4.93) ein, so folgt für den a priori-Fehler $e_\text{o}[k]$:

$$\begin{aligned} e_\text{o}[k] &= d[k] - (\mathbf{S}\,\underline{x}'[k])^t\,\mathbf{S}^{-t}\underline{w}_{k-1}^{\text{o}\prime} \\ &= d[k] - \underline{x}'^t[k]\mathbf{S}^t\mathbf{S}^{-t}\underline{w}_{k-1}^{\text{o}\prime} \\ &= d[k] - \underline{x}'^t[k]\underline{w}_{k-1}^{\text{o}\prime} \end{aligned} \qquad (4.95)$$

Die Gleichung für den a priori-Fehler $e_\text{o}[k]$ bleibt also formell unverändert. Nun wird die Rekursionsgleichung für $\underline{w}_k^\text{o}$ von links mit $\mathbf{S}^t$ multipliziert und wiederum (4.92) angewendet:

$$\begin{aligned} \mathbf{S}^t \underline{w}_k^\text{o} &= \mathbf{S}^t \underline{w}_{k-1}^\text{o} + \mathbf{S}^t \mathcal{R}_k^{-1}\,\underline{x}[k]e_\text{o}[k] \\ \underline{w}_k^{\text{o}\prime} &= \underline{w}_{k-1}^{\text{o}\prime} + \mathbf{S}^t \mathcal{R}_k^{-1}\,\underline{x}[k]e_\text{o}[k] \\ &= \underline{w}_{k-1}^{\text{o}\prime} + \mathbf{S}^t \mathcal{R}_k^{-1} \mathbf{S}\,\underline{x}'[k]e_\text{o}[k] \end{aligned} \qquad (4.96)$$

Ersetzen wir noch die Inverse der deterministischen Autokorrelationsmatrix durch die Abschätzung (4.88), so folgt mit (4.90):

$$\begin{aligned} \underline{w}_k^{\text{o}\prime} &= \underline{w}_{k-1}^{\text{o}\prime} + \mathbf{S}^t \frac{1-\rho}{1-\rho^{k+1}} \mathbf{R}^{-1}\,\mathbf{S}\,\underline{x}'[k]e_\text{o}[k] \\ &= \underline{w}_{k-1}^{\text{o}\prime} + \frac{1-\rho}{1-\rho^{k+1}} \mathbf{S}^t(\mathbf{S}^{-t}\mathbf{S}^{-1})\mathbf{S}\,\underline{x}'[k]e_\text{o}[k] \\ &= \underline{w}_{k-1}^{\text{o}\prime} + \frac{1-\rho}{1-\rho^{k+1}}\,\underline{x}'[k]e_\text{o}[k] \end{aligned} \qquad (4.97)$$

Die Einführung der zeitabhängigen Schrittweite $\mu[k]$

$$\mu[k] = \underbrace{(1-\rho)}_{\mu_0} \frac{1}{1-\rho^{k+1}} \qquad 0 \le \rho \le 1 \qquad (4.98)$$

bringt die Rekursionsgleichung für $\underline{w}_k^{\text{o}\prime}$ auf eine vertraute Form:

$$\underline{w}_k^{\text{o}\prime} = \underline{w}_{k-1}^{\text{o}\prime} + \mu[k]\underline{x}'[k]e_\text{o}[k] \qquad (4.99)$$

Die transformierten RLS-Gleichungen lauten somit:

$$\begin{aligned} e_\text{o}[k] &= d[k] - \underline{x}'^t[k]\underline{w}_{k-1}^{\text{o}\prime} & (4.100) \\ \underline{w}_k^{\text{o}\prime} &= \underline{w}_{k-1}^{\text{o}\prime} + \mu[k]\underline{x}'[k]e_\text{o}[k] & (4.101) \end{aligned}$$

4.4 ANALYSE DES RLS-ALGORITHMUS

Die Gleichungen (4.100) und (4.101) beschreiben einen LMS-Algorithmus[8], mit der Besonderheit, dass die Schrittweite $\mu[k]$ nun zeitabhängig ist. Wichtig ist die Feststellung, dass durch die Transformation der RLS-Algorithmus – bis auf die Näherung (4.88) – nicht verändert, sondern lediglich ein neues Koordinatensystem gewählt wurde. Die einzige Einschränkung ist Bedingung (4.87) (grosse k und $\rho \approx 1$). Für diesen Fall können wir nun direkt die Konvergenzeigenschaften des RLS- und des LMS-Algorithmus vergleichen.

Konvergenzzeit

Beim RLS-Algorithmus ist zwischen der Phase kurz nach Beginn der Adaption (Aufstartverhalten) und der Phase der laufenden Adaption zu unterscheiden:

- Aufstartphase: Die ersten eintreffenden Daten nach der Initialisierung haben einen stärkeren Einfluss auf $\mathcal{R}_k$ als Daten die später hinzukommen. Der Einfluss der zeitlichen Mittelung in (4.11) ist in der Aufstartphase noch schwach ausgeprägt. Der Algorithmus reagiert deshalb zu Beginn sehr schnell auf die eintreffenden Daten. Erfahrungsgemäss sind die *transienten Vorgänge bei der Adaption durch den RLS-Algorithmus bereits nach N bis $2N$ Iterationen abgeklungen.*

- Nachführphase: Während der laufenden Adaption dominiert der Einfluss der zeitlichen Mittelung in (4.83). Das Ausmass der Mittelung wird durch die Wahl von ρ festgelegt. Die Fähigkeit des Algorithmus auf Änderungen zu reagieren, hängt deshalb von ρ ab. Auch wenn ρ so gewählt wird, dass alte Daten schnell vergessen werden, reagiert der Algorithmus in dieser Phase langsamer auf Änderungen der Statistik als in der Aufstartphase.

Das besondere Verhalten des RLS-Algorithmus in der Startphase ist darauf zurückzuführen, dass sich die Fehlerfunktionen J_k des Least-Squares-Verfahrens und $J(\underline{w})$ (Wiener-Filter-Theorie) zu Beginn der Adaption noch stark unterscheiden. Während der laufenden Adaption setzt der Einfluss der Mittelung ein, so dass sich J_k und $J(\underline{w})$ langsam annähern. Der Vergleich mit dem LMS-Algorithmus ist nur für grosse k zulässig (Bedingung (4.87)) und bezieht sich vor allem auf die Nachführphase der Adaption:

Die Konvergenzzeit der Lernkurve des LMS-Algorithmus ist durch (3.110) gegeben:

$$\tau_{\text{LMS}} \approx \frac{1}{4\alpha}\frac{\lambda_{\max}}{\lambda_{\min}} = \frac{1}{4\alpha}\chi(\mathbf{R}) \qquad 0 < \alpha \ll 1 \qquad (4.102)$$

Für eine schnelle Konvergenz ist die Konditionszahl, d.h. das Eigenwertverhältnis $\chi(\mathbf{R}) = \frac{\lambda_{\max}}{\lambda_{\min}}$, massgebend. Ein schlecht konditioniertes Eingangssignal $\underline{x}[k]$

---
[8] Indizierung: $\underline{w}_k^{o\prime}$ entspricht $\underline{w}[k+1]$.

verlangsamt die Konvergenz; optimal wäre eine Konditionszahl von $\chi(\mathbf{R}) = 1$. Wie steht es um die Konditionierung von $\underline{x}'[k]$, dem Eingangssignal des RLS-Algorithmus in LMS-Form (4.100)? Mit (4.91) gilt:

$$\mathbf{R}' = E\{\underline{x}'[k]\underline{x}'^t[k]\} = \mathbf{S}^{-1} E\{\underline{x}[k]\underline{x}[k]^t\} \mathbf{S}^{-t} = \mathbf{S}^{-1}\mathbf{R}\mathbf{S}^{-t} = \mathbf{I} \qquad (4.103)$$

Die Autokorrelationsmatrix $\mathbf{R}'$ ist gleich der Einheitsmatrix unabhängig von der Konditionierung des Filtereingangs $\underline{x}[k]$. Das heisst, dass während der Nachführphase die Konvergenzeigenschaften des RLS-Algorithmus auch bei schlechter Konditionierung denen eines LMS-Algorithmus, der weisse Eingangsdaten verarbeitet, entsprechen (der optimale Fall). Die Dekorrelation des Eingangssignals und die Beschleunigung langsamer Modi bei der Adaption wird letztlich durch die Vormultiplikation mit der Matrix $\mathcal{R}_k^{-1}$ in (4.94) erreicht. Die Dekorrelation durch Vormultiplikation mit der Inversen der Autokorrelationsmatrix erfolgt auch beim Newton-LMS-Algorithmus (3.188). Beide Algorithmen gehören zur Unterklasse der 'self-orthogonalizing adaptive filtering algorithms'.

Fehleinstellung M_{RLS} beim RLS-Algorithmus

In (3.169) wurde die Fehleinstellung M als Verhältnis des Überschussfehlers J_{ex} zum Minimum J_{min} definiert und für den LMS-Algorithmus angegeben:

$$M_{\text{LMS}} = \frac{J_{\text{ex}}}{J_{\text{min}}} \approx \frac{\mu}{2} \cdot N \cdot \text{Eingangsleistung} \qquad (4.104)$$

Beim RLS-Algorithmus in LMS-Form gilt für die Autokorrelationsmatrix $\mathbf{R}' = \mathbf{I}$ (4.103), d.h. die Eingangsleistung des transformierten Vektors $\underline{x}'[k]$ ist $\sigma_{x'}^2 = 1$. Die Schrittweite $\mu[k]$ ist zeitabhängig: In Figur 4.3 ist der zeitliche Verlauf von $\mu[k]$ in Abhängigkeit des Parameters ρ dargestellt. Schon nach wenigen Iterationen nähert sich $\mu[k]$ dem konstanten Endwert μ_0. Die Fehleinstellung M wird nach dem Einschwingvorgang, also für grosse k, betrachtet. Deshalb können wir für die Schrittweite $\mu[k] \approx \mu_0 = 1 - \rho$ einsetzen und erhalten für die **Fehleinstellung des RLS-Algorithmus:**

$$\boxed{M_{\text{RLS}} \approx \frac{\mu_0}{2} \cdot N \cdot \text{Eingangsleistung} = \frac{1-\rho}{2} \cdot N} \qquad (4.105)$$

Die Fehleinstellung hängt also von dem Vergessensfaktor ρ ab. Dies war auch zu erwarten:

- Bei Stationarität und einem unendlichen Gedächtnis ($\rho = 1$) beschreibt die deterministische Autokorrelationsmatrix $\mathcal{R}_k$ die Statistik des Eingangssignals $\underline{x}[k]$ umso genauer, je länger gemittelt wird[9].

---

[9]Das Gleiche gilt natürlich auch für den Kreuzkorrelationsvektor.

4.4 ANALYSE DES RLS-ALGORITHMUS

Im Grenzfall gilt: $\lim_{k \to \infty} \underline{w}_k^o = \mathcal{R}_k^{-1} \underline{\mathcal{P}}_k = \mathbf{R}^{-1} \underline{p} = \underline{w}^o$, d.h. die Wiener-Lösung $\underline{w}^o$ wird erreicht und die Fehleinstellung M geht gegen Null.

- Für den Fall, dass sich die Statistik der beteiligten Signale langsam ändert, muss $\rho < 1$ gewählt werden, um die Nachführ-Fähigkeit des Algorithmus zu gewährleisten. Das Filter kann dann den Änderungen folgen, indem allmählich alte durch neue Information ersetzt wird. Die Daten, die das Fenster der exponentiellen Gewichtung berücksichtigt, ermöglichen eine Schätzung der Autokorrelationsmatrix, die nur von beschränkter statistischer Relevanz ist. Dies ist der Grund, warum die Nachführ-Fähigkeit mit einer Fehleinstellung $M > 0$ bezahlt wird.

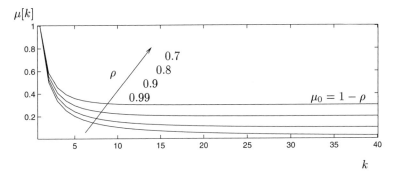

Figur 4.3: Zeitabhängige Schrittweite $\mu[k]$ in Abhängigkeit des Vergessensfaktors ρ

Fassen wir zusammen:
Beim RLS-Algorithmus muss zwischen dem Aufstart- und dem Nachführ-Verhalten unterschieden werden. Der Algorithmus passt sich zu Beginn der Adaption relativ schnell in N bis $2N$ Iterationen an die eintreffenden Daten an. Während der Adaption setzt der Einfluss der Mittelung ein, und die deterministischen Grössen $\mathcal{R}_k$ und $\underline{\mathcal{P}}_k$ können als Schätzungen der statistischen Grössen $\mathbf{R}$ und $\underline{p}$ angesehen werden. In dieser Phase kann der RLS-Algorithmus näherungsweise als LMS-Algorithmus mit zeitabhängiger Schrittweite $\mu[k]$ dargestellt werden, dessen Eingangsdaten dekorreliert werden. Zusätzlich werden langsame Modi der Adaption beschleunigt (auf Grund der Vormultiplikation mit der Matrix $\mathcal{R}^{-1}$). Der Algorithmus ist deshalb insensitiv bezüglich der Konditionierung des Eingangssignals und besitzt ein optimales Konvergenzverhalten. Die Schrittweite $\mu[k]$ der Adaption nähert sich schon nach wenigen Iterationen dem Wert $\mu_0 = 1 - \rho$ (siehe Figur 4.3). Deshalb hängt die Fähigkeit des Algorithmus, auf Änderungen der Statistik zu reagieren, in dieser Phase von ρ ab. Auch die Fehleinstellung $M_{\text{RLS}} \approx \frac{1-\rho}{2} \cdot N$ wird durch den Vergessensfaktor beeinflusst und kann beliebig klein werden, sofern schwach stationäre Signale vorliegen und $\rho = 1$ gewählt wird. Im nichtstationären Fall muss $\rho < 1$ verwendet werden, um die Nachführ-Fähigkeit des Algorithmus zu gewährleisten. Diese wird jedoch mit einer Fehleinstel-

lung $M > 0$ bezahlt. Eine ausreichende Nachführ-Fähigkeit ist bereits für Werte des Vergessensfaktors im Bereich von $(0.95 < \rho < 1)$ gegeben. Kleinere Werte können zu Stabilitätsproblemen bei der Adaption führen. Dies gilt besonders bei einer nichtstationären Umgebung.

4.5 Simulation: Systemidentifikation durch den RLS-Algorithmus

In dieser Simulation wurde ein System, das durch ein FIR-Filter mit $N = 18$ Gewichten gegeben ist, durch ein adaptives FIR-Filter mit $N = 20$ Gewichten identifiziert (Klasse 'Systemidentifikation', Figur 1.2). Als Eingangssignal $x[k]$ wurde einerseits weisses Rauschen, und anderseits farbiges Rauschen, ein sog. autoregressiver Prozess (AR) 12. Ordnung verwendet. Ein AR-Prozess entsteht durch Filterung eines weissen Rauschsignals mit einem Filter, das nur Pole (hier 12 Pole) besitzt. Die Filterkoeffizienten dieses Allpol-Filters wurden durch LPC-Analyse (siehe Abschnitt 1.3.3) eines Sprachsignalabschnitts festgelegt. Das Allpol-Filter entspricht somit dem Synthesefilter $H(z)$ in Figur 1.12 und der AR-Prozess besitzt folglich ein Spektrum, das typisch für ein Sprachsignal ist (Figur 1.11). Das farbige Rauschen soll den bei vielen Anwendungen dominierenden Signaltyp (Sprache) repräsentieren und die Konvergenzeigenschaften des Adaptionsalgorithmus bei diesem Signaltyp aufzeigen.

Der Systemausgang $d'[k]$ wurde durch Filterung von $x[k]$ mit dem Systemfilter erzeugt und die Leistung auf $\sigma_{d'}^2 = 1$ normiert. Anschliessend wurde zu $d'[k]$ ein weiteres weisses Rauschsignal (das Messrauschen $n[k]$) mit der Leistung $\sigma_n^2 = 1 \cdot 10^{-4}$ hinzugefügt, um das Signal $d[k]$ zu bilden. Das SNR im erwünschten Signal $d[k]$ beträgt somit 40 dB. Wenn die Systemidentifikation perfekt ist, bleibt im Fehlersignal[10] $e[k]$ nur das zum Eingang unkorrelierte Messrauschen $n[k]$ übrig, so dass $J_{\min}$ bei $J_{\min} = \sigma_n^2 = 1 \cdot 10^{-4}$ liegt.

Figur 4.4 zeigt die Lernkurven des RLS-Algorithmus (mit Vergessensfaktor $\rho = 1$) für das weisse und das farbige Rauschsignal. Erwartungsgemäss konvergiert der Algorithmus bereits nach etwa $2N = 40$ Iterationen und erreicht das Minimum $J_{\min} = 1 \cdot 10^{-4}$, ($-40$ dB). Für die Fehleinstellung gilt, weil $\rho = 1$ ist: $M_{\text{RLS}} \approx \frac{1-\rho}{2} \cdot N = 0$. Dabei ist kaum ein Unterschied bei den Lernkurven für weisses und farbiges Rauschen zu erkennen: Der RLS-Algorithmus ist unabhängig von der Konditionierung. Zum Vergleich ist die für das farbige Rauschen nur langsam konvergierende LMS-Lernkurve eingezeichnet.

In einem zweiten Durchgang (Figur 4.5) wurde der Einfluss des Vergessensfaktors auf die Nachführ-Fähigkeit und die Fehleinstellung des RLS-Algorithmus

---

[10] beim RLS-Algorithmus der a priori-Fehler $e_o[k]$.

4.5 SIMULATION: RLS-ALGORITHMUS

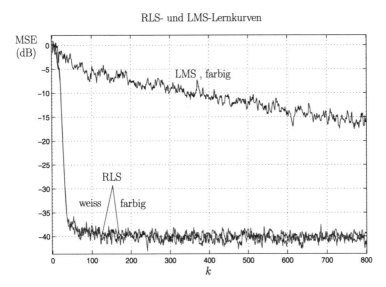

Figur 4.4: RLS-Lernkurven für ein weisses und ein farbiges (AR-Prozess 12. Ordnung) Eingangssignal; Vergleich mit der LMS-Lernkurve; $N = 20$

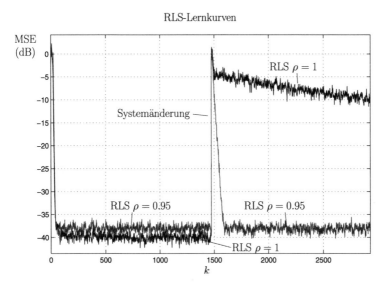

Figur 4.5: RLS-Lernkurven mit Vergessensfaktoren $\rho = 1|0.95$ bei einer Systemänderung und einem weissen Eingangssignal; $N = 20$

untersucht. Dazu wurde die Systemimpulsantwort nach der halben Adaptionszeit negiert (mit dem Faktor -1 skaliert). Der Algorithmus mit Vergessensfaktor $\rho = 1$ zeigt in der Aufstartphase die gewohnt schnelle Konvergenz nach etwa $2N = 40$ Iterationen. Während der laufenden Adaption kann jedoch nur noch langsam auf die Systemänderung reagiert werden, weil die Mittelung ein 'unendliches' Gedächtnis besitzt. Beim Algorithmus mit Vergessensfaktor ($\rho = 0.95$) bleibt hingegen die Nachführ-Fähigkeit erhalten. Dafür ist eine leicht erhöhte Fehleinstellung $M_{\text{RLS}} \approx \frac{1-\rho}{2} \cdot N > 0$ zu beobachten.

Bei den gezeigten Lernkurven beider Figuren handelt es sich um den quadrierten a priori-Fehler $e_o^2[k]$, der jeweils über 20 RLS-Ausführungen gemittelt wurde. Zusätzlich sind die Kurven durch eine zeitliche Mittelung[11] geglättet worden.

4.6 Der 'Fast'-RLS-Algorithmus

Mit dem Standard-RLS-Algorithmus ist es gelungen den Rechenaufwand der Least-Squares-Optimierung von $O(N^3)$ pro Iteration auf die Grössenordnung $O(N^2)$ zu drücken. Für eine Echtzeit-Adaption ist ein Rechenaufwand von $O(N^2)$ pro Iteration bzw. Abtastwert noch zu gross. Aus diesem Grund wurden komplexere Varianten des RLS-Algorithmus entwickelt, die 'schnellen'- oder 'fast'-RLS-Algorithmen, die nur einen Aufwand von $O(N)$ aufweisen.

Die Aufdatierung des optimalen Gewichtsvektors beim Standard RLS-Algorithmus ist durch (4.55) gegeben

$$\underline{w}_k^o = \underline{w}_{k-1}^o + \mathcal{R}_k^{-1} e_o[k] \underline{x}[k] \tag{4.106}$$

bzw. mit der Abkürzung $\underline{\bar{z}}_k = \mathcal{R}_k^{-1} \underline{x}[k]$ durch:

$$\underline{w}_k^o = \underline{w}_{k-1}^o + \underline{\bar{z}}_k e_o[k] \tag{4.107}$$

Ein aufwendiger, mit $O(N^2)$ zu Buche schlagender Schritt ist die Aufdatierung von $\underline{\bar{z}}_k$ bzw. $\mathcal{R}_k^{-1}$. Das Fundament der schnellen RLS-Algorithmen ist die Ausführung von sogenannten Vorwärts- und Rückwärtsprädiktionsschritten, welche die Aufdatierung von $\underline{\bar{z}}_k$ mit einem Aufwand von $O(N)$ durchführen und dabei von der besonderen Struktur der Autokorrelationsmatrix (Symmetrie etc.) Gebrauch machen. Wir wollen hier nicht weiter auf die Ausführung der Vorwärts-und Rückwärtsprädiktionsschritte eingehen und verweisen auf die Literatur [6].

Der Aufwand der 'schnellen' RLS-Algorithmen liegt bei $O(N)$, wobei der effizienteste Algorithmus nur rund $7N$ Operationen benötigt. Die 'schnellen' RLS-Algorithmen sind in ihrer Funktion äquivalent zum Standard RLS-Algorithmus. Sie besitzen deshalb die überlegenen Konvergenzeigenschaften des RLS-Algorithmus, jedoch bei einem Rechenaufwand, der mit dem einfachen LMS-Algorith-

---

[11]mit einem exponentiellen Fenster.

4.6 DER 'FAST'-RLS-ALGORITHMUS

mus ($O(N)$) vergleichbar ist. Leider verschlechtert sich jedoch bei den 'schnellen' RLS-Algorithmen die numerische Stabilität, d.h. die Empfindlichkeit des Algorithmus bezüglich Rundungsfehlern und dergleichen nimmt stark zu.

5 Adaptive Filter im Frequenzbereich

Die bisher vorgestellten Adaptionsalgorithmen sind im Zeitbereich angesiedelt: Sowohl die Aufdatierung des Gewichtsvektors als auch die FIR-Filterung wird im Zeitbereich ausgeführt. In diesem Kapitel werden Adaptionsalgorithmen, die diese Schritte nach Anwendung der Diskreten Fourier-Transformation (DFT) im Frequenzbereich durchführen. Die Verarbeitung geschieht dabei blockweise. Die Verwendung von Frequenzbereichs-Algorithmen bringt folgende Vorteile:

- Bei manchen Anwendungen, wie z.B. in der Systemidentifikation, kann eine grosse FIR-Filterlänge N zur angemessenen Beschreibung des Systems erforderlich sein. Die Ausführung der Faltung $y[n] = w[n] * x[n]$ des Eingangssignals $x[n]$ mit der Impulsantwort $w[n] = w_{n+1}$ des adaptiven Filters im Zeitbereich ist für grosse Filterlängen N rechenaufwendig und kann effizienter im Frequenzbereich durchgeführt werden. Auf das entsprechende Verfahren (das sog. Overlap-Save-Verfahren) wird in Abschnitt 5.1.2 eingegangen.

- Die DFT hat die Eigenschaft, das Eingangssignal im Frequenzbereich zu dekorrelieren: Verschiedene DFT-Koeffizienten (Frequenzen) sind weitgehend unkorreliert. Deshalb können die einzelnen DFT-Koeffizienten W_i des Gewichtsvektors weitgehend unabhängig voneinander adaptiert werden. Die DFT ermöglicht somit einen direkten Zugriff auf die natürlichen Modi der Adaption, die ja im Zeitbereich in jedem Filtergewicht w_i gekoppelt vorkommen. Durch eine frequenzselektive Wahl der Schrittweite bei der Adaption können langsame Modi (hier Frequenzen) beschleunigt werden, so dass Frequenzbereichs-Algorithmen unabhängig von der Konditionierung des Eingangssignals sind und damit kleinere Konvergenzzeiten als der gewöhnliche LMS-Algorithmus aufweisen. Beim Newton-LMS-Algorithmus (3.188) oder auch beim RLS-Algorithmus (4.55) wird die Dekorrelation der Eingangsdaten und die Beschleunigung langsamer Modi durch Verwendung der Inversen der Autokorrelationsmatrix $\mathbf{R}^{-1}$ in der Rekursionsgleichung erreicht[1]. **R** ist natürlich vom Eingangssignal abhängig und muss bekannt sein oder im Falle des RLS-Algorithmus durch eine deterministische Autokorrelationsmatrix $\mathcal{R}_k$ geschätzt werden. Mit der Karhunen-Loève-Transformation (siehe (2.164)) besteht grundsätzlich die Möglichkeit, ein korreliertes Eingangssignal zu dekorrelieren – z.B. als Vorstufe zum LMS-Algorithmus. Die KLT hat aber den Nachteil, signalabhängig zu sein – die Transformationsmatrix **Q** besteht schliesslich aus den Eigenvektoren der Autokorrelationsmatrix des Signals. Ferner ist sie rechenaufwendig und damit für praktische Implementationen ungeeignet. Mit der DFT liegt dagegen eine Transformation vor, die das Eingangssignal zwar nur näherungsweise dekorreliert, jedoch den Vorteil hat, datenunabhängig zu sein. Wie gut die Dekorrelation effektiv ist, hängt vom Signal selbst und der DFT-Länge ab. Ein weiterer Vorteil der DFT ist, dass diese Transformation mittels der 'Fast'-Fourier-Transformation (FFT) sehr effizient implementierbar ist.

Ein Nachteil der Frequenzbereichs-Algorithmen ist die Verarbeitungsverzögerung der Blockverarbeitung, die jedoch durch besondere Massnahmen (PFLMS-Algorithmus, Abschnitt 5.2) in Grenzen gehalten werden kann.

5.1 Der 'Frequency-Domain'-LMS-Algorithmus (FLMS)

Der **FLMS-** oder **'Frequency-Domain'-LMS-Algorithmus** führt die FIR-Filterung und die Adaption nach den Regeln des LMS-Algorithmus im Frequenzbereich durch. Die Verarbeitung erfolgt dabei *blockweise*, was eine neue Organisation der Daten und eine neue Notation erforderlich macht. Der FLMS-Algorithmus besteht aus zwei Teilen, der Filterung und der Adaption, die nacheinander erklärt werden. Eine Übersicht aller Gleichungen des Algorithmus ist auf Seite 164 zu finden.

5.1.1 Notation

Das Eingangssignal $x[n]$ wird in Blöcke der Länge C eingeteilt

$$\underline{x}[k] = [x[kL + L - C], \ldots, x[kL + L - 1]]^t \tag{5.1}$$

wobei C die DFT-Länge ist. Die bisher für die diskrete Zeit verwendete Variable k ist nun der *Blockindex!* Der Block $\underline{x}[k + 1]$ ist gegenüber $\underline{x}[k]$ um L Werte

---

[1] beim RLS-Algorithmus genau genommen durch die Inverse der deterministischen Autokorrelationsmatrix $\mathcal{R}_k$.

5.1 DER 'FREQUENCY-DOMAIN'-LMS-ALGORITHMUS (FLMS)

verschoben; L wird deshalb als Blockverschiebung bezeichnet. Für die **neue diskrete Zeitvariable** n und den Blockindex k gilt somit: $n = k \cdot L$. Im Gegensatz zur Definition von $\underline{x}[k]$ gemäss (2.5), ist hier das letzte Element $x[kL + L - 1]$ der aktuellste Abtastwert (Zeitpunkt $n = kL + L - 1$). Der Gewichtsvektor $\underline{w}[k]$ der Länge N wird, abweichend von der bisherigen Definition, um $C - N$ Nullen auf die Länge C ausgedehnt:

$$\underline{w}[k] = [w_1[k], \ldots, w_N[k], 0, \ldots, 0]^t \tag{5.2}$$

Die blockweise Verarbeitung bringt es mit sich, dass auch der Filterausgang jeweils in Blöcken der Länge L vorliegt:

$$\underline{y}[k] = [y[kL], \ldots, y[kL + L - 1]]^t \tag{5.3}$$

Um die Diskrete Fourier-Transformation (DFT)[2] der Länge C als Matrixprodukt schreiben zu können

$$X_i[k] = \frac{1}{\sqrt{C}} \sum_{m=0}^{C-1} x_m[k] \, e^{-j\frac{2\pi}{C}mi} \tag{5.4}$$

($x_m[k]$ ist die m-te Komponente von $\underline{x}[k]$ und $X_i[k]$ der vom Blockindex k abhängige i-te DFT-Koeffizient), wird die **DFT-Matrix F** definiert. **F** ist eine $C \times C$ Matrix, dessen (a, b)-tes Element wie folgt gegeben ist:

$$(\mathbf{F})_{a,b} = \frac{1}{\sqrt{C}} \exp\left(-j\frac{2\pi}{C}ab\right) \qquad a, b = 0, \ldots, C - 1 \tag{5.5}$$

Es ist einfach nachprüfbar, dass mit dieser Definition die DFT (5.4) des k-ten Eingangsblocks $\underline{x}[k]$ als ein Matrixprodukt

$$\underline{X}[k] = \mathbf{F}\underline{x}[k] \tag{5.6}$$

darstellbar ist, wobei im Vektor $\underline{X}[k]$ alle C DFT-Koeffizienten (oder Frequenzen) $X_i[k]$ zusammengefasst werden. Jeder DFT-Koeffizient $X_i[k]$ ist zeitabhängig, wobei das Zeitraster $n = kL$ durch die Blockverschiebung L gegeben ist.

Ferner wird auch die DFT des Gewichtsvektors benötigt:

$$\underline{W}[k] = \mathbf{F}\underline{w}[k] \tag{5.7}$$

Die Parameter des FLMS-Algorithmus lauten wie folgt:

Parameter des FLMS-Algorithmus		
N: Filterlänge	L: Blockverschiebung	α_{FLMS} : Schrittweitenskalierung
C: DFT-Länge	Overlap-Save Bed. :	$C \geq L + N - 1$

---
[2] für Grundlagen zur DFT siehe z.B. [16][17].

5.1.2 Filterung im Frequenzbereich durch das Overlap-Save-Verfahren

Frequenzbereichs-Algorithmen haben den Vorteil, dass eine im Frequenzbereich ausgeführte FIR-Filterung des Eingangs, besonders bei einer langen Impulsantwort, weniger rechenaufwendig ist. Es wird dabei ausgenützt, dass eine Faltung im Zeitbereich gleichbedeutend mit einer elementweisen Multiplikation im Frequenzbereich ist. Das entsprechende Verfahren, das sog. Overlap-Save-Verfahren [16] berechnet die lineare Faltung des Eingangssignals $x[n]$ mit der Impulsantwort $w[n] = w_{n+1}$ des adaptiven Filters

$$y[n] = x[n] * w[n] \qquad 0 \leq n \leq C - 1 \tag{5.8}$$

indem $x[n]$ jeweils in Blöcken $\underline{x}[k]$ (5.1) DFT-transformiert wird und elementweise, d.h. jeweils jeder DFT-Koeffizient für sich mit dem DFT-Koeffizienten W_j des Gewichtvektors $\underline{w}[k]$ multipliziert wird. Die elementweise Multiplikation (mit $\odot$ bezeichnet) der Vektoren im Frequenzbereich,

$$\underline{\tilde{Y}}[k] = \underline{W}[k] \odot \underline{X}[k] \tag{5.9}$$

und die anschliessende Rücktransformation $\underline{\tilde{y}}[k] = \mathbf{F}^{-1}\underline{\tilde{Y}}[k]$, entspricht zunächst der zyklischen Faltung (durch $\circledast$ und $\tilde{}$ gekennzeichnet):

$$\tilde{y}[n] = x[n] \circledast w[n] \qquad 0 \leq n \leq C - 1 \tag{5.10}$$

Im Anhang B wird der Unterschied zwischen der zyklischen und der linearen Faltung erklärt. Unter der Bedingung, dass die DFT-Länge C grösser ist als die Länge des Gewichtvektors $\underline{w}[k]$, kann dennoch mit Hilfe des Overlap-Save-Verfahrens eine lineare Faltung durchgeführt werden. Das Verfahren ist in Figur 5.1 dargestellt[3]. Der k-te Eingangsblock $\underline{x}[k]$ wird zyklisch mit $\underline{w}[k]$ gefaltet. Da gemäss (B.6) die zyklische Faltung[4] $\underline{\tilde{y}}[k]$ in den letzten $(C - N + 1)$ Werten mit den gesuchten Werten $\underline{y}[k]$ der linearen Faltung übereinstimmt und so mit jedem Block genau $(C - N + 1)$ neue Ausgangswerte $\underline{y}[k]$ erhalten werden, darf die Verschiebung L des nächsten Blocks nicht grösser als $(C - N + 1)$ Werte sein, und es muss gelten:

$$L \leq C - N + 1 \tag{5.11}$$

Oft ist die Blockverschiebung L und die Länge der Impulsantwort N vorgegeben. Die Bedingung an die DFT-Länge, dass mit dem Overlap-Save-Verfahren eine lineare Faltung ausgeführt wird, lautet dann:

$$C \geq L + N - 1 \tag{5.12}$$

---

[3]Die Hin- und Rücktransformationen (DFT und IDFT) sind nicht dargestellt.
[4]$\underline{\tilde{y}}[k]$ enthält die Werte $\tilde{y}[n]$ für $0 \leq n \leq C - 1$.

5.1 DER 'FREQUENCY-DOMAIN'-LMS-ALGORITHMUS (FLMS)

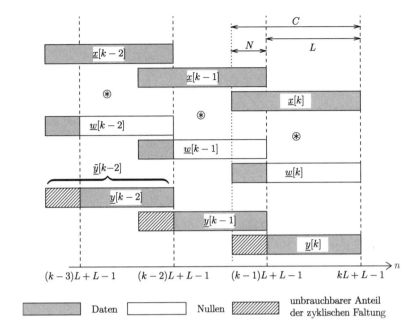

Figur 5.1: Filterung nach dem Overlap-Save-Verfahren

Für die Darstellung in Figur 5.1 wurde $C = L + N$ angenommen, eine Wahl die häufig getroffen wird. Um aus dem Block der zyklischen Faltung $\tilde{\underline{y}}[k]$ der Länge C den Block $\underline{y}[k]$ der linearen Faltung der Länge L auszuschneiden, wird die **Projektionsmatrix** $\mathbf{P}_{\underline{y}}$ der Dimension $L \times C$ verwendet:

$$\mathbf{P}_{\underline{y}} = \begin{bmatrix} \mathbf{0}^{L \times (C-L)} & \mathbf{I}^{L \times L} \end{bmatrix}^{L \times C} \tag{5.13}$$

Es gilt dann:

$$\underline{y}[k] = \mathbf{P}_{\underline{y}}\, \tilde{\underline{y}}[k] = \mathbf{P}_{\underline{y}}\, \mathbf{F}^{-1} \tilde{\underline{Y}}[k] \tag{5.14}$$

Der Vektor $\underline{y}[k]$ der Länge L besteht also aus den L letzten Werten des Vektors $\tilde{\underline{y}}[k]$ und stellt einen Abschnitt der gesuchten linearen Faltung dar. Aus diesen Abschnitten wird nun, wie in Figur 5.1 gezeigt, Block für Block das Ausgangssignal $y[n]$ zusammengesetzt.

5.1.3 Adaption des Filters im Frequenzbereich

Der FLMS-Algorithmus ist, wie der Name schon sagt, ein LMS-Algorithmus, der im Frequenzbereich arbeitet. Wir erinnern uns an die Gleichungen des komplexen[5]

---
[5]Die Verwendung des komplexen LMS-Algorithmus ist notwendig, weil die DFT-Koeffizienten komplex sind.

LMS-Algorithmus (3.185):

$$y[n] = \underline{w}^H[n]\underline{x}[n] \quad (5.15)$$
$$e[n] = d[n] - y[n] \quad (5.16)$$
$$\underline{w}[n+1] = \underline{w}[n] + \mu \underline{x}[n] e^*[n] \quad (5.17)$$

Dabei wurde k durch die neue diskrete Zeitvariable n ersetzt. Nachdem die Filterung durch das Overlap-Save-Verfahren erfolgt ist, und der Ausgang $\underline{y}[k]$ als Block der Länge L zur Verfügung steht, wird nun analog zu (5.16) der Fehler $\underline{e}[k]$ berechnet:

$$\underline{e}[k] = \underline{d}[k] - \underline{y}[k] \quad (5.18)$$

Für jeden Block ergeben sich L Fehlerwerte, die im Vektor $\underline{e}[k]$ zusammengefasst werden. Da die Adaption im Frequenzbereich stattfinden soll, wird die DFT-Transformierte $\underline{E}[k]$ des Fehlers $\underline{e}[k]$ benötigt. Der Fehlervektor $\underline{e}[k]$, der ja wie auch $\underline{y}[k]$ nur L Werte aufweist, wird dazu vor der Transformation durch Einfügen von $(C - L)$ Nullen auf die DFT-Länge C ausgedehnt:

$$\underline{E}[k] = \mathbf{F}\,[\underline{0}^t\ \underline{e}^t[k]]^t \quad (5.19)$$

Wir können nun in Analogie zu (5.17) eine erste Form der Rekursionsgleichung für $\underline{W}[k]$ formulieren:

$$\underline{W}[k+1] = \underline{W}[k] + \mu \underline{X}^*[k] \odot \underline{E}[k] \quad (5.20)$$

Dabei bezeichnet wiederum $\odot$ die elementweise Multiplikation der Vektoren $\underline{X}^*[k]$ und $\underline{E}[k]$[6]. Im Unterschied zu (5.17) ist der Fehler $\underline{E}[k]$ ein Vektor und seine Komponenten $E_j[k]$ sind für jeden DFT-Koeffizienten W_j verschieden. Etwas mehr Einsicht gewinnt man, wenn die Rekursionsgleichung komponentenweise aufgeschrieben wird:

$$W_j[k+1] = W_j[k] + \mu X_j^*[k] E_j[k] \quad j = 0, \ldots, C-1 \quad (5.21)$$

Diese Gleichung beschreibt offensichtlich einen LMS-Algorithmus zur Adaption eines einzigen Gewichtes W_j, nämlich des j-ten DFT-Koeffizienten von $\underline{w}$. Dies lässt folgende Interpretation des FLMS-Algorithmus zu: Beim FLMS-Algorithmus arbeiten C LMS-Algorithmen parallel, wobei der j-te LMS-Algorithmus den j-ten DFT-Koeffizienten $X_j[k]$ als Eingang erhält und das (einzige) Gewicht W_j derart adaptiert, dass die Fehlerleistung $E\{|E_j[k]|^2\}$ bei der j-ten Frequenz minimal wird. In Figur 5.2 wird die Adaption für einen der C Koeffizienten W_j veranschaulicht.

---

[6]Es kann gezeigt werden [5], dass der FLMS-Algorithmus äquivalent zum Block-LMS-Algorithmus (3.16) im Zeitbereich ist, falls die Schrittweite μ_j für alle Frequenzen gleich gross gewählt wird. Die Mittelung des Momentangradienten $\underline{G}[k]$ beim Block-LMS-Algorithmus gemäss (3.14) entspricht im Frequenzbereich gerade dem Ausdruck $\underline{X}^*[k] \odot \underline{E}[k]$.

5.1 DER 'FREQUENCY-DOMAIN'-LMS-ALGORITHMUS (FLMS)

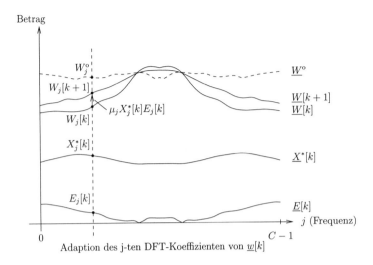

Figur 5.2: Adaption der C DFT-Koeffizienten von $\underline{w}[k]$ durch C parallele LMS-Algorithmen mit jeweils einem Gewicht $W_j[k]$

Es wird noch gezeigt, dass die DFT die Eingangsdaten näherungsweise dekorreliert, was zur Folge hat, dass jeder Koeffizient W_j weitgehend unabhängig von den anderen Koeffizienten W_i adaptiert werden kann. Deshalb liegt es nahe, die Schrittweite μ frequenzabhängig festzulegen, um individuell für jedes W_j eine schnelle Konvergenz zur Wiener-Lösung W_j^o zu erreichen. Mit Gleichung (3.81) wurde eine Schranke für die maximale Schrittweite $\mu_{\max 2}$ des LMS-Algorithmus angegeben:

$$[(3.81)]: \quad \mu < \mu_{\max 2} = \frac{2}{N \cdot (\text{mittlere Eingangsleistung})} \quad (5.22)$$

Beim FLMS-Algorithmus ist pro Frequenz nur ein Filterkoeffizient W_j zu adaptieren, also ist $N = 1$. Für die mittlere Eingangsleistung wird

$$P_{X_j} = E\{X_j[k] X_j^*[k]\} = E\{|X_j[k]|^2\} \quad (5.23)$$

eingesetzt, die Leistung von $x[n]$ bei der j-ten Frequenz.

Der Ansatz für die Schrittweite des j-ten Koeffizienten μ_j ist deshalb

$$\mu_j = \frac{\alpha_{\text{FLMS}}}{P_{X_j}} \qquad 0 < \alpha_{\text{FLMS}} < 2 \quad (5.24)$$

wobei α_{FLMS} eine kleine, positive Konstante zur Skalierung der Schrittweite ist. In den meisten Fällen ist die Leistung des Einganges nicht bekannt, oder kann bei einem nichtstationären Eingang schwanken, so dass P_{X_j} während der Adaption laufend geschätzt werden muss. Dabei wird der Erwartungswert in (5.23) durch einen zeitlichen Mittelwert der momentanen Leistung $|X_j[k]|^2$ ersetzt. Es handelt sich hier nicht um eine arithmetische Mittelung, sondern eine Mittelung durch eine rekursive Gleichung, die eine Gewichtung eines zeitlich (im Blockraster $n = kL$) wandernden exponentiellen Fensters enthält:

$$P_{X_j}[k] = \lambda P_{X_j}[k-1] + (1-\lambda)|X_j[k]|^2 \tag{5.25}$$

Der Faktor $0 < \lambda < 1$ legt die Gewichtung fest, mit der ein neuer Wert $|X_j[k]|^2$ in die bisherige Schätzung für die Leistung einfliessen soll. Gleichung (5.24) lässt sich kompakt für alle Frequenzen darstellen:

$$\underline{\mu}[k] = \alpha_{\text{FLMS}}\, \underline{P_X}^{((-1))}[k] \tag{5.26}$$

Mit der doppelten Klammer im Exponenten wird die elementweise Inversion eines Vektors bezeichnet.

Wir können nun den **FLMS-Algorithmus** wie folgt zusammenfassen:

FLMS-Algorithmus

Initialisierung:
$$\underline{W}[0] = \underline{0}$$
$$\underline{P_X}[0] = \underline{1}\, p_{\underline{X}} \qquad p_{\underline{X}} : \text{Konstante}$$

Iterationsvorschrift für jeden Eingangsblock $\underline{x}[k]$ der Länge C zu den Zeiten $n = kL$:

1. Filterung mit dem Overlap-Save-Verfahren:

$$\underline{X}[k] = \mathbf{F}\,\underline{x}[k] \tag{5.27}$$
$$\underline{\tilde{Y}}[k] = \underline{W}[k] \odot \underline{X}[k] \tag{5.28}$$
$$\underline{y}[k] = \mathbf{P}_{\underline{y}}\, \mathbf{F}^{-1}\underline{\tilde{Y}}[k] \tag{5.29}$$

2. Fehlervektor:

$$\underline{e}[k] = \underline{d}[k] - \underline{y}[k] \tag{5.30}$$
$$\underline{E}[k] = \mathbf{F}[\underline{0}^t \; \underline{e}^t[k]]^t \tag{5.31}$$

3. Leistungsschätzung und Schrittweite:

$$\underline{P_X}[k] = \lambda \underline{P_X}[k-1] + (1-\lambda)\underline{X}^*[k] \odot \underline{X}[k] \tag{5.32}$$
$$\underline{\mu}[k] = \alpha_{\text{FLMS}}\, \underline{P_X}^{((-1))}[k] \tag{5.33}$$

4. Aufdatierung des Koeffizientenvektors:

$$\underline{W}'[k+1] = \underline{W}[k] + \underline{\mu}[k] \odot \underline{X}^*[k] \odot \underline{E}[k] \tag{5.34}$$
$$\underline{W}[k+1] = \mathbf{P}_{\underline{W}}\, \underline{W}'[k+1] \tag{5.35}$$

5.1 DER 'FREQUENCY-DOMAIN'-LMS-ALGORITHMUS (FLMS)

Dabei wurden hier sämtliche Gleichungen, die oben nur für den j-ten Koeffizienten genannt wurden, in kompakter Vektorschreibweise für alle C DFT-Koeffizienten gemeinsam aufgeschrieben. Gleichung (5.35) bedarf noch einer Erklärung: Der aufdatierte Gewichtsvektor $\underline{W}'[k+1]$ wird dort mit einer Projektionsmatrix $\mathbf{P}_{\underline{W}}$ multipliziert. Dies hat folgenden Grund: Um mit dem Overlap-Save-Verfahren eine lineare Faltung zu erhalten, darf der Gewichtsvektor $\underline{w}[k]$ gemäss der Definition durch (5.2)

$$[(5.2)]: \quad \underline{w}[k] = [w_1[k], \ldots, w_N[k], 0, \ldots, 0]^t \quad (5.36)$$

nur N Gewichte aufweisen, die von Null verschieden sind. Wenn $\underline{W}'[k+1]$ nach der Aufdatierung in den Zeitbereich zurücktransformiert wird, kann ein langsames Abdriften der 'Nullgewichte' vom Wert Null beobachtet werden. Die **Projektionsmatrix** $\mathbf{P}_{\underline{W}}$ setzt nun die letzten $(C-N)$ Werte von $\underline{w}[k]$ wieder auf null zurück. Dies wird durch eine Wahl von $\mathbf{P}_{\underline{W}}$ als

$$\mathbf{P}_{\underline{W}} = \mathbf{F} \begin{bmatrix} \mathbf{I}^N & \mathbf{0} \\ \mathbf{0} & \mathbf{0}^{C-N} \end{bmatrix} \mathbf{F}^{-1} \quad (5.37)$$

erreicht: In Gleichung (5.35) wird somit $\underline{W}'[k+1]$ zuerst in den Zeitbereich transformiert, die letzten $(C-N)$ Werte gleich null gesetzt und anschliessend wieder in den Frequenzbereich übergegangen. Da die Projektion (5.37) die Berechnung zweier DFTs erfordert und somit der Rechenaufwand erhöht wird, und zudem die 'Nullgewichte' nur langsam abdriften, wird die Projektion in der Regel nicht bei jeder Iteration ausgeführt.

Eine Blockdiagramm-Darstellung des FLMS-Algorithmus ist in Figur 5.3 zu finden.

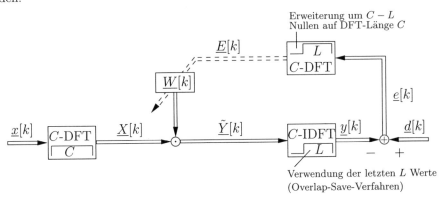

Figur 5.3: Frequency-Domain LMS (FLMS)

Es kann gezeigt werden [5], dass der FLMS-Algorithmus, der ja die Daten in Blöcken verarbeitet, äquivalent zum Block-LMS-Algorithmus (3.16) im Zeitbereich ist, falls die Schrittweite μ_j für alle Frequenzen gleich gross gewählt wird.

Der Block-LMS-Algorithmus mittelt den LMS-Momentangradienten $\underline{G}[n]$ über einen Block um anschliessend $\underline{w}[n]$ aufzudatieren. Die Mittelung von $\underline{G}[n]$ bewirkt – verglichen mit dem LMS-Algorithmus – eine kleinere Ungenauigkeit bei der Gradientenapproximation. Dies ist jedoch kein Vorteil, weil die Aufdatierung von $\underline{w}[n]$ dafür seltener stattfindet (nämlich im Blockraster $n = kL$). Der Block-LMS- und der LMS-Algorithmus unterscheiden sich deshalb nicht in ihrem Konvergenzverhalten[7]. Der Vorteil des FLMS-Algorithmus gegenüber den Zeitbereichs-LMS-Algorithmen, nämlich die Unabhängigkeit von der Konditionierung und die damit kleinere Konvergenzzeit, kommt nur zu tragen, wenn die langsamen Modi wirklich durch eine *frequenzabhängige Wahl der Schrittweite* μ_j beschleunigt werden. In jedem Fall bleibt jedoch der Vorteil des FLMS-Algorithmus erhalten, dass die Filterung im Frequenzbereich recheneffizient ausgeführt werden kann. Weil der FLMS-Algorithmus eine effiziente Implementierung des Block-LMS-Algorithmus (für ein konstantes μ) darstellt, wird dieser im Engl. auch als **'Fast'-LMS-Algorithmus** bezeichnet.

Durch die Projektionsmatrix $\mathbf{P}_W$ in (5.35) werden die 'Nullkoeffizienten' von $\underline{w}$ im Zeitbereich regelmässig gleich null gesetzt. Dies war die Bedingung (engl. *constraint*) dafür, dass wirklich eine lineare Faltung mit dem Overlap-Save-Verfahren erreicht wird. Wird auf die Projektion durch $\mathbf{P}_W$ verzichtet, führt dies zu einer FLMS-Variante, die als *'unconstrained'*-FLMS bezeichnet wird [5]. Der Vorteil des geringeren Rechenaufwands (es entfallen zwei DFTs in (5.37)) wird mit der Tatsache bezahlt, dass die Faltung nun (teilweise) zyklisch ist und somit eine grössere Abweichung von der Wiener-Lösung in Kauf genommen werden muss.

5.1.4 Die Dekorrelationseigenschaft der DFT

In der Einleitung wurde die Dekorrelationseigenschaft der DFT als ein Vorteil der Frequenzbereichs-Algorithmen genannt, welche einen direkten Zugriff auf die natürlichen Modi (hier die Gewichte im Frequenzbereich W_j) der Adaption erlaubt.

In diesem Abschnitt wird gezeigt, dass die DFT ein allgemeines Signal näherungsweise und ein C-periodisches Signal exakt dekorreliert. Gemeint ist damit das folgende:

Das Eingangssignal $\underline{x}[k]$ des Filters besitzt eine Autokorrelationsmatrix $\mathbf{R} = E\{\underline{x}[k]\underline{x}^t[k]\}$, deren Nebendiagonalelemente r_{ij} i. Allg. von Null verschieden sind:

$$r_{ij} = E\{x_i[k]x_j[k]\} \neq 0 \qquad i \neq j \tag{5.38}$$

Eine Transformation welche $\underline{x}[k]$ vollständig dekorreliert, ist die Karhunen-Loève-Transformation (2.164):

$$\underline{x}'[k] = \mathbf{Q}^H \underline{x}[k] \tag{5.39}$$

---

[7]Ausnahme: der Block-LMS-Algorithmus hat eine härtere obere Grenze für μ einzuhalten [5].

5.1 DER 'FREQUENCY-DOMAIN'-LMS-ALGORITHMUS (FLMS)

Die Komponenten des transformierten Vektors $\underline{x}'[k]$ sind dann gegenseitig unkorreliert.

$$E\{x_i'[k]x_j'[k]\} = \begin{cases} \lambda_i & i = j \\ 0 & i \neq j \end{cases} \quad (5.40)$$

Deshalb ist die Autokorrelationsmatrix $\mathbf{R}'$ des transformierten Vektors $\underline{x}'[k]$

$$\mathbf{R}' = E\{\underline{x}'[k]\underline{x}'^H[k]\} = E\{\mathbf{Q}^H\underline{x}[k]\underline{x}^H[k]\mathbf{Q}\} \quad (5.41)$$
$$= \mathbf{Q}^H E\{\underline{x}[k]\underline{x}^H[k]\}\mathbf{Q} = \mathbf{Q}^H\mathbf{R}\mathbf{Q} = \mathbf{\Lambda} \quad (5.42)$$

eine Diagonalmatrix $\mathbf{R}' = \mathbf{\Lambda}$. Die Diagonalisierung von $\mathbf{R}$ kennen wir bereits als unitäre Ähnlichkeitstransformation ((2.124)).

Betrachten wir nun im Vergleich dazu die DFT (5.6):

$$\underline{X}[k] = \mathbf{F}\underline{x}[k] \quad (5.43)$$

Wir wollen zeigen, dass die DFT gewisse Eingangssignale, deren Autokorrelationsmatrix $\tilde{\mathbf{R}}$ eine *besondere Struktur* aufweist, ebenfalls dekorreliert, so dass die **DFT-Koeffizienten X_i gegenseitig unkorreliert** sind[8]:

$$\boxed{E\{X_i[k]X_j^*[k]\} = \begin{cases} E\{|X_i[k]|^2\} = P_{X_i} & i = j \\ 0 & i \neq j \end{cases}} \quad (5.44)$$

Die Autokorrelationsmatrix $\mathbf{R}'$ des transformierten Vektors $\underline{X}[k]$ ist dann eine Diagonalmatrix $\mathbf{R}' = \mathbf{\Lambda}$, deren Diagonalelemente (die Eigenwerte λ_i von $\tilde{\mathbf{R}}$) gerade den Leistungen P_{X_i} des Eingangs bei der i-ten Frequenz entsprechen. Die **unitäre Ähnlichkeitstransformation** durch die DFT lautet entsprechend:

$$\boxed{\mathbf{R}' = E\{\underline{X}[k]\underline{X}^H[k]\} = \mathbf{F}\tilde{\mathbf{R}}\mathbf{F}^H = \mathbf{\Lambda}} \quad (5.45)$$

Ferner soll verdeutlicht werden, dass für Signale, die eine allgemeine Autokorrelationsmatrix $\mathbf{R}$ besitzen, obige Aussagen näherungsweise gültig sind.

Um (5.45) zu zeigen, gehen wir von der bekannten Tatsache[9] aus, dass die zyklische Faltung $\circledast$ zweier Sequenzen[10] $x[n]$ und $h[n]$ der Länge C

$$\underline{\tilde{y}} = \underline{h} \circledast \underline{x} \quad (5.46)$$

---

[8]Weil die DFT-Koeffizienten komplex sind, schreiben wir $X_j^*[k]$.
[9]siehe z.B. [16].
[10]In $\underline{x}$ und $\underline{h}$ sind die Werte $x[n]$ und $h[n]$ für $0 \leq n \leq C-1$ zusammengefasst.

nach der Transformation (in den Frequenzbereich) durch die DFT in eine einfache elementweise Multiplikation $\odot$ der jeweiligen DFT-Koeffizienten übergeht:

$$\underline{\tilde{Y}} = \underline{H} \odot \underline{X} \tag{5.47}$$

Wir wollen nun die zyklische Faltung als Matrix-Multiplikation darstellen und bauen aus $\underline{h}$ eine sog. **zirkuläre** Matrix $\tilde{\mathbf{H}}$ der Dimension $C \times C$ auf:

$$\tilde{\mathbf{H}} = \begin{bmatrix} h[0] & h[C-1] & h[C-2] & \cdots & h[1] \\ h[1] & h[0] & h[C-1] & \cdots & h[2] \\ h[2] & h[1] & h[0] & \cdots & h[3] \\ \vdots & \vdots & \vdots & \ddots & \vdots \\ h[C-1] & h[C-2] & h[C-3] & \cdots & h[0] \end{bmatrix} \tag{5.48}$$

Die erste Spalte von $\tilde{\mathbf{H}}$ besteht aus $\underline{h}$, die zweite Spalte aus der zyklischen Verschiebung der ersten Spalte, usw. Die zyklische Faltung (5.46) kann dann als Matrixprodukt geschrieben werden, was anhand von (B.4) einfach nachprüfbar ist:

$$\underline{\tilde{y}} = \tilde{\mathbf{H}} \, \underline{x} \tag{5.49}$$

Die entsprechende Gleichung im Frequenzbereich (5.47) stellen wir durch

$$\underline{\tilde{Y}} = \mathbf{\Lambda} \, \underline{X} \tag{5.50}$$

dar, wobei nun $\mathbf{\Lambda}$ eine Diagonalmatrix

$$\mathbf{\Lambda} = \begin{bmatrix} H_0 & 0 & 0 & \cdots & 0 \\ 0 & H_1 & 0 & \cdots & 0 \\ 0 & 0 & H_2 & \cdots & 0 \\ \vdots & \vdots & \vdots & \ddots & \vdots \\ 0 & 0 & 0 & \cdots & H_{C-1} \end{bmatrix} \tag{5.51}$$

sein muss, weil die Faltung im Frequenzbereich in eine elementweise Multiplikation übergeht. Durch Umformung von (5.49)

$$\underline{\tilde{y}} = \mathbf{F}^{-1}\underline{\tilde{Y}} = \tilde{\mathbf{H}} \, \underline{x} = \tilde{\mathbf{H}} \, \mathbf{F}^{-1}\underline{X} \tag{5.52}$$

folgt

$$\underline{\tilde{Y}} = \mathbf{F}\tilde{\mathbf{H}}\mathbf{F}^{-1}\underline{X} \tag{5.53}$$

und ein Vergleich mit (5.50) führt schliesslich zu:

$$\mathbf{\Lambda} = \mathbf{F}\tilde{\mathbf{H}}\mathbf{F}^{-1} \tag{5.54}$$

5.1 DER 'FREQUENCY-DOMAIN'-LMS-ALGORITHMUS (FLMS)

Wegen der Definition der Elemente von $\mathbf{F}$ gemäss (5.5), ist $\mathbf{F}$ – wie auch $\mathbf{Q}$ – eine unitäre Matrix (2.123), d.h. es gilt:

$$\mathbf{F}^H = \mathbf{F}^{-1} \tag{5.55}$$

Eingesetzt in (5.54) folgt:

$$\boxed{\boldsymbol{\Lambda} = \mathbf{F}\tilde{\mathbf{H}}\mathbf{F}^H} \tag{5.56}$$

Das bedeutet, dass die zirkuläre Matrix $\tilde{\mathbf{H}}$ mit Hilfe der DFT-Matrix $\mathbf{F}$ diagonalisiert werden kann, auf die gleiche Weise, wie die Autokorrelationsmatrix $\mathbf{R}$ durch die Modalmatrix $\mathbf{Q}$ diagonalisiert wird:

$$\boldsymbol{\Lambda} = \mathbf{Q}^H \mathbf{R} \mathbf{Q} \tag{5.57}$$

Die Spalten der Modalmatrix $\mathbf{Q}$ bestehen aus den orthonormalen Eigenvektoren $\underline{q}_i$ von $\mathbf{R}$ und die Eigenwerte λ_i von $\mathbf{R}$ bilden die Diagonale von $\boldsymbol{\Lambda}$. Analog dazu sind die Spalten von $\mathbf{F}^H$ die orthonormalen Eigenvektoren der zirkulären Matrix $\tilde{\mathbf{H}}$, und die Eigenwerte von $\tilde{\mathbf{H}}$ bilden die Diagonale von $\boldsymbol{\Lambda}$. Aus (5.51) ist ersichtlich, dass dabei die Eigenwerte von $\tilde{\mathbf{H}}$ gerade den DFT-Koeffizienten H_i des Vektors $\underline{h}$ entsprechen. Die DFT kann somit als Koordinatentransformation interpretiert werden, die einen Vektor $\underline{h}$ in Koordinaten $\underline{H}$ bezüglich der Basis der orthonormalen Eigenvektoren der zirkulären Matrix $\tilde{\mathbf{H}}$ angibt.

Im Gegensatz zur KLT sind bei der DFT die Basisvektoren – die Spalten der Transformationsmatrix $\mathbf{F}^H$ – unveränderlich festgelegt und damit signalunabhängig: Die Diagonalisierungseigenschaft (5.56) der DFT-Matrix $\mathbf{F}$ ist für *jede* zirkuläre Matrix $\tilde{\mathbf{R}}$ (und nicht nur für $\tilde{\mathbf{H}}$) erfüllt. Besitzt also ein Signal eine zirkuläre Autokorrelationsmatrix $\tilde{\mathbf{R}}$, dann gilt gemäss (5.56)

$$\boxed{\boldsymbol{\Lambda} = \mathbf{F}\tilde{\mathbf{R}}\mathbf{F}^H} \tag{5.58}$$

und (5.45) ist somit bewiesen. Fassen wir zusammen:

> Die DFT-Koeffizienten eines Signals sind unkorreliert, wenn die Autokorrelationsmatrix $\tilde{\mathbf{R}}$ eine zirkuläre Struktur aufweist.

Bevor wir uns fragen, welche Signale eine zirkuläre Autokorrelationsmatrix $\tilde{\mathbf{R}}$ besitzen, wenden wir die DFT zur Entkopplung der Wiener-Hopf-Gleichung für den Fall einer zirkulären Autokorrelationsmatrix $\tilde{\mathbf{R}}$ an:

$$\tilde{\mathbf{R}}\underline{w}^\circ = \underline{p} \tag{5.59}$$

Mit den Transformierten

$$\underline{W}^\circ = \mathbf{F}\underline{w}^\circ \quad \text{und} \quad \underline{P} = \mathbf{F}\underline{p} \tag{5.60}$$

folgt aus (5.59):

$$\tilde{\mathbf{R}}\mathbf{F}^{-1}\underline{W}^\circ = \mathbf{F}^{-1}\underline{P} \tag{5.61}$$

Durch Multiplikation mit $\mathbf{F}$ von links ergibt sich mit (5.55) und (5.58) schliesslich die entkoppelte Form des Wiener-Hopf-Gleichungssystems (im Frequenzbereich):

$$\mathbf{\Lambda}\underline{W}^\circ = \underline{P} \tag{5.62}$$

Der i-te DFT-Koeffizient der Wiener-Lösung kann somit direkt angegeben werden,

$$W_i^\circ = \frac{P_i}{P_{X_i}} \tag{5.63}$$

wobei das i-te Diagonalelement von $\mathbf{\Lambda}$ nach (5.44) der Leistung der i-ten Frequenz P_{X_i} entspricht.

Die Entkopplung von Matrixgleichungen (wie z.B. die Wiener-Hopf-Gleichung) für eine allgemeine Autokorrelationsmatrix $\mathbf{R}$ durch die KLT wurde bereits in Abschnitt 2.3.6 durchgeführt. In Tabelle 5.1 werden die KLT und die DFT vergleichend gegenübergestellt.

Transformation	KLT	DFT
Transformationsmatrix	$\mathbf{Q}^H$	$\mathbf{F}$
Transformation	$\underline{x}' = \mathbf{Q}^H\underline{x}$	$\underline{X} = \mathbf{F}\underline{x}$
Autokorrelationsmatrix	allgemein $\mathbf{R}$	zirkulär $\tilde{\mathbf{R}}$
Diagonalisierung	$\mathbf{\Lambda} = \mathbf{Q}^H\mathbf{R}\mathbf{Q}$	$\mathbf{\Lambda} = \mathbf{F}\tilde{\mathbf{R}}\mathbf{F}^H$
Wiener-Hopf-Gleichung im Originalbereich	$\underline{w}^\circ = \mathbf{R}^{-1}\underline{p}$	$\underline{w}^\circ = \tilde{\mathbf{R}}^{-1}\underline{p}$
Transformiert	$\underline{w}^{\circ\prime} = \mathbf{\Lambda}^{-1}\underline{p}'$	$\underline{W}^\circ = \mathbf{\Lambda}^{-1}\underline{P}$

Tabelle 5.1: Vergleich der unitären Transformationen KLT und DFT

Nun soll die Frage beantwortet werden, welche Signale eine zirkuläre Autokorrelationsmatrix $\tilde{\mathbf{R}}$ besitzen. Aus Abschnitt 2.3.2 wissen wir, dass $\mathbf{R}$ immer Toeplitz und symmetrisch (hermitesch für komplexe Signale) ist. Soll $\mathbf{R}$ zusätzlich zirkulär sein, muss $\mathbf{R}$ nach (5.48) die folgende Form aufweisen:

$$\tilde{\mathbf{R}} = \begin{bmatrix} r[0] & r[C-1] & r[C-2] & \cdots & r[1] \\ r[1] & r[0] & r[C-1] & \cdots & r[2] \\ r[2] & r[1] & r[0] & \cdots & r[3] \\ \vdots & \vdots & \vdots & \ddots & \vdots \\ r[C-1] & r[C-2] & r[C-3] & \cdots & r[0] \end{bmatrix} \tag{5.64}$$

5.1 DER 'FREQUENCY-DOMAIN'-LMS-ALGORITHMUS (FLMS)

Dies ist mit der Forderung, dass **R** symmetrisch ist, nur mit einer Autokorrelationsfunktion zu erreichen, welche die Bedingung

$$r[i] = r[C - i] \qquad (5.65)$$

erfüllt, wobei C wiederum die DFT-Länge ist. Im Allgemeinen ist diese Bedingung nicht erfüllt und **R** *nicht* zirkulär. Es sind jedoch zwei Ausnahmen zu nennen:

- Das Signal ist weiss, d.h. $\tilde{\mathbf{R}}$ ist eine Diagonalmatrix $\sigma_x^2 \mathbf{I}$ und somit der einfachste Fall einer zirkulären Matrix (alle Elemente ausser $r[0]$ verschwinden)[11]. Das bedeutet, dass Signale, die bereits im Zeitbereich dekorreliert sind, diese Eigenschaft nach der Transformation in den Frequenzbereich nicht verlieren.

- Das Signal ist periodisch mit der DFT-Länge C. Die Autokorrelationsfunktion $r[i]$ ist dann ebenfalls C-periodisch. Weil eine Autokorrelationsfunktion immer symmetrisch[12] zum Ursprung $r[0]$ ist, erfüllt eine C-periodische Autokorrelationsfunktion auch Bedingung (5.65). Damit besitzen C-periodische Signale eine zirkuläre Autokorrelationsmatrix $\tilde{\mathbf{R}}$.

In der Praxis haben wir es mit Eingangssignalen $\underline{x}$ zu tun, die in der Regel weder weiss, noch C-periodisch sind. Für allgemeine Signale, die eine beliebige Autokorrelationsfunktion aufweisen, ist **R** *nicht* zirkulär. Da jedoch die Autokorrelation eines beliebigen Signals als Grenzfall einer C-periodischen Autokorrelationsfunktion, deren Periode gegen unendlich strebt ($C \to \infty$), interpretiert werden kann, gilt: *Für grosse DFT-Längen C ist jede Autokorrelationsmatrix* **R** *näherungsweise eine zirkuläre Matrix* $\tilde{\mathbf{R}}$. Für ein allgemeines Signal ist die Dekorrelation durch die DFT damit nur näherungsweise erreicht, aber der Grad der Dekorrelation nimmt mit wachsender DFT-Länge C zu.

Fassen wir zusammen:

Wird ein Signal DFT-transformiert, $\underline{X} = \mathbf{F}\underline{x}$ (mit der DFT-Länge C), dann sind verschiedene DFT-Koeffizienten X_i und X_j, $i \neq j$,

- unkorreliert, wenn das Signal weiss oder C-periodisch ist und

- näherungsweise unkorreliert für ein allgemeines Signal, wobei der Grad der Dekorrelation mit wachsender DFT-Länge C zunimmt.

Da der FLMS-Algorithmus als C parallel laufende LMS-Algorithmen (5.21) interpretiert werden kann, die jeweils nur ein Gewicht W_j zu adaptieren haben,

---
[11] Gleichung (5.45) lautet für diesen Fall: $\mathbf{F}\sigma_x^2 \mathbf{I}\mathbf{F}^H = \sigma_x^2 \mathbf{F}\mathbf{F}^H = \sigma_x^2 \mathbf{I}$.
[12] für reelle Signale.

und die einzelnen DFT-Koeffizienten (Frequenzen) näherungsweise unkorreliert sind, erfolgt die Adaption bei der j-ten Frequenz weitgehend unabhängig von den anderen Frequenzen.

In Abschnitt 3.2.4 wurde gezeigt, dass das Konvergenzverhalten des i-ten Gewichtes w_i im Zeitbereich bei der Adaption durch das Gradienten-Verfahren (oder den LMS-Algorithmus) durch eine Summe von exponentiell abklingenden Anteilen (Modi) charakterisiert wird,

$$[(3.103)]: \quad w_i[n] = w_i^o + q_{1i}(1-\mu\lambda_1)^n v_1'[0] \\ + q_{2i}(1-\mu\lambda_2)^n v_2'[0] \\ + \ldots \\ \vdots \\ + q_{Ni}(1-\mu\lambda_N)^n v_N'[0] \quad (5.66)$$

und die Konvergenzzeit durch den langsamsten Modus, dem Term mit dem kleinsten Eigenwert, bestimmt wird. Die DFT erlaubt nun einen direkten Zugriff auf die einzelnen Modi: Der Adaptionsvorgang des j-ten Koeffizienten W_j entspricht gerade einem Modus. Weil dieser von den anderen Koeffizienten weitgehend entkoppelt ist, kann die Schrittweite μ_j individuell an jeden Modus angepasst und so langsame Modi beschleunigt werden. Dies geschieht durch die in (5.33) angegebene Leistungsnormierung der Schrittweite. Der FLMS-Algorithmus gehört deshalb zur Klasse der 'self-orthogonalizing adaptive filtering algorithms'

Die Voraussetzung dafür, dass die Adaption bei jeder Frequenz als weitgehend unabhängig angesehen werden kann, ist für allgemeine Signale mit einer *wachsenden DFT-Länge C zunehmend besser erfüllt*. Eine gewisse Abhängigkeit bei der Adaption der Gewichte W_j ist jedoch auch dadurch gegeben, dass das Fehlersignal für alle Gewichte gemeinsam im Zeitbereich berechnet wird (5.30). Auch die Projektion durch $\mathbf{P}_W$ in (5.34), die eine tiefpassartige Filterung des Vektors $\underline{W}$ darstellt, bewirkt eine gewisse Abhängigeit der Komponenten von $\underline{W}$.

5.1.5 Wahl der Parameter beim FLMS-Algorithmus, Rechenaufwand und Fehleinstellung

Wahl der Parameter N, C, L und α_{FLMS} des FLMS-Algorithmus

Die Parameter des FLMS-Algorithmus, die Filterlänge N, die Blockverschiebung L und die DFT-Länge C, müssen die Ungleichung (5.12)

$$[(5.12)]: \quad C \geq N + L - 1 \quad (5.67)$$

erfüllen, die sicherstellt, dass die Faltung, ausgeführt durch das Overlap-Save-Verfahren, linear und nicht zyklisch ist. Die blockweise Verarbeitung der Daten

5.1 DER 'FREQUENCY-DOMAIN'-LMS-ALGORITHMUS (FLMS) 173

bringt eine Verzögerung mit sich, die von der Blockverschiebung L abhängt: Erst wenn jeweils L neue Eingangswerte zu Verfügung stehen, können wieder jeweils L neue Ausgangswerte berechnet werden (siehe Figur 5.1). Wenn T_s das Abtastintervall ist, ergibt sich eine Verarbeitungsverzögerung von $\tau = L\,T_s$, wobei die Zeit für die Berechnungen[13] nicht einbezogen wurde. Bei Echtzeitanwendungen, wie z.B. der Echokompensation in der Telefonie, ist eine zu grosse zeitliche Verzögerung durch den Algorithmus nicht tolerierbar. Somit ist oft durch die Anwendung eine obere Schranke für $\tau = L \cdot T_s$ und damit für L gegeben. Die Grössenordnung der FIR-Filterlänge N wird ebenfalls durch die Anwendung bestimmt. Die DFT-Länge C wird dann nach folgenden Gesichtspunkten gewählt:

- C sollte so festgelegt werden, dass die DFT durch eine recheneffiziente FFT[14] ausgeführt werden kann, idealerweise: $C = 2^r$ (eine Zweierpotenz).
- Einerseits ist C gerade so gross zu wählen, dass eine ausreichende Dekorrelation des Eingangssignals und damit eine schnelle Konvergenz auch bei einer schlechten Konditionierung garantiert ist, anderseits sollte C so nahe wie möglich an der unteren Schranke $C \geq N + L - 1$ liegen, weil der Rechenaufwand einer DFT mit der DFT-Länge C steigt.

Eine häufig Wahl ist $C = L + N = 2N$. Der Parameter α_FLMS skaliert die frequenzabhängige Schrittweite μ_j. Eine kleinere Schrittweite bewirkt eine langsamere Konvergenz, aber auch eine kleinere Fehleinstellung M_FLMS.

Rechenaufwand des FLMS-Algorithmus

Wir wollen nun den Rechenaufwand des FLMS-Algorithmus angeben und diesen mit dem des Zeitbereichs-LMS-Algorithmus vergleichen. Die Anzahl reeller Multiplikationen (ArM) einer FFT der Länge $C = 2^r$ liegt bei etwa[15]: $C \log_2 C$. Es sind insgesamt pro Block 5 FFTs zu berechnen (siehe (5.27)-(5.34)), wenn die beiden FFTs der Projektion (5.35) mitgezählt werden. Dazu kommen $8C$ reelle Multiplikationen für die Berechnung von $\underline{\tilde{Y}}$ und $\underline{W}$. Bei einer Wahl von etwa gleich grossen Werten für L und N fällt der Rechenaufwand am geringsten aus. Oft wird $C = L + N = 2N$ festgelegt und der Rechenaufwand des FLMS-Algorithmus liegt dann bei $10N \log_2 N + 26N$ Multiplikationen pro Iteration. Jede Iteration liefert $L = N$ Ausgangswerte. Damit liegt der **Rechenaufwand des FLMS-Algorithmus pro Abtastwert** in der Grössenordnung $O(\log_2 N)$:

$$\boxed{\text{ArM}_\text{FLMS} = 10 \log_2 N + 26 \quad \text{(Multiplikationen pro Abtastwert)}} \qquad (5.68)$$

---

[13] Für die Berechnungen ist eine weitere Verzögerung von $\tau = L\,T_s$ anzusetzen, wenn der Prozessor gleichmässig ausgelastet werden soll.
[14] engl. Fast Fourier Transformation.
[15] für reelle Signale.

Um mit dem LMS-Algorithmus einen Ausgangswert zu berechnen, sind N Multiplikationen für die Faltung und weitere $N+1$ Multiplikationen für die Aufdatierung notwendig, also:

$$[(3.25)]: \quad \text{ArM}_{\text{LMS}} = 2N + 1 \tag{5.69}$$

Das Verhältnis der beiden Grössen ist:

$$\frac{\text{ArM}_{\text{FLMS}}}{\text{ArM}_{\text{LMS}}} = \frac{5 \log_2 N + 13}{N + \frac{1}{2}} \tag{5.70}$$

Schon bereits ab einer Filterlänge von $N = 64$ fällt die Bilanz zu Gunsten des FLMS-Algorithmus aus. Bei einer Filterlänge von $N = 1024$ ist der LMS-Algorithmus um einen Faktor 16 aufwendiger als der FLMS-Algorithmus.

Fehleinstellung M_{FLMS}

Da die Gewichte W_i im Frequenzbereich durch C LMS-Algorithmen adaptiert werden, ist die Fehleinstellung M_{FLMS} des FLMS-Algorithmus etwa gleich gross wie die Fehleinstellung M_{LMS} (3.169) des Zeitbereichs-LMS-Algorithmus, wenn wir annehmen, dass die mittlere Schrittweite des FLMS-Algorithmus $\bar{\mu}_{\text{FLMS}}$ der Schrittweite des LMS-Algorithmus entspricht, $\bar{\mu}_{\text{FLMS}} = \mu_{\text{LMS}}$. Dann gilt näherungsweise:

$$M_{\text{FLMS}} \approx M_{\text{LMS}} \approx \frac{\bar{\mu}_{\text{FLMS}}}{2} N \cdot \text{Eingangsleistung} \tag{5.71}$$

5.1.6 Simulation: Systemidentifikation durch den FLMS-Algorithmus

Um zu demonstrieren, dass das Konvergenzverhalten des FLMS-Algorithmus (weitgehend) unabhängig von der Konditionierung des Eingangssignals ist, wurde eine Simulation einer Systemidentifikation durchgeführt. Die Vorgehensweise ist zu der in Abschnitt 4.5 beschriebenen Simulation identisch, bis auf den Unterschied, dass hier die Systemimpulsantwort die Länge $N = 200$ besitzt. Es handelt sich hierbei um eine Lautsprecher-Raum-Mikrophon-Impulsantwort (LRMI, siehe Figur 1.27), die zuvor bei einer Freisprecheinrichtung in einem Auto gemessen worden ist. Das adaptive Filter wird in dieser Anwendung zur Kompensation des akustischen Echos eingesetzt, was letztlich durch die Identifikation des Echopfades (die LRMI) erfolgt. Aus Figur 5.4 ist zu erkennen, dass sich für ein weisses Eingangssignal die Konvergenzeigenschaften des LMS- und FLMS-Algorithmus kaum unterscheiden: Beide Algorithmen zeigen ähnliche Konvergenzzeiten und einen ähnlichen Überschussfehler. Die Überlegenheit des FLMS-Algorithmus beschränkt sich in diesem Fall auf den reduzierten Rechenaufwand. Bei der Verwendung eines farbigen Rauschsignals als Eingang (ein AR-Prozess 12. Ordnung,

5.1 DER 'FREQUENCY-DOMAIN'-LMS-ALGORITHMUS (FLMS)

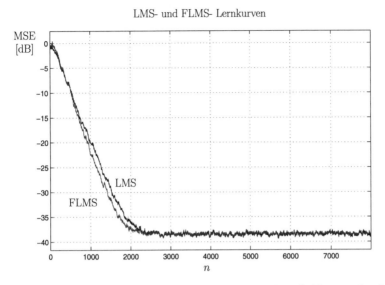

Figur 5.4: LMS- und FLMS-Lernkurven für weisses Rauschen als Eingangssignal ($\chi(\mathbf{R}) = 1$); $N = 200$

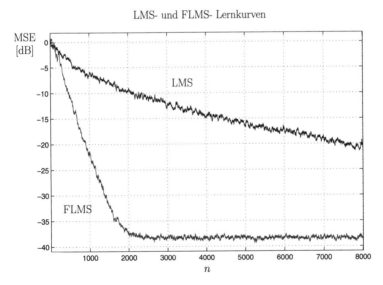

Figur 5.5: LMS- und FLMS-Lernkurven für farbiges Rauschen als Eingangssignal (AR-Prozess 12. Ordnung); $N = 200$.

Figur 5.5), das ein sprachtypisches Spektrum aufweist, verschlechtert sich hingegen die Konvergenzzeit beim LMS-Algorithmus, während dies beim FLMS-Algorithmus nicht der Fall ist. Hier kommt die frequenzabhängige Regelung der Schrittweite zu tragen, die langsame Modi der LMS-Adaption – Frequenzen kleiner Leistungen – beschleunigt.

5.2 Der 'Partitioned Frequency-Domain'-LMS-Algorithmus (PFLMS)

Da zur Minimierung des Rechenaufwandes des FLMS-Algorithmus die Blockverschiebung L im Bereich der Filterlänge N liegen sollte (z.B. $C = L + N = 2N$), führt ein langes FIR-Filter zu einer Verarbeitungsverzögerung $\tau = L \cdot T_s \approx N \cdot T_s$, die bei vielen Echtzeit-Anwendungen nicht tolerierbar ist. Ein möglicher Ausweg liegt in der Aufteilung (Partitionierung) des FIR-Filters in Segmente, die dann jeweils für sich durch einen FLMS-Algorithmus adaptiert werden. Der entsprechend modifizierte Algorithmus heisst **'Partitioned Frequency-Domain'-LMS-Algorithmus (PFLMS)** [20] [22].

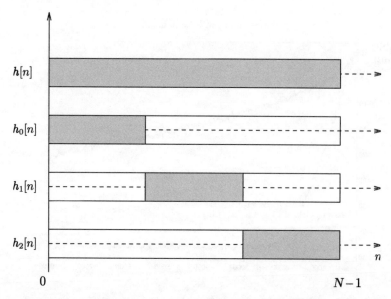

Figur 5.6: Partitionierung einer FIR-Impulsantwort $h[n]$ in P Partitionen $h_p[n]$, (hier $P = 3$)

5.2 'PARTITIONED FREQUENCY-DOMAIN'-LMS-ALGORITHMUS

Dahinter steckt folgendes Prinzip:
Ganz allgemein lässt sich eine FIR-Impulsantwort $h[n]$ der Länge N in P Partitionen $h_p[n]$, $p = 0, \ldots, P - 1$ aufteilen, die in einem Segment Werte von $h[n]$ annehmen und sonst null sind (Figur 5.6). Das Aufsummieren aller Partitionen führt wieder zur ursprünglichen Impulsantwort:

$$h[n] = \sum_{p=0}^{P-1} h_p[n] \tag{5.72}$$

Wird nun $h[n]$ mit $x[n]$ gefaltet

$$y[n] = h[n] * x[n] = \left(\sum_{p=0}^{P-1} h_p[n] \right) * x[n] \tag{5.73}$$

kann, weil die Faltung eine lineare Operation ist, die Reihenfolge von Summation und Faltung vertauscht werden und man erhält:

$$y[n] = \sum_{p=0}^{P-1} h_p[n] * x[n] = \sum_{p=0}^{P-1} y_p[n] \tag{5.74}$$

Der Filterausgang $y[n]$ ergibt sich einfach als Summe aller Ausgänge $y_p[n]$ der Partitionen.

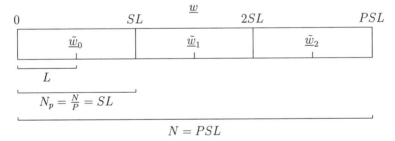

Figur 5.7: Partitionierung des Koeffizientenvektors $\underline{w}$ in P Partitionen $\underline{\tilde{w}}_p$ der Länge $N_P = SL$, (hier $P = 3$ und $S = 2$)

Entsprechend dieser Überlegungen wird nun der Gewichtsvektor[16] $\underline{w}[k]$ der Gesamtlänge N in P Partitionen $\underline{\tilde{w}}_p$, jeweils der Länge $N_P = \frac{N}{P}$ aufgeteilt, wobei N_P aus Gründen, die noch erläutert werden, ein Vielfaches der Blockverschiebung L sein soll ($N_P = SL$). Daraus folgt auch, dass die Gesamtfilterlänge N ein Vielfaches der Blockverschiebung L ist: $N = PSL$ (Figur 5.7).

Für jede Partition $\underline{\tilde{w}}_p$ wird nun ein FLMS-Algorithmus ausgeführt. Da auch hier die Filterung mit dem Overlap-Save-Verfahren erfolgen soll, muss analog zu (5.2)

---
[16] mit der entsprechenden Impulsantwort $w[n] = w_{n+1}$.

jede **Partition** durch ein Einfügen von Nullen auf die DFT-Länge C ausgedehnt werden:

$$\underline{w}_p = [\underline{\tilde{w}}_p^t, 0, \ldots, 0]^t \qquad p = 0, \ldots, P-1 \qquad (5.75)$$

bzw.

$$\underline{w}_p = [w_{pSL}, \ldots, w_{(p+1)SL-1}, 0, \ldots, 0]^t \qquad p = 0, \ldots, P-1 \qquad (5.76)$$

Der Blockindex k wurde hier aus Gründen der Übersichtlichkeit nicht geschrieben. Jede Partitionierung $\underline{w}_p$ enthält also N_P Koeffizienten von $\underline{w}[k]$ und $C-N_P$ Nullen. Die (5.12) entsprechende Bedingung zur Gewährleistung der linearen Faltung lautet nun für jedes Teilfilter der Länge N_P:

$$C \geq L + N_P - 1 \qquad (5.77)$$

Parameter des PFLMS-Algorithmus		
P: # Partitionen	p:	Partitionsindex
N: Gesamtfilterlänge	$N_P = \frac{N}{P} = SL$:	Partitionsfilterlänge
L: Blockverschiebung	S:	Parameter: $N_P = SL$
C: DFT-Länge	Overlap-Save Bed.:	$C \geq L + N_P - 1$

Die Teilfilter $\underline{w}_p$ müssen sich zum Gesamtfilter aufsummieren, damit (5.74) erfüllt ist. Dies ist bei der Definition der Partitionen $\underline{w}_p$ gemäss (5.76) nicht der Fall, da im Gegensatz zu den Teilfiltern $h_i[n]$ in Figur 5.6 die Teilfilter $\underline{w}_p$ keine Nullen vor dem Segment $\underline{\tilde{w}}_p$ zur richtigen zeitlichen Synchronisation enthalten: Das p-te Teilfilter $\underline{w}_p$ beginnt *direkt* mit dem pSL-ten Koeffizienten von $\underline{w}$. Deshalb müssen zusätzliche Massnahmen zur richtigen zeitlichen Synchronisation der einzelnen Teilfilter getroffen werden: Das erste Teilfilter $\underline{w}_0$ wird auf den k-ten Block des Eingangssignals $\underline{x}[k]$ angewandt, während das zweite Teilfilter $\underline{w}_1$ parallel dazu Eingangsdaten $\underline{x}[k-S]$ verarbeitet, die um $n = SL$ Abtastwerte verzögert sein müssen ($n = kL$, k ist der Blockindex!). Allgemein liegen am Eingang des p-ten Teilfilters die um $n = pSL$ Abtastwerte verzögerten Eingangsdaten $\underline{x}[k-pS]$ an.

Hier offenbart sich nun der Grund für die Wahl der Teilfilterlänge $N_P = N/P = SL$ als ein Vielfaches der Blockverschiebung L: Die notwendige Verzögerung der Eingangsdaten um $n = SL$ Werte pro Teilfilter fällt dann genau auf das zeitliche Blockraster $n = Lk$. Diese Tatsache lässt eine Vereinfachung des PFLMS-Algorithmus zu. Anstatt parallel für jedes Teilfilter $\underline{w}_p$ einen eigenen FLMS-Algorithmus zu betreiben, können bestimmte Schritte gemeinsam ausgeführt und somit der Rechenaufwand reduziert werden (siehe dazu Figur 5.8): Die DFT $\underline{X}[k]$ des k-ten Eingangsblocks wird abgespeichert und dem p-ten Teilfilter $\underline{W}_p[k]$ mit der notwendigen Verzögerung von $n = pSL$ Abtastwerten präsentiert (in der Figur durch z^{-SL} dargestellt). Damit ist am Eingang nur eine DFT zu berechnen.

5.2 'PARTITIONED FREQUENCY-DOMAIN'-LMS-ALGORITHMUS

Eine weitere Möglichkeit der Einsparung von Rechenschritten ergibt sich aus der Tatsache, dass die DFT eine lineare Operation ist: Anstatt gemäss (5.74) alle Ausgänge der Teilfilter $\underline{y}_p[k]$ im Zeitbereich aufzusummieren, um $\underline{y}[k]$ zu erhalten, kann dies auch bereits im Frequenzbereich erfolgen: Es werden alle $\underline{\tilde{Y}}_p[k]$ zu $\underline{\tilde{Y}}[k]$ aufsummiert und dann durch (nur) eine IDFT in den Zeitbereich transformiert.

Damit lässt sich der **PFLMS-Algorithmus** wie folgt zusammenfassen:

PFLMS-Algorithmus

Initialisierung:
$$\underline{W}_p[0] = \underline{0} \qquad p = 0, \ldots, P-1$$
$$\underline{P}_{\underline{X}}[0] = \underline{1}\, p_{\underline{X}} \qquad p_{\underline{X}} : \text{Konstante}$$

Iterationsvorschrift für jeden Eingangsblock $\underline{x}[k]$ der Länge C und die p-te Partition $\underline{w}_p$, $p = 0, \ldots, P-1$ des Gewichtsvektors $\underline{w}$:

1. Filterung mit dem Overlap-Save-Verfahren:

$$\underline{X}[k] = \mathbf{F}\underline{x}[k] \qquad (5.78)$$
$$\underline{\tilde{Y}}_p[k] = \underline{W}_p[k] \odot \underline{X}[k-pS] \qquad (5.79)$$
$$\underline{\tilde{Y}}[k] = \sum_{p=0}^{P-1} \underline{\tilde{Y}}_p[k] \qquad (5.80)$$
$$\underline{y}[k] = \mathbf{P}_{\underline{y}}\, \mathbf{F}^{-1} \underline{\tilde{Y}}[k] \qquad (5.81)$$

2. Fehlervektor:

$$\underline{e}[k] = \underline{d}[k] - \underline{y}[k] \qquad (5.82)$$
$$\underline{E}[k] = \mathbf{F}[\underline{0}^t\ \underline{e}^t[k]]^t \qquad (5.83)$$

3. Leistungsschätzung und Schrittweite:

$$\underline{P}_{\underline{X}}[k] = \lambda \underline{P}_{\underline{X}}[k-1] + (1-\lambda)\underline{X}^*[k] \odot \underline{X}[k] \qquad (5.84)$$
$$\underline{\mu}[k] = \alpha_{\text{PFLMS}}\, \underline{P}_{\underline{X}}^{((-1))}[k] \qquad (5.85)$$
$$\underline{\mu}_p[k] = \underline{\mu}[k-pS] \qquad (5.86)$$

4. Aufdatierung des p-ten Koeffizientenvektors:

$$\underline{W}'_p[k+1] = \underline{W}_p[k] + \underline{\mu}_p[k] \odot \underline{X}^*[k-pS] \odot \underline{E}[k] \qquad (5.87)$$
$$\underline{W}_p[k+1] = \mathbf{P}_{\underline{W}_p}\, \underline{W}'_p[k+1] \qquad (5.88)$$

Die Projektionsmatrix $\mathbf{P}_{\underline{W}_\mathrm{P}}$, welche die Nullkoeffizienten von $\underline{w}_p$ zurücksetzt, muss dabei an die Länge N_P von $\underline{w}_p$ angepasst werden:

$$\mathbf{P}_{\underline{W}_\mathrm{P}} = \mathbf{F} \begin{bmatrix} \mathbf{I}^{N_\mathrm{P}} & \mathbf{0} \\ \mathbf{0} & \mathbf{0}^{C-N_\mathrm{P}} \end{bmatrix} \mathbf{F}^{-1} \qquad (5.89)$$

Diese Projektion beinhaltet die Berechnung zweier DFTs und wäre zu aufwendig, wenn sie bei jeder Iteration für jede Partition ausgeführt würde. Dies ist auch nicht notwendig. Es reicht aus, die Korrektur pro Iteration alternierend nur für jeweils eine Partition auszuführen.

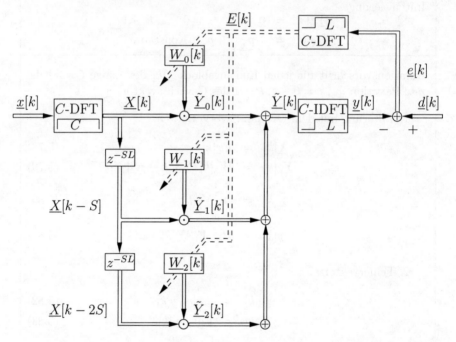

Figur 5.8: Partitioned Frequency-Domain LMS (PFLMS) mit P Partitionen, hier ($P = 3$)

Wahl der Parameter beim PFLMS-Algorithmus und Rechenaufwand

Wegen der Partitionierung liegt der Rechenaufwand des PFLMS-Algorithmus zwar etwas über dem des FLMS-Algorithmus, mit der Wahl $L = N_\mathrm{P}$ ist die Verarbeitungsverzögerung $\tau = LT_\mathrm{s} = N_\mathrm{P} T_\mathrm{s}$ jedoch um den Faktor P kleiner (weil $N_\mathrm{P} = \frac{N}{P}$).

Die Wahl der Parameter des PFLMS-Algorithmus $(N, L, C, N_\mathrm{P} = \frac{N}{P}, S)$ ist ein iterativer Prozess, da gleichzeitig mehrere Vorgaben (vom Algorithmus selbst, der Anwendung und der Hardware) zu erfüllen sind und nur wenige Kombinationen

5.2 'PARTITIONED FREQUENCY-DOMAIN'-LMS-ALGORITHMUS

den Rechenaufwand minimieren. Für die Parameter (N, L, C) gilt ähnliches wie beim FLMS-Algorithmus. In der Regel ist für die Gesamtfilterlänge N und die tolerierbare Verzögerung τ (und damit L) ein Bereich vorgegeben. Die DFT-Länge C sollte gross genug für eine ausreichende Dekorrelation der Eingangsdaten sein und die Ausführung der DFT durch eine FFT ermöglichen (idealerweise ist C eine Zweierpotenz).

Eine umfassende Analyse des PFLMS-Algorithmus und Hinweise zur optimalen Wahl seiner Parameter finden sich in [4]. Der PFLMS-Algorithmus eignet sich auch zur effizienten Implementierung von Systemen, die aus mehreren Filtern – in paralleler Anordnung oder in Kaskade – bestehen, die adaptiv oder zeitinvariant sein können. Dies gilt im besonderen Masse wenn die Filterlängen gross sind und nur kleine Verarbeitungsverzögerungen erlaubt sind. Die entsprechende Vorgehensweise wird in [12] erläutert.

6 Zusammenfassung und Vergleich der Eigenschaften der Adaptionsalgorithmen

In diesem Kapitel werden wichtige Zusammenhänge aus den vorherigen Kapiteln zusammengefasst und in einer Simulation die Konvergenzeigenschaften des LMS-, RLS- und FLMS-Algorithmus verglichen. Die Gleichungsnummer in eckigen Klammern links gibt jeweils die Stelle an, wo der Ausdruck erstmals hergeleitet wurde.

6.1 Grundlagen

Autokorrelationsmatrix:

$$[(2.13):] \quad \boxed{\mathbf{R} = E\{\underline{x}[k]\underline{x}^t[k]\}} \qquad (6.1)$$

Kreuzkorrelationsvektor:

$$[(2.14):] \quad \boxed{\underline{p} = E\{d[k]\underline{x}[k]\}} \qquad (6.2)$$

Gewichtsvektor in verschiedenen Koordinatensystemen:

Gewichtsvektor (Ursprungssystem) $\quad : \underline{w}$
Abweichungsvektor (Translation) $\quad : \underline{v} = \underline{w} - \underline{w}^o$
Abweichungsvektor in Hauptachsenkoordinaten (Rotation) $\quad : \underline{v}' = \mathbf{Q}^H \underline{v}$

MSE, Fehlerfunktion:

$$[(2.18):] \quad \boxed{J(\underline{w}) = \sigma_d^2 + \underline{w}^t \mathbf{R}\underline{w} - 2\underline{p}^t \underline{w}} \qquad (6.3)$$

Minimum der Fehlerfunktion:

$$[(2.58):] \quad \boxed{J_{\min} = \sigma_d^2 - \underline{p}^t \underline{w}^\circ} \qquad (6.4)$$

Wiener-Lösung:

$$[(2.51):] \quad \boxed{\underline{w}^\circ = \mathbf{R}^{-1}\underline{p}} \qquad (6.5)$$

Fehlerfunktion in verschiedenen Koordinatensystemen:

$$[(2.18)]: \quad J = \sigma_d^2 + \underline{w}^t \mathbf{R}\underline{w} - 2\underline{p}^t \underline{w} \qquad (6.6)$$
$$[(2.85)]: \quad J = J_{\min} + \underline{v}^H \mathbf{R}\underline{v} \qquad (6.7)$$
$$[(2.143)]: \quad J = J_{\min} + \underline{v}'^H \mathbf{\Lambda}\underline{v}' \qquad (6.8)$$

Konditionszahl der Autokorrelationsmatrix und Zusammenhang zum Leistungsdichtespektrum $S(f)$ des Eingangssignals:

$$[(2.162):] \quad \boxed{\chi(\mathbf{R}) = \frac{\lambda_{\max}}{\lambda_{\min}} \leq \frac{S_{\max}}{S_{\min}}} \qquad (6.9)$$

6.2 Adaptionsalgorithmen

Lernkurve $J[k]$ und Überschussfehler $J_{\text{ex}}[k]$:

$$[(3.118):] \quad \boxed{J[k] = E\{e^2[k]\} = J_{\min} + J_{\text{ex}}[k]} \qquad (6.10)$$

Gradienten-Suchalgorithmen

Gradient der Fehlerfunktion:

$$[(2.48):] \quad \boxed{\nabla_{\underline{w}}\{J(\underline{w})\} = 2(\mathbf{R}\underline{w} - \underline{p})} \qquad (6.11)$$

LMS-Momentangradient:

$$[(3.20):] \quad \boxed{\underline{G}[k] = -2\underline{x}[k]e[k]} \qquad (6.12)$$

6.2 ADAPTIONSALGORITHMEN

Aufdatierung des Gewichtsvektors nach dem:

- Newton-Verfahren:

$$[(3.4) :] \quad \boxed{\underline{w}[k+1] = \underline{w}[k] - c\,\mathbf{R}^{-1}\,\nabla_{\underline{w}}\left\{J(\underline{w})\right\}\big|_{\underline{w}=\underline{w}[k]}} \tag{6.13}$$

- Gradienten-Verfahren:

$$[(3.5) :] \quad \boxed{\underline{w}[k+1] = \underline{w}[k] - c\,\nabla_{\underline{w}}\left\{J(\underline{w})\right\}\big|_{\underline{w}=\underline{w}[k]}} \tag{6.14}$$

- Newton-LMS-Algorithmus:

$$[(3.188) :] \quad \boxed{\underline{w}[k+1] = \underline{w}[k] + \mu_0 \mathbf{R}^{-1}\underline{x}[k]e[k]} \tag{6.15}$$

- LMS-Algorithmus:

$$[(3.24) :] \quad \boxed{\underline{w}[k+1] = \underline{w}[k] + \mu e[k]\underline{x}[k]} \tag{6.16}$$

6.2.1 LMS-Algorithmus

Aufdatierung des Gewichtsvektors:

$$[(3.24) :] \quad \boxed{\underline{w}[k+1] = \underline{w}[k] + \mu e[k]\underline{x}[k]} \tag{6.17}$$

Rechenaufwand (reelle Multiplikationen pro Iteration bzw. Abtastwert):

$$[(3.25) :] \quad \boxed{O(N) : \mathrm{ArM}_{\mathrm{LMS}} = 2N + 1 \quad \text{(pro Abtastwert)}} \tag{6.18}$$

Konvergenz des Ensemblemittelwerts: Der LMS-Algorithmus verhält sich 'im Mittel' wie das Gradienten-Verfahren, welches zur Wiener-Lösung konvergiert.

$$[(3.53) :] \quad \boxed{\lim_{k\to\infty} E\{\underline{w}[k]\} = \mathbf{R}^{-1}\underline{p} = \underline{w}^{\circ}} \tag{6.19}$$

Obere Grenze der Schrittweite μ:

$$[(3.75):] \qquad \boxed{0 < \mu < \frac{2}{\lambda_{\max}} = \mu_{\max}} \qquad (6.20)$$

Konservativere (und in der Praxis bestimmbare) Grenze $\mu_{\max 2}$ der Schrittweite μ:

$$[(3.81):] \qquad \boxed{0 < \mu < \mu_{\max 2} = \frac{2}{N \cdot \text{(mittlere Eingangsleistung)}}} \qquad (6.21)$$

Normierte Schrittweite α:

$$[(3.108):] \qquad \boxed{\alpha = \frac{\mu}{\mu_{\max}} = \frac{\mu \lambda_{\max}}{2} \qquad 0 < \alpha < 1} \qquad (6.22)$$

Obere Grenze der **Konvergenzzeitkonstante** der Lernkurve

$$[(3.122):] \qquad \boxed{\tau_{\text{LMS}} = \tau_{J_{\max}} \approx \frac{1}{2\mu \lambda_{\max}}} \qquad (6.23)$$

bzw. in Abhängigkeit der Konditionszahl:

$$[(3.123):] \qquad \boxed{\tau_{\text{LMS}} = \tau_{J_{\max}} \approx \frac{1}{4\alpha} \frac{\lambda_{\max}}{\lambda_{\min}} = \frac{1}{4\alpha} \chi(\mathbf{R}) \qquad 0 < \alpha \ll 1} \qquad (6.24)$$

Der LMS-Algorithmus gilt wegen der Abhängigkeit der Zeitkonstante von der Konditionszahl $\chi(\mathbf{R})$ als 'eher langsamer' Algorithmus.

Die LMS-Gradientenapproximation bewirkt einen **Überschussfehler**

$$J_{\text{ex}} = E\{\Delta(J(\underline{v}[k]))\} = E\{\underline{v}^t[k] \mathbf{R} \underline{v}[k]\} \qquad k \gg 0 \qquad (6.25)$$

$$[(3.168):] \qquad \boxed{J_{\text{ex}} \approx \frac{\mu}{2} J_{\min} \text{Sp}(\mathbf{R}) = \frac{\mu}{2} J_{\min} N \cdot \text{Eingangsleistung}} \qquad (6.26)$$

bzw. eine **Fehleinstellung:**

$$[(3.169):] \qquad \boxed{M_{\text{LMS}} = \frac{J_{\text{ex}}}{J_{\min}} \approx \frac{\mu}{2} \text{Sp}(\mathbf{R}) = \frac{\mu}{2} \cdot N \cdot \text{Eingangsleistung}} \qquad (6.27)$$

Eine kleine **Konvergenzzeit** bewirkt eine grosse **Fehleinstellung** und umgekehrt. Daumenregel Konvergenzzeitkonstante–Fehleinstellung:

$$[(3.176):] \quad \boxed{M_{\text{LMS}} \approx \frac{N}{4\tau_{\text{LMS}}}} \quad (6.28)$$

Nachführverhalten ('tracking'): Reaktion umso schneller, je grösser die Schrittweite $\mu < \mu_{\max}$.

6.2.2 RLS-Algorithmus

Deterministische Fehlerfunktion:

$$[(4.5):] \quad \boxed{J_k = \sum_{l=l_0}^{k} |e[l]|^2} \quad (6.29)$$

Aufdatierung des Gewichtsvektors:

$$[(4.55):] \quad \boxed{\underline{w}_k^o = \underline{w}_{k-1}^o + \mathcal{R}_k^{-1} e_o[k] \underline{x}[k]} \quad (6.30)$$

RLS-Algorithmus mit Vergessensfaktor: siehe (4.81)

Rechenaufwand (reelle Multiplikationen pro Iteration bzw. Abtastwert):

- Standard RLS-Algorithmus: $O(N^2)$
- 'fast'-RLS-Algorithmus: $O(N)$

Durch Vormultiplikation mit der Matrix $\mathcal{R}_k^{-1}$ dekorreliert der RLS-Algorithmus die Eingangsdaten und beschleunigt langsame Modi der Adaption. Der Algorithmus ist unabhängig von der Konditionierung.

Bezüglich der **Konvergenzzeit** ist zwischen zwei Phasen zu unterscheiden:

- Aufstartphase: Konvergenz in N bis $2N$ Iterationen.
- Nachführphase: langsamere Konvergenz entsprechend der effektiven Schrittweite $\mu_0 = 1 - \rho$, abhängig vom Vergessensfaktor ρ.

Die **Fehleinstellung** (in der Regel kleiner als beim LMS- oder FLMS-Algorithmus) ist abhängig vom Vergessensfaktor ρ:

[(4.105) :]
$$M_{\text{RLS}} \approx \frac{1-\rho}{2} \cdot N \qquad (6.31)$$

Nachführverhalten ('tracking'): Reaktion umso schneller, je grösser die effektive Schrittweite $\mu_0 = 1 - \rho$.

Wahl des Vergessensfaktors ρ: $\quad 0.95 < \rho \leq 1$.
Zu kleine Werte können zu Stabilitätsproblemen führen (besonders bei einer nichtstationären Umgebung).

6.2.3 FLMS- und PFLMS-Algorithmus

Aufdatierung des Gewichtsvektors im Frequenzbereich:

[(5.34) :]
$$\underline{W}[k+1] = \underline{W}[k] + \underline{\mu}[k] \odot \underline{X}^*[k] \odot \underline{E}[k] \qquad (6.32)$$

PFLMS-Algorithmus: siehe (5.87)

Weil die Filterung (nach dem Overlap-Save-Verfahren) und die Adaption im Frequenzbereich ausgeführt wird, ist der FLMS-Algorithmus sehr effizient. **Rechenaufwand** (reelle Multiplikationen pro Abtastwert):

[(5.68) :]
$$O(\log_2 N): \quad \text{ArM}_{\text{FLMS}} = 10 \log_2 N + 26 \qquad (6.33)$$

Parameter des FLMS-Algorithmus:

N:	Filterlänge	L:	Blockverschiebung	α_{FLMS} : Schrittweitenskalierung
C:	DFT-Länge		Overlap-Save Bedingung:	$C \geq L + N - 1$

Die **Fehleinstellung** entspricht bei gleich grosser mittlerer Schrittweite $\bar{\mu}_{\text{FLMS}}$ etwa der Fehleinstellung des LMS-Algorithmus:

[(5.71) :]
$$M_{\text{FLMS}} \approx M_{\text{LMS}} \approx \frac{\bar{\mu}_{\text{FLMS}}}{2} N \cdot \text{Eingangsleistung} \qquad (6.34)$$

Konvergenzzeit: Die weitgehende Dekorrelation der Signale durch die DFT ermöglicht eine nahezu unabhängige Adaption der Gewichte W_i im Frequenzbereich. Die frequenzabhängige Wahl de Schrittweite beschleunigt langsame Modi der Adaption (Frequenzen kleiner Leistungen), so dass der FLMS-Algorithmus (nahezu) unabhängig von der Konditionierung des Eingangssignals ist. Der Grad der Dekorrelation durch die DFT wächst mit der DFT-Länge C. Die Konvergenzzeit entspricht in etwa der Konvergenzzeit, die der LMS-Algorithmus bei einem weissen Eingangssignal erzielt.

Nachführverhalten ('tracking'): Reaktion umso schneller je grösser die Schrittweitenskalierung $\alpha_{\mathrm{FLMS}} < 2$.

6.3 Klassifikation der Adaptionsalgorithmen

Das Schema in Figur 6.1 soll einen Überblick über die behandelten Adaptionsalgorithmen geben und die gegenseitigen Abhängigkeiten verdeutlichen. Entsprechend der Definition der Fehlerfunktion können die Algorithmen in zwei Klassen eingeteilt werden: Least-Squares- und Gradienten-Suchalgorithmen (letztere werden wegen der Approximation des Gradienten häufig auch als 'stochastic gradient'-Algorithmen bezeichnet). 'Self-orthogonalizing'-Algorithmen ' sind mit dem Symbol $\perp$ gekennzeichnet.

6.4 Simulation: Vergleich der Konvergenzeigenschaften des LMS-, RLS- und FLMS-Algorithmus

Die in Abschnitt 4.5 beschriebene Simulation einer Systemidentifikation durch den RLS-Algorithmus bei einer Systemänderung während der laufenden Adaption, wurde auch für den LMS- und den FLMS-Algorithmus durchgeführt. Die entsprechenden Lernkurven sind in Figur 6.2 dargestellt. Ergebnis:

Konvergenzzeit:

- Aufstartphase: Bei farbigem Rauschen als Eingangssignal zeigt der LMS-Algorithmus eine deutlich verlangsamte Konvergenz. Die Konvergenzzeit des FLMS-Algorithmus ist nahezu unabhängig von der Konditionierung. Der RLS-Algorithmus erzielt als Least-Squares-Verfahren die schnellste Konvergenz.

- Nachführphase: Der LMS- und der FLMS-Algorithmus besitzen kein Gedächtnis. Ihr Konvergenzverhalten ist zu Beginn der Adaption und nach

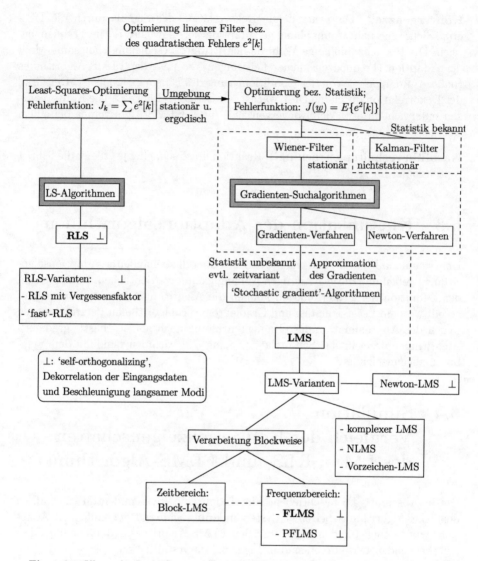

Figur 6.1: Klasse der Least-Squares-Algorithmen und der Gradienten-Suchalgorithmen

6.4 SIMULATION: LMS-, RLS- UND FLMS-ALGORITHMUS

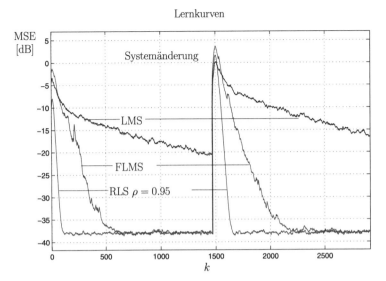

Figur 6.2: RLS-, LMS- und FLMS- Lernkurven, für farbiges Rauschen als Eingangssignal (AR-Prozess 12. Ordnung) und einer Systemänderung: $\rho = 0.95$; $N = 20$

der Systemänderung unverändert. Die Fähigkeit langsamen Änderungen der Statistik bzw. des Systems zu folgen hängt nur von der Wahl der Schrittweite μ bzw. α_{FLMS} ab. Eine grosse Schrittweite garantiert ein schnelles Nachführen, vergrössert aber auch die Fehleinstellung M.

Der RLS-Algorithmus besitzt ein Gedächtnis, dessen Tiefe durch den Vergessensfaktor bestimmt wird: Die Adaption während der Nachführphase erfolgt mit der effektiven Schrittweite $\mu_0 = 1 - \rho$. Weil in der Simulation $\rho = 0.95$ gewählt wurde, was bedeutet, dass alte Daten relativ schnell vergessen werden, reagiert der RLS-Algorithmus auf die Systemänderung fast so schnell wie in der Aufstartphase. Bei einer Wahl von $\rho = 1$ (unendliches Gedächtnis) ist hingegen die Nachführfähigkeit des RLS-Algorithmus stark eingeschränkt (siehe Figur 4.5).

Fehleinstellung:

Fehleinstellung und Konvergenzzeit sind gegenläufig und gegeneinander abwägbar (bei allen drei Algorithmen). Für eine vorgegebene zulässige Fehleinstellung ist die Einschwingphase in folgender Reihenfolge abgeschlossen: RLS-, FLMS- und LMS-Algorithmus.

Gegenüberstellung des LMS-, RLS- und FLMS-Algorithmus

	LMS	RLS	FLMS
Aufdatierung des Gewichtsvektors	$\underline{w}[k+1] = \underline{w}[k] + \mu e[k]\underline{x}[k]$	$\underline{w}_k^o = \underline{w}_{k-1}^o + \mathcal{R}_k^{-1} e_o[k]\underline{x}[k]$	$\underline{W}[k+1] = \underline{W}[k] + \underline{\mu}[k] \odot \underline{X}^*[k] \odot \underline{E}[k]$
Schrittweite	$\mu < \mu_{\max 2} = \dfrac{2}{N \cdot (\text{Eingangsleistung})}$	effektive Schrittweite für grosse k: $\mu_0 = (1-\rho) \qquad \rho \leq 1$	frequenzabhängig: $\underline{\mu}[k] = \alpha_{\text{FLMS}}\, P_{\underline{X}}^{((-1))}[k]$ $\alpha_{\text{FLMS}} < 2$
Fehleinstellung $M = \dfrac{J_{ex}}{J_{\min}}$	$M_{\text{LMS}} \approx \dfrac{\mu}{2} \cdot N \cdot \text{Eingangsleistung}$	$M_{\text{RLS}} \approx \dfrac{1-\rho}{2} \cdot N \qquad \rho \leq 1$	$M_{\text{FLMS}} \approx \dfrac{\bar{\mu}_{\text{FLMS}}}{2} N \cdot \text{Eingangsleistung}$
Konvergenz-geschwindigkeit	abhängig von der Konditionierung von $\mathbf{R}$, d.h. von $\chi(\mathbf{R}) = \dfrac{\lambda_{\max}}{\lambda_{\min}}$	optimal* wegen Dekorrelation durch $\mathcal{R}_k^{-1}$	optimal* bei perfekter Dekorrelation; Grad der Dekorrelation nimmt mit DFT-Länge C zu
Rechenaufwand	$O(N)$	$O(N^2)$ bis $O(N)^\star$	$O(\log_2 N)$

* optimal: Konvergenzzeit des LMS-Algorithmus bei weissem Eingang ($\chi(\mathbf{R}) = \dfrac{\lambda_{\max}}{\lambda_{\min}} = 1$)

* 'fast'-RLS-Algorithmus

A Aufgaben und Anleitung zu den Simulationen

Die hier aufgeführten Aufgaben[1] und die Simulationen sollen zur Veranschaulichung und weiteren Vertiefung der Theorie beitragen.

Die Aufgaben beziehen sich auf die in Kapitel 2 behandelten Grundlagen adaptiver Filter: Unitäre Ähnlichkeitstransformation, Eigenschaften der Eigenwerte und -vektoren der Autokorrelationsmatrix $\mathbf{R}$, Wiener-Filter-Theorie, Orthogonalitätsprinzip. Ferner wird eine Anwendung adaptiver Filter, die Störgeräuschunterdrückung (u.a. durch einen einfachen adaptiven Beamformer) behandelt.

Die Simulationen ermöglichen es, die Eigenschaften des LMS-, RLS- und FLMS-Algorithmus experimentell zu untersuchen und die Aussagen zum Konvergenzverhalten aus den vorhergehenden Kapiteln zu überprüfen. Parameter, wie die Schrittweite μ, die Anzahl adaptiver Gewichte N u.a., können mittels einer Eingabemaske variiert und die Auswirkungen auf die Lernkurve, den MSE, die Fehleinstellung M, die Konvergenzzeit etc. beobachtet werden (siehe Figuren A.3–A.7).

A.1 Aufgaben

1. Unitäre Ähnlichkeitstransformation

a) **Lineare Abbildungen**

Lineare Abbildungen können in Matrixschreibweise ausgedrückt werden: Der reelle Vektor $\underline{x}$ soll in ein neues Koordinatensystem transformiert werden. Der neue Vektor $\underline{x}'$ resultiert aus einer Multiplikation mit einer Matrix $\mathbf{Q}^{-1}$: $\underline{x}' = \mathbf{Q}^{-1}\underline{x}$. Die Basisvektoren des neuen Koordinatensystems, jeweils in alten Koordinaten angegeben, bilden die Spalten der Transformationsmatrix $\mathbf{Q}$

---

[1] Lösungen unter A.2.

Wir betrachten den zweidimensionalen Fall:

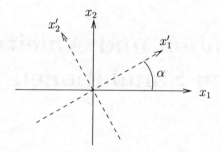

Das neue Koordinatensystem (x'_1, x'_2) besitze ebenfalls Basisvektoren der Länge 1, die senkrecht aufeinander stehen (d.h. die Basis sei orthonormal) und sei um den Winkel α gegen das alte System (x_1, x_2) verdreht.

a1) Berechnen Sie die Matrix $\mathbf{Q}(\alpha)$.

a2) Es kann auch ein Gleichungssystem abgebildet werden. Zeigen Sie, dass die Gleichung $\underline{y} = \mathbf{R}\underline{x}$ zu $\underline{y}' = \mathbf{Q}^{-1}\underline{y} = \mathbf{Q}^{-1}\mathbf{R}\mathbf{Q}\underline{x}'$ wird.

a3) Zeigen Sie, dass $\mathbf{Q}$ unitär ist: $\mathbf{Q}^{-1} = \mathbf{Q}^t$.

b) **Eigenwerte und Eigenvektoren**

b1) Gegeben sei eine *symmetrische* 2×2 Matrix $\mathbf{R}$:

$$\mathbf{R} = \begin{bmatrix} 5 & -3 \\ -3 & 5 \end{bmatrix}$$

Berechnen Sie die Eigenwerte λ_1, λ_2 und Eigenvektoren $\underline{q}_1, \underline{q}_2$ der Matrix.

b2) Überprüfen Sie die in Abschnitt 2.3.6 beschriebenen Eigenschaften für die Eigenwerte und Eigenvektoren aus b1):

 i) *Alle Eigenwerte sind reell.*

 ii) *Zu verschiedenen Eigenwerten gehörende Eigenvektoren stehen senkrecht aufeinander.*

 iii) *Die Eigenvektoren bilden eine orthonormale Basis* $(\underline{q}_1, \ldots, \underline{q}_N)$.

 iv) *Es existiert eine unitäre (orthogonale) Matrix* $\mathbf{Q}$, *die* $\mathbf{R}$ *diagonalisiert:*

$$\begin{aligned} \mathbf{R} &= \mathbf{Q} \cdot \mathrm{diag}(\lambda_1, \ldots, \lambda_n) \cdot \mathbf{Q}^t \\ &= \mathbf{Q}\mathbf{\Lambda}\mathbf{Q}^t \end{aligned}$$

A.1 AUFGABEN

c) **Quadratische Form**
Nun folgt eine Anwendung der Teilaufgaben a) und b):
Betrachten Sie die Gleichung

$$5x_1^2 - 6x_1x_2 + 5x_2^2 = 8$$

die als quadratische Form (C.14) bezeichnet wird und eine Ellipse beschreibt. Diese Gleichung soll nun in den Hauptachsenkoordinaten angegeben werden.

c1) Stellen Sie die obige Gleichung als Vektor-Matrixgleichung dar:

$$\begin{bmatrix} x_1 & x_2 \end{bmatrix} \cdot \mathbf{R} \cdot \begin{bmatrix} x_1 \\ x_2 \end{bmatrix} = 8$$

R muss dabei symmetrisch sein.

c2) Berechnen Sie die Eigenwerte und Eigenvektoren der Matrix **R**. Wählen Sie die Eigenvektoren so, dass diese die Länge 1 besitzen.

c3) Transformieren Sie die quadratische Form in das neue Koordinatensystem, das die Eigenvektoren der Matrix **R** als Basis besitzt.

$$\begin{bmatrix} x_1' & x_2' \end{bmatrix} \cdot \mathbf{\Lambda} \cdot \begin{bmatrix} x_1' \\ x_2' \end{bmatrix} = c$$

c4) Sie haben die quadratische Form in ihr Hauptachsensystem transformiert. Multiplizieren Sie nun die Vektor-Matrixgleichung wieder aus. Der Term $x_1 x_2$ muss dabei wegfallen:

$$a \cdot x_1'^2 + b \cdot x_2'^2 = c$$

Zeichnen Sie die Ellipse in beiden Koordinatensystemen auf.

c5) Führen Sie die gleiche Rechnung durch, indem Sie die Matrix **R** der quadratischen Form asymmetrisch wählen. Achtung: kein Element soll dabei null werden! Beobachten Sie, was passiert. Erklären Sie damit, warum die Matrix **R** symmetrisch sein muss, damit die Eigenwerte mit den Hauptachsen zusammenfallen.

2. Wiener-Filter und Orthogonalitätsprinzip

In dieser Aufgabe soll ein FIR-Filter 1. Ordnung zur linearen MMSE-Schätzung eines Nutzsignals aus einer verrauschten Beobachtung entworfen werden (siehe Figur A.1). Das Nutzsignal ist dabei das erwünschte Signal $d[k]$ der Schätzung.

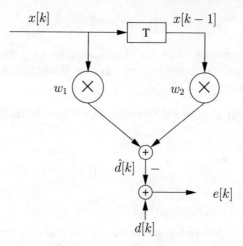

Figur A.1: FIR-Filter 1. Ordnung

Die Beobachtung, die an den Filtereingang $x[k]$ gelegt wird, besteht aus dem durch $v[k]$ verrauschten Nutzsignal:

$$x[k] = d[k] + v[k]\,,$$

wobei $d[k]$ und $v[k]$ zwei unabhängige Prozesse sind. $v[k]$ sei weisses (mittelwertfreies) Rauschen mit $r_v[k] = \frac{5}{6}\delta[k]$ und $d[k]$ sei schwach stationär mit der Autokorrelationsfunktion:

$$r_d[i] = \frac{5}{2}\delta[i] + \delta[i-1] + \delta[i+1]$$

(Die Kronecker-Deltafunktion $\delta[i]$ ist null, ausser für $i = 0$: $\delta[0] = 1$.)

a) Berechnen Sie die Auto- und Kreuzkorrelationsfunktionen
$r_x[i] = E\{x[k]x[k-i]\}$ und $r_{dx}[i] = E\{d[k]x[k-i]\}$.

b) Geben Sie den Fehler $e[k]$ in Funktion von w_i, $x[k]$, $x[k-1]$ und $d[k]$ an. Stellen Sie nun die beiden Orthogonalitätsgleichungen (Orthogonalitätsprinzip, (2.61)) $E\{x[k]\,e[k]\} = 0$ und $E\{x[k-1]\,e[k]\} = 0$ auf und bringen Sie die Gleichungen auf folgende Matrixform (Wiener-Hopf-Gleichung): $\mathbf{R}\,\underline{w}^o = \underline{p}$. Wie lautet der optimale Koeffizientenvektor $\underline{w}^o$?

c) Wie gut ist die Schätzung, d.h. wie gross ist $J_{\min}$?

A.1 AUFGABEN

3. Unterdrückung eines 50 Hz Netzbrumms

Diese Aufgabe bezieht sich auf das Beispiel aus Abschnitt 1.3.2, in dem die Unterdrückung eines 50 Hz Netzbrumms $n[k]$, der einem Sensorsignal $s[k]$ überlagert ist, beschrieben wird. Zur Unterdrückung der Störung wird wieder das Filter aus Figur A.1 verwendet, jedoch mit folgender Zuordnung:

- Filtereingang $x[k]$: Referenzsignal für die Störung, d.h. eine Sinusschwingung mit der Frequenz der Störung (z.B. von der Steckdose).

- Erwünschtes Signal $d[k]$: gestörtes Sensorsignal $d[k] = s[k] + n[k]$.

Ziel: entstörtes Sensorsignal als Fehlersignal $e[k]$ zur weiteren Verwendung.

Die Daten:

- Abtastfrequenz: $f_s = 500$ Hz, mit $T = 1/f_s$; Netz-Frequenz: $f_0 = 50$ Hz.

- Sensorsignal $s[k]$: weisses Rauschen (mittelwertfrei) mit der Leistung $\sigma_s^2 = 1$.

- Referenzsignal: $x[k] = \cos(2\pi f_n k + \Phi)$.

- Die Netzstörung $n[k]$ sei zum Signal $x[k]$ um $\pi/3$ phasenverschoben: $n[k] = \cos(2\pi f_n k + \frac{\pi}{3} + \Phi)$.

- Gemeinsame Phase Φ: Zufallsgrösse mit einer gleichverteilten Dichte zwischen 0 und 2π.

a) Wählen Sie die normierte Frequenz f_n so, dass $x[k]$ und $n[k]$ einer 50 Hz Netzschwingung entsprechen (bei $f_s = 500$ Hz).

b) Berechnen Sie die Autokorrelationsfunktion von $x[k]$ und daraus die Autokorrelationsmatrix $\mathbf{R}$. Wie gross ist die Leistung von $x[k]$?

c) Berechnen Sie die Kreuzkorrelationsfunktion $r_{dx}[i]$ von $d[k]$ und $x[k]$ und daraus den Vektor $\underline{p}$.

d) Berechnen Sie die Wiener-Lösung $\underline{w}^\circ$.

e) Berechnen Sie $J_{\min} = E\{e^2[k]\}$ und vergleichen Sie mit der Leistung σ_s^2 des Sensorsignals. War der Ansatz erfolgreich?

4. Störgeräuschunterdrückung durch einen Beamformer

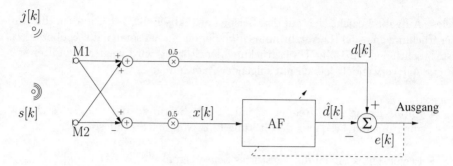

Wie Aufgabe 3 verdeutlicht, kann eine additive Störung erfolgreich unterdrückt werden, wenn ein geeignetes Referenzstörsignal an den Eingang $x[k]$ des Filters und das gestörte Nutzsignal als erwünschtes Signal $d[k]$ angelegt wird. Mit Hilfe von sog. *Beamformern* [8], die aus einer Anordnung von mehreren Mikrophonen bestehen, kann gleichzeitig ein Referenzsignal und das gestörte Nutzsignal gewonnen und die Störung unterdrückt werden. In dieser Aufgabe wird ein einfacher Beamformer mit zwei Mikrophonen betrachtet. Ziel: Das Nutzsignal $s[k]$, welches in gleichem Abstand von den beiden Mikrophonen entfernt liegt, soll ungehindert durchgelassen werden; hingegen soll das seitlich einstreuende Störsignal $j[k]$ (engl. jammer) unterdrückt werden. Dazu nützt man die Laufzeitdifferenz des Störsignals zwischen den 2 Mikrophonen M1 und M2 aus: Am Mikrophon M1 wird die Sequenz $s[k] + j[k]$ und am Mikrophon M2 die Sequenz $s[k] + j[k-1]$ gemessen. Das Störsignal erscheint also um eine Zeiteinheit verschoben am Mikrophon M2. Weiterhin werden für das Nutzsignal $s[k]$ und das Störsignal $j[k]$ folgende Annahmen getroffen:

- $j[k]$ sei ein weisser stationärer stochastischer Prozess mit Leistung σ_j^2
- $s[k]$ habe die Leistung σ_s^2 und sei unabhängig von $j[k]$
- $s[k]$ und $j[k]$ seien mittelwertfrei.

a) Berechnen Sie $d[k]$ und $x[k]$, ausgedrückt durch die Sequenzen $s[.]$ und $j[.]$.

Aus dem Referenzsignal $x[k]$, welches nur aus Werten des Störsignals $j[.]$ besteht, soll nun durch ein FIR-Wiener-Filter 1. Ordnung ($N = 2$) das Signal $d[k]$ geschätzt werden, das aus Werten des Störsignals $j[k]$ und des Nutzsignals $s[k]$ besteht. Da $x[k]$ jedoch keine Information über $s[k]$ enthält, kann das Filter ausschliesslich den Störsignalanteil von $d[k]$ schätzen, nicht aber den Nutzsignalanteil. Somit erscheint das Nutzsignal (wie gewünscht) ungefiltert am Ausgang des Beamformers.

A.1 AUFGABEN

b) Berechnen Sie $e[k]$ und $J(\underline{w}) = E\{e^2[k]\}$ ausgedrückt durch $\underline{w} = [w_1, w_2]^t$, $d[k]$ und $\underline{x}[k] = [x[k], x[k-1]]^t$.

c) Substituieren Sie $\mathbf{R} = E\{\underline{x}[k]\underline{x}^t[k]\}$, $\underline{p}^t = E\{d[k]\underline{x}^t[k]\}$ und $\sigma_d^2 = E\{d^2[k]\}$ in b). Sie sollten nun den Ausdruck (2.18) für $J(\underline{w})$ erhalten haben. Berechnen Sie anschliessend den Gradienten $\nabla_{\underline{w}}\{J(\underline{w})\}$ und setzen Sie ihn gleich $\underline{0}$. Auf diese Weise haben Sie die Wiener-Hopf-Gleichung (2.51) hergeleitet. Berechnen Sie $\sigma_d^2 = E\{d^2[k]\}$ ausgedrückt durch die Leistung des Stör- und Nutzsignals.

d) Berechnen Sie $\mathbf{R}$ und $\underline{p}$ ausgedrückt durch σ_s^2 und σ_j^2. Dabei gilt : $r[i] = E\{x[k]x[k-i]\}$ und $r_{dx}[i] = E\{d[k]x[k-i]\}$. Verwenden Sie dazu die Resultate aus a).

e) Berechnen Sie den optimalen Filterkoeffizientenvektor $\underline{w}^o$, der $J(\underline{w})$ minimiert.

f) Berechnen Sie $J_{\min} = J(\underline{w}^o)$. Das Fehlersignal ist der Systemausgang. Um welchen Faktor (in dB) verbessert sich das SNR ('signal-to-noise ratio') im Fehlersignal verglichen mit dem Systemeingang (z.B. das SNR im Mikrophon M1)?

g) Das Störsignal wurde nur teilweise unterdrückt, weil die Filterlänge N zu klein ist. Bestimmen Sie mit Hilfe der z-Transformation das Filter $H(z) = \frac{D'(z)}{X(z)}$, welches durch Filterung von $x[k]$ eine perfekte Schätzung des Störsignalanteils $d'[k]$ in $d[k]$ liefert und somit $j[k]$ im Fehlersignal $e[k]$ *vollständig* unterdrückt. Um was für einen Filtertyp handelt es sich? Worin liegt das Problem dieses Filters?

h) Wir begnügen uns mit der für $N = 2$ erreichbaren Störgeräuschunterdrückung. Die in e) analytisch berechnete Wiener-Lösung soll nun durch ein adaptives Filter, das durch den iterativen LMS-Algorithmus adaptiert wird, gefunden werden. Geben Sie die LMS-Gleichungen in Funktion der Mikrophonsignale $M_1[k]$ und $M_2[k]$ an. Wählen Sie mit Hilfe von (3.81) einen Wert für die Schrittweite μ. Es gelte hierbei: $\sigma_j^2 = 1$.

A.2 Lösungen zu den Aufgaben

1. Unitäre Ähnlichkeitstransformation

a1) Aus der Zeichnung sehen wir sofort:

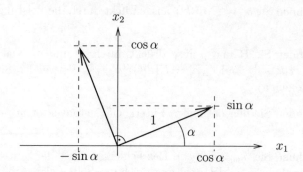

Die neuen Basisvektoren ergeben sich in alten Koordinaten zu

$$\underline{q}_1 = \begin{pmatrix} \cos\alpha \\ \sin\alpha \end{pmatrix} \text{ und } \underline{q}_2 = \begin{pmatrix} -\sin\alpha \\ \cos\alpha \end{pmatrix}.$$

Für $\mathbf{Q}(\alpha)$ ergibt sich:

$$\mathbf{Q}(\alpha) = \begin{bmatrix} \cos\alpha & -\sin\alpha \\ \sin\alpha & \cos\alpha \end{bmatrix}$$

a2) Wir gehen aus von

$$\underline{y} = \mathbf{R}\underline{x}$$

Die linke Seite in den neuen Koordinaten:

$$\underline{y}' = \mathbf{Q}^{-1}\underline{y}$$

Mit $\underline{x} = \mathbf{Q}\underline{x}'$ folgt für die rechte Seite:

$$\mathbf{R}\underline{x} \to \mathbf{Q}^{-1}\mathbf{R}\underline{x} = \mathbf{Q}^{-1}\mathbf{R}\mathbf{Q}\underline{x}'$$

Damit gilt:

$$\underline{y}' = \mathbf{Q}^{-1}\underline{y} = \mathbf{Q}^{-1}\mathbf{R}\mathbf{Q}\underline{x}'$$

a3) Dazu berechnen wir die Inverse von $\mathbf{Q}(\alpha)$:

$$\mathbf{Q}(\alpha)^{-1} = \begin{bmatrix} \cos\alpha & \sin\alpha \\ -\sin\alpha & \cos\alpha \end{bmatrix}$$

Es gilt: $\mathbf{Q}(\alpha)^{-1} = \mathbf{Q}(\alpha)^T$

b1) Charakteristisches Polynom:

$$\det \begin{bmatrix} 5-\lambda & -3 \\ -3 & 5-\lambda \end{bmatrix} = \lambda^2 - 10\lambda + 16 = 0$$

$$\Rightarrow \lambda_1 = 2, \quad \lambda_2 = 8$$

Die Eigenvektoren findet man jeweils durch die Gleichungen:

$$\mathbf{R}\underline{q}_1 = \lambda_1 \underline{q}_1$$
$$\mathbf{R}\underline{q}_2 = \lambda_2 \underline{q}_2$$

$$\underline{q}_1 = \frac{\sqrt{2}}{2} \begin{bmatrix} 1 \\ 1 \end{bmatrix}$$

$$\underline{q}_2 = \frac{\sqrt{2}}{2} \begin{bmatrix} -1 \\ 1 \end{bmatrix}$$

b2) i) λ_1 und λ_2 sind reell.
ii) Kontrolle: $\underline{q}_1^t \underline{q}_2 = 0$.
iii) Die Länge von $\underline{q}_1$ und $\underline{q}_2$ ist frei wählbar und wurde auf die Länge 1 normiert (mit ii) $\to$ orthonormale Basis).
iv) Die gesuchte Matrix $\mathbf{Q}$ besitzt $\underline{q}_1$ und $\underline{q}_2$ als Spalten:

$$\mathbf{Q} = \frac{\sqrt{2}}{2} \begin{bmatrix} 1 & -1 \\ 1 & 1 \end{bmatrix}$$

$$\Rightarrow \mathbf{Q}^{-1} = \frac{\sqrt{2}}{2} \begin{bmatrix} 1 & 1 \\ -1 & 1 \end{bmatrix}$$

$$\Rightarrow \mathbf{Q}^{-1}\mathbf{R}\mathbf{Q} = \begin{bmatrix} 2 & 0 \\ 0 & 8 \end{bmatrix}$$

c1) $\mathbf{R} = \begin{bmatrix} 5 & -3 \\ -3 & 5 \end{bmatrix}$

Beweis:

$$\begin{bmatrix} x_1 & x_2 \end{bmatrix} \cdot \begin{bmatrix} 5 & -3 \\ -3 & 5 \end{bmatrix} \cdot \begin{bmatrix} x_1 \\ x_2 \end{bmatrix} = 5x_1^2 - 6x_1 x_2 + 5x_2^2$$

c2) siehe b1).

c3) Die Transformation wurde bereits in b2) durchgeführt.

$$\boldsymbol{\Lambda} = \begin{bmatrix} 2 & 0 \\ 0 & 8 \end{bmatrix} \to \begin{bmatrix} x_1' & x_2' \end{bmatrix} \cdot \begin{bmatrix} 2 & 0 \\ 0 & 8 \end{bmatrix} \cdot \begin{bmatrix} x_1' \\ x_2' \end{bmatrix} = 8$$

Die Konstante rechts bleibt unverändert.

$$2x_1'^2 + 8x_2'^2 = 8 \rightarrow \frac{x_1'^2}{4} + x_2'^2 = 1$$

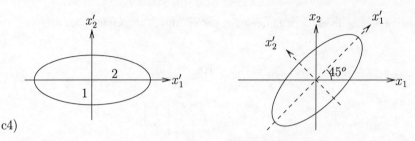

c4) Die Ellipse ist im ursprünglichen Koordinatensystem um 45° gedreht. (Vergleichen Sie die Matrix $\mathbf{Q}$ aus Aufgabe b2) mit der Matrix $\mathbf{Q}(\alpha)$ aus a1)

c5) Ist $\mathbf{R}$ nicht symmetrisch, so stehen die Eigenvektoren nicht senkrecht aufeinander. Damit können unmöglich die beiden Eigenvektoren in Richtung der Hauptachsen liegen: Hauptachsen von Ellipsen stehen immer senkrecht aufeinander.

2. Wiener-Filter und Orthogonalitätsprinzip

a) Kreuzkorrelation und Autokorrelation:

$$\begin{aligned}
r_{dx}[i] &= E\{d[k] \cdot x[k-i]\} \\
&= E\{d[k] \cdot (d[k-i] + v[k-i])\} \\
&= E\{d[k] \cdot d[k-i]\} + E\{d[k] \cdot v[k-i]\} \\
&= E\{d[k] \cdot d[k-i]\} + E\{d[k]\} \cdot E\{v[k-i]\} \\
&= E\{d[k] \cdot d[k-i]\} \\
&\stackrel{\star}{=} r_d[i] = \frac{5}{2}\delta[k] + \delta[k-1] + \delta[k+1]
\end{aligned}$$

($\star$: da $v[k]$ und $d[k]$ unabhängig und $v[k]$ mittelwertfrei)

$$\begin{aligned}
r_x[i] &= E\{x[i] \cdot x[k-i]\} \\
&= E\{(d[i] + v[i]) \cdot (d[k-i] + v[k-i])\} \\
&= E\{d[i] \cdot d[k-i]\} + E\{v[i] \cdot v[k-i]\} \\
&= r_d[i] + r_v[i] \\
&= \frac{10}{3}\delta[k] + \delta[k-1] + \delta[k+1]
\end{aligned}$$

A.2 LÖSUNGEN ZU DEN AUFGABEN

b) Fehler und Orthogonalitätsgleichungen:

$$\begin{aligned} e[k] &= d[k] - \hat{d}[k] \\ &= d[k] - (w_1 x[k] - w_2 x[k-1]) \end{aligned}$$

$$\begin{aligned} E\{x[k]e[k]\} &= E\{d[k]x[k] - w_1 x[k]x[k] - w_2 x[k]x[k-1]\} \\ &= r_{dx}[0] - w_1 r_x[0] - w_2 r_x[1] \\ &= \frac{5}{2} - \frac{10}{3}w_1 - w_2 = 0 \end{aligned}$$

$$\begin{aligned} E\{x[k-1]e[k]\} &= E\{d[k]x[k-1] - w_1 x[k-1]x[k] - w_2 x[k-1]x[k-1]\} \\ &= r_{dx}[1] - w_1 r_x[-1] - w_2 r_x[0] \\ &= 1 - w_1 - \frac{10}{3}w_2 = 0 \end{aligned}$$

Beide Gleichungen in Vektor-Matrix Form geschrieben:

$$\begin{bmatrix} \frac{10}{3} & 1 \\ 1 & \frac{10}{3} \end{bmatrix} \begin{pmatrix} w_1 \\ w_2 \end{pmatrix} = \begin{pmatrix} \frac{5}{2} \\ 1 \end{pmatrix}$$

$$\mathbf{R} \cdot \underline{w} = \underline{p}$$

Wiener-Lösung:

$$\underline{w}^o = \mathbf{R}^{-1} \cdot \underline{p} = \begin{pmatrix} w_1^o \\ w_2^o \end{pmatrix} = \begin{pmatrix} \frac{66}{91} \\ \frac{15}{182} \end{pmatrix}$$

c)

$$\begin{aligned} J_{\min} &= \sigma_d^2 - \underline{p}^t \underline{w}^o \\ &= r_d[0] - w_1 r_{dx}[0] - w_2 r_{dx}[1] \\ &= \frac{5}{2} - \frac{66}{91} \cdot \frac{5}{2} - \frac{15}{182} \cdot 1 = \frac{55}{91} \end{aligned}$$

$J_{\min}$ ist nicht null, d.h. die Schätzung ist nicht perfekt. Wenn das Nutzsignal $d[k]$ und die Störung $v[k]$ den gleichen Frequenzbereich belegen, kann nicht durch Filterung des Summensignals $x[k]$ der Anteil $v[k]$ unterdrückt werden, ohne dabei $d[k]$ anzutasten. Das Wiener-Filter findet einen Kompromiss im MSE-Sinn. Die Zuordnung (gestörtes Nutzsignal als Eingangssignal $x[k]$ und Nutzsignal als erwünschtes Signal $d[k]$) ist deshalb ungeeignet zur Unterdrückung einer additiven Störung. Der Ansatz der Aufgabe 3 mit der Zuordnung (gestörtes Nutzsignal als erwünschtes Signal $d[k]$ und einem Referenzstörsignal als Filtereingang $x[k]$) ist erfolgreicher.

3. Unterdrückung eines 50 Hz Netzbrumms

a) Aus dem Vergleich des abgetasteten Signals $x(kT) = \cos(2\pi f_0 t + \Phi)|_{t=kT} = \cos(2\pi f_0 kT + \Phi)$ mit $x[k] = \cos(2\pi f_n k + \Phi)$ folgt für die normierte Frequenz f_n:

$$f_n = f_0 T = \frac{f_0}{f_s} = \frac{1}{10}$$

$$x[k] = \cos\left(\frac{2\pi k}{10} + \Phi\right)$$

$$n[k] = \cos\left(\frac{2\pi k}{10} + \frac{\pi}{3} + \Phi\right)$$

b)
$$r_x[i] = \mathrm{E}\{x[k] \cdot x[k-i]\}$$
$$= \mathrm{E}\left\{\cos\left(\frac{2\pi k}{10} + \Phi\right) \cos\left(\frac{2\pi(k-i)}{10} + \Phi\right)\right\}$$

Mit dem Additionstheorem $\cos\alpha \cdot \cos\beta = \frac{1}{2}(\cos(\alpha-\beta) + \cos(\alpha+\beta))$ ergibt sich für $r_x[i]$:

$$r_x[i] = \mathrm{E}\left\{\frac{1}{2}\cos\left(\frac{2\pi i}{10}\right)\right\} + \mathrm{E}\left\{\frac{1}{2}\cos\left(\frac{2\pi(2k-i)}{10} + 2\Phi\right)\right\} \quad (A.1)$$

Der Erwartungswert wird über k ausgewertet. Der zweite Summand fällt weg, weil eine Sinusfunktion mittelwertfrei ist, und der erste Summand ist konstant (nicht von k abhängig). Es folgt:

$$\Longrightarrow r_x[i] = \frac{1}{2}\cos\left(\frac{2\pi i}{10}\right) \quad (A.2)$$

Die Autokorrelationsfunktion $r_x[i]$ kann auch direkt durch folgende Überlegung erhalten werden: Zum einen muss $r_x[i]$ die gleiche Frequenz besitzen wie $x[k]$, zum anderen beträgt die Leistung der Sinusfunktion ($r_x[0] = 0.5$). Ferner ist die Phase von $r_x[i]$ null, da eine AKF symmetrisch ist.
Mit $r_x[i]$ können wir die Autokorrelationsmatrix $\mathbf{R}$ bestimmen:

$$\mathbf{R} = \frac{1}{2}\begin{bmatrix} \cos 0 & \cos\frac{\pi}{5} \\ \cos\frac{\pi}{5} & \cos 0 \end{bmatrix} = \begin{bmatrix} 0.5 & 0.4045 \\ 0.4045 & 0.5 \end{bmatrix}$$

c)
$$r_{dx}[i] = \mathrm{E}\{d[k] \cdot x[k-i]\}$$
$$= \mathrm{E}\{(s[k] + n[k]) \cdot x[k-i]\}$$
$$= \mathrm{E}\{s[k] \cdot x[k-i]\} + \mathrm{E}\{n[k] \cdot x[k-i]\}$$
$$= \mathrm{E}\{n[k] \cdot x[k-i]\}$$

A.2 LÖSUNGEN ZU DEN AUFGABEN

Der Erwartungswert $E\{s[k] \cdot x[k-i]\}$ ist null, da $s[k]$ und $x[k]$ unkorreliert und jeweils mittelwertfrei sind.

Den Erwartungswert $E\{n[k] \cdot x[k-i]\}$ erhalten wir analog zu Teilaufgabe b):

$$r_{dx}[i] = \frac{1}{2}\cos(\frac{2\pi i}{10} + \frac{\pi}{3})$$

Für $\underline{p}$ ergibt sich somit:

$$\underline{p} = \begin{pmatrix} \frac{1}{2}\cos\frac{\pi}{3} \\ \frac{1}{2}\cos(\frac{\pi}{5} + \frac{\pi}{3}) \end{pmatrix} = \begin{pmatrix} 0.25 \\ -0.05226 \end{pmatrix}$$

d) Wiener-Lösung:

$$\underline{w}^o = \begin{pmatrix} w_1 \\ w_2 \end{pmatrix} = \mathbf{R}^{-1}\underline{p} = \begin{pmatrix} 1.69198 \\ -1.47337 \end{pmatrix}$$

e) MMSE:

$$J_{\min} = E\{d^2[k]\} - \underline{p}^t \underline{w}^o \qquad (A.3)$$

Wir berechnen zuerst den Erwartungswert $E\{d^2[k]\}$:

$$E\{d^2[k]\} = E\{s^2[k]\} + 2E\{s[k]n[k]\} + E\{n^2[k]\}$$

Der Term $E\{s[k]n[k]\}$ wird null (Begründung wie in Teilaufgabe c)), somit erhalten wir:

$$E\{d^2[i]\} = r_s[0] + r_n[0] = 1 + \frac{1}{2} = 1.5$$

Dazu folgende Erklärung:
$r_s[0] = 1$, gemäss Aufgabenstellung.
$r_n[0] = \frac{1}{2}$, weil $n[k]$ und $x[k]$ bis auf eine Verschiebung gleich sind und folglich dieselbe AKF haben.
Mit $\underline{p}^t \cdot \underline{w}^o = \frac{1}{2}$ erhalten wir:

$$J_{\min} = E\{e^2[k]\} = 1 \qquad (A.4)$$

$J_{\min}$, die Leistung des Fehlersignals, entspricht also der Leistung des Sensorsignals $r_s[0] = 1$. Die Netzstörung wurde erfolgreich entfernt und das entstörte Sensorsignal steht als Fehlersignal zur weiteren Verwendung zur Verfügung.

4. Adaptive Störunterdrückung durch einen Beamformer

a) Eingangs- und erwünschtes Signal:

$$d[k] = 0.5(s[k] + j[k] + s[k] + j[k-1]) = s[k] + \frac{1}{2}(j[k] + j[k-1])$$

$$x[k] = 0.5(s[k] + j[k] - s[k] - j[k-1]) = \frac{1}{2}(j[k] - j[k-1])$$

b) Fehlersignal und MSE:

$$e[k] = d[k] - \hat{d}[k] = d[k] - \underline{w}^t\underline{x}[k]$$

$$\begin{aligned}J(\underline{w}) &= \mathrm{E}\{e^2[k]\} = \mathrm{E}\{(d[k] - \underline{w}^t\underline{x}[k])(d[k] - \underline{w}^t\underline{x}[k])^t\}\\ &= \mathrm{E}\{d^2[k] - d[k]\underline{x}^t[k]\underline{w} - \underline{w}^t\underline{x}[k]d[k] + \underline{w}^t\underline{x}[k]\underline{x}^t[k]\underline{w}\}\\ &= \mathrm{E}\{d^2[k]\} - 2\mathrm{E}\{d[k]\underline{x}^t[k]\}\underline{w} + \underline{w}^t\mathrm{E}\{\underline{x}[k]\underline{x}^t[k]\}\underline{w}\end{aligned}$$

c) Aus $\mathrm{E}\{s[k]j[k]\} = 0$ und $\mathrm{E}\{j[k]j[k-1]\} = 0$ folgt:
Leistung des erwünschten Signals:

$$\sigma_d^2 = \mathrm{E}\{d^2[k]\} = \sigma_s^2 + \frac{1}{4}(\sigma_j^2 + \sigma_j^2) = \sigma_s^2 + \frac{1}{2}\sigma_j^2$$

Fehlerfunktion:

$$\boxed{J(\underline{w}) = \sigma_d^2 - 2\underline{p}^t\underline{w} + \underline{w}^t\mathbf{R}\underline{w}} \qquad (2.11)$$

Gradient und Wiener-Hopf-Gleichung:

$$\nabla_{\underline{w}}\{J(\underline{w})\} = -2\underline{p} + \mathbf{R}\underline{w} + \mathbf{R}^t\underline{w} = 2\mathbf{R}\underline{w} - 2\underline{p}$$

$$\nabla_{\underline{w}}\{J(\underline{w})\} = \underline{0} = 2\mathbf{R}\underline{w}^\circ - 2\underline{p} \qquad \Longrightarrow \qquad \boxed{\mathbf{R}\underline{w}^\circ = \underline{p}}$$

d) Autokorrelationsmatrix:

$$\mathbf{R} = \mathrm{E}\{\underline{x}[k]\underline{x}^t[k]\} = \mathrm{E}\left\{\begin{bmatrix} x^2[k] & x[k]x[k-1] \\ x[k-1]x[k] & x^2[k-1] \end{bmatrix}\right\} = \begin{bmatrix} r[0] & r[1] \\ r[-1] & r[0] \end{bmatrix}$$

Weil $j[k]$ weiss ist, gilt allg.:

$$E\{j[k]j[k-i]\} = 0 \qquad \forall i \neq 0$$

Daraus folgt:

$$r[0] = \mathrm{E}\{x^2[k]\} = E\{\frac{1}{4}(j[k] - j[k-1])^2\} = \frac{1}{2}\sigma_j^2$$

$$\begin{aligned}r[1] &= \frac{1}{4}\mathrm{E}\{(j[k] - j[k-1])(j[k-1] - j[k-2])\}\\ &= \frac{1}{4}\mathrm{E}\{j[k]j[k-1] - j[k]j[k-2] - j^2[k-1] + j[k-1]j[k-2]\}\\ &= \frac{1}{4}\mathrm{E}\{-j^2[k-1]\} = -\frac{1}{4}\sigma_j^2\end{aligned}$$

$$\boxed{\mathbf{R} = \frac{\sigma_j^2}{4}\begin{bmatrix} 2 & -1 \\ -1 & 2 \end{bmatrix}}$$

Weil $E\{j[k]s[k-i]\} = 0 \; \forall i$ folgt für die Kreuzkorrelation:

$$\underline{p} = \mathrm{E}\{d[k]\underline{x}[k]\} = \mathrm{E}\left\{\begin{pmatrix} d[k]x[k] \\ d[k]x[k-1] \end{pmatrix}\right\} = \begin{pmatrix} r_{dx}[0] \\ r_{dx}[1] \end{pmatrix}$$

$$r_{dx}[0] = \mathrm{E}\{d[k]x[k]\} = E\{(s[k] + \frac{1}{2}(j[k]+j[k-1]))\frac{1}{2}(j[k]-j[k-1])\}$$

$$= \frac{1}{4}\mathrm{E}\{j^2[k] - j[k]j[k-1] + j[k-1]j[k] - j^2[k-1]\}$$

$$= \frac{1}{4}(\mathrm{E}\{j^2[k]\} - \mathrm{E}\{j^2[k-1]\}) = \frac{1}{4}(\sigma_j^2 - \sigma_j^2) = 0$$

$$r_{dx}[1] = \mathrm{E}\{d[k]x[k-1]\}$$

$$= \mathrm{E}\{(s[k] + \frac{1}{2}(j[k]+j[k-1]))\frac{1}{2}(j[k-1]-j[k-2])\}$$

$$= \frac{1}{4}\mathrm{E}\{j[k-1]j[k] + j^2[k-1] - j[k-2]j[k] - j[k-2]j[k-1]\}$$

$$= \frac{1}{4}\mathrm{E}\{j^2[k-1]\} = \frac{1}{4}\sigma_j^2$$

$$\boxed{\underline{p} = \frac{\sigma_j^2}{4}\begin{pmatrix} 0 \\ 1 \end{pmatrix}}$$

e) Wiener-Hopf-Gleichung:

$$\mathbf{R}\underline{w}^o = \underline{p} \quad \Longrightarrow \quad \frac{\sigma_j^2}{4}\begin{bmatrix} 2 & -1 \\ -1 & 2 \end{bmatrix} \cdot \underline{w}^o = \frac{\sigma_j^2}{4}\begin{pmatrix} 0 \\ 1 \end{pmatrix}$$

$$\Longrightarrow \underline{w}^o = \mathbf{R}^{-1}\underline{p} = \frac{1}{3}\begin{bmatrix} 2 & 1 \\ 1 & 2 \end{bmatrix} \cdot \begin{pmatrix} 0 \\ 1 \end{pmatrix} = \begin{pmatrix} \frac{1}{3} \\ \frac{2}{3} \end{pmatrix} = \underline{w}^o$$

f) MMSE:

$$J_{\min} = J(\underline{w}^o) = \sigma_d^2 - 2\underline{p}^t\underline{w}^o + \underline{w}^{ot}\mathbf{R}\underline{w}^o$$

$$= \sigma_d^2 - \underline{p}^t\underline{w}^o$$

$$= \sigma_d^2 - \underline{p}^t\mathbf{R}^{-1}\underline{p}$$

$$= \sigma_d^2 - \frac{1}{4}\sigma_j^2 \begin{pmatrix} 0 & 1 \end{pmatrix}\begin{pmatrix} \frac{1}{3} \\ \frac{2}{3} \end{pmatrix}$$

$$= \sigma_d^2 - \frac{1}{6}\sigma_j^2 = \sigma_s^2 + \frac{1}{2}\sigma_j^2 - \frac{1}{6}\sigma_j^2 = \sigma_s^2 + \frac{1}{3}\sigma_j^2$$

Eingang: $\quad \left(\dfrac{S}{N}\right)_{\text{ein}} = 10 \, \log_{10}\left(\dfrac{\sigma_s^2}{\sigma_j^2}\right)$

Ausgang: $\quad \left(\dfrac{S}{N}\right)_{\text{aus}} = 10 \, \log_{10}\left(\dfrac{\sigma_s^2}{\sigma_j^2/3}\right) = 10 \, \log_{10}(3) + 10 \, \log_{10}\left(\dfrac{\sigma_s^2}{\sigma_j^2}\right)$

$\qquad\qquad\qquad = 4.77 \text{ dB} + \left(\dfrac{S}{N}\right)_{\text{ein}}$

Die Störgeräuschunterdrückung des Beamformers beträgt somit 4.77 dB.

g) Berechnung der z-Transformationen [16][17] des Eingangs und des Störanteils $d[k]' = d[k]|_{s[k]=0}$:

$$x[k] = \frac{1}{2}(j[k] - j[k-1]) \quad \circ\!\!\xrightarrow{\;z\;}\!\!\bullet \quad X(z) = \frac{1}{2}J(z)(1 - z^{-1})$$

$$d[k]' = d[k]|_{s[k]=0} = \frac{1}{2}(j[k] + j[k-1]) \quad \circ\!\!\xrightarrow{\;z\;}\!\!\bullet \quad D'(z) = \frac{1}{2}J(z)(1 + z^{-1})$$

Das Filter zur perfekten Schätzung von $d'[k]$ aus $x[k]$ ($D'(z) = H(z)X(z)$):

$$H(z) = \frac{D'(z)}{X(z)} = \frac{1 + z^{-1}}{1 - z^{-1}}$$

Es besitzt die Impulsantwort (rechtsseitig, kausal entwickelt):

$$h[i] = \begin{cases} 1 & (i = 0) \\ 2 & (i \geq 1) \end{cases} \tag{A.5}$$

$$\tag{A.6}$$

Das Nutzsignal $s[k]$ wird vom Filter unbeeinflusst im Ausgang $e[k]$ erscheinen. $H(z)$ ist ein IIR-Filter. Das Filter ist nicht BIBO-stabil ('bounded-input bounded-output' [16]), weil der Pol von $H(z)$ bei $z_p = 1$ liegt und die ROC ('region of convergence') den Einheitskreis $|z| = 1$ nicht enthält.

Kommentar: Das FIR-Wiener-Filter kann für beliebige Filterlängen N berechnet werden. Es gilt:

$$R = \frac{\sigma_j^2}{4} \cdot \begin{pmatrix} 2 & -1 & & & & 0 \\ -1 & 2 & -1 & & & \\ & -1 & 2 & -1 & & \\ & & \ddots & \ddots & \ddots & \\ & & & -1 & 2 & -1 \\ 0 & & & & -1 & 2 \end{pmatrix}$$

und

$$p = \frac{\sigma_j^2}{4} \cdot \begin{pmatrix} 0 & 1 & 0 & \cdots & 0 \end{pmatrix}^t$$

Daraus folgt für die Wiener-Lösung $\underline{w}^\circ$:

$$w_i^\circ = \begin{cases} 1 - \frac{2}{N+1} & (i = 1) \\ 2 \cdot \left(1 - \frac{i}{N+1}\right) & (2 \leq i \leq N) \end{cases}$$

$$J_{\min}(N) = \sigma_s^2 + \frac{\sigma_j^2}{N+1}$$

A.2 LÖSUNGEN ZU DEN AUFGABEN

Für $N = 2$ erhalten wir die aus d)–e) bekannte Lösung. Mit wachsender Filterlänge N nähert sich $J_{\min}(N)$ dem Wert σ_s^2, d.h. die Störgeräuschunterdrückung im Fehlersignal wird zunehmend besser. Nun interessiert uns der Übergang $N \to \infty$:

$$w_i^o = \begin{cases} 1 & (i = 1) \\ 2 & (i \geq 2) \end{cases}$$

$$J_{\min} = \sigma_s^2$$

w_k^o entspricht nun gerade der Impulsantwort[2] $h[i]$ (A.5) des Filters $H(z)$, das eine vollständige Unterdrückung der Störung bewirkt. Für $N \to \infty$ ist w_k^o natürlich nicht mehr ein FIR-, sondern ein IIR-Filter, das wie $H(z)$ nicht BIBO-stabil ist.

h) Eingangssignal: $x[k] = M_1[k] - M_2[k]$.
Erwünschtes Signal: $d[k] = M_1[k] + M_2[k]$.
Iterationsvorschrift LMS-Algorithmus:

$$\hat{d}[k] = \underline{w}^t \underline{x}[k] = \underline{w}^t \begin{pmatrix} x[k] \\ x[k-1] \end{pmatrix}$$

$$e[k] = d[k] - \hat{d}[k]$$

$$\underline{w}[k+1] = \underline{w}[k] + \mu e[k] \underline{x}[k]$$

Zur Bestimmung der oberen Grenze der Schrittweite wird die mittlere Eingangsleistung des adaptiven Filters benötigt:

$$\begin{aligned} \mathrm{E}\{x[k]^2\} &= \mathrm{E}\{(0.5(j[k] - j[k-1]))^2\} \\ &= \frac{1}{4}(\mathrm{E}\{j^2[k]\} + \mathrm{E}\{j^2[k-1]\}) \\ &= \frac{1}{2}\sigma_j^2 \end{aligned}$$

Mit $N = 2$ und $\sigma_j^2 = 1$ folgt aus (3.81):

$$\mu_{\max 2} = \frac{2}{N \cdot (\text{mittlere Eingangsleistung})} = 2$$

---

[2]Beachten Sie die Indizierung $w_i = w[i-1] = h[i-1]$.

A.3 Anleitung zu den Simulationen

In den vorliegenden MATLAB-Simulationen werden die Eigenschaften der behandelten Adaptionsalgorithmen untersucht, indem ein vorgegebenes, dem Algorithmus unbekanntes und durch ein Messrauschen verrauschtes System identifiziert wird.

Die einzelnen Simulationen (S1–S5) haben folgende Schwerpunkte:

S1 : Darstellung der Fehlerfläche im $\underline{w}$-, $\underline{v}$- und $\underline{v}'$-Koordinatensystem, Rolle der Eigenwerte von $\mathbf{R}$, Konditionierung $\chi(\mathbf{R})$.

S2 : Eigenwerte und Rang einer positiv semidefiniten Autokorrelationsmatrix $\mathbf{R}$.

S3 : LMS-Algorithmus.

S4 : RLS-Algorithmus.

S5 : FLMS-Algorithmus, Anwendung: Echokompensation.

Bei jeder Simulation werden wichtige Parameter wie z.B. N, μ, die Messrauschleistung σ_n^2 und die Konditionierung des Eingangs mittels einer Eingabemaske eingegeben. Zur Beurteilung der Leistungsfähigkeit der jeweiligen Algorithmen werden Grössen wie der MSE nach Adaptionsende, die Fehleinstellung M, das System-Fehler-Mass Δw_{dB} (A.18), $J_{\min}$ und $\underline{w}^o$ angegeben. Ferner werden u.a. die Lernkurven, der zeitliche Verlauf der Gewichte bei der Adaption, das System- und das adaptive Filter im Zeit- und Frequenzbereich und der Verlauf der Adaption unterschiedlicher Algorithmen auf der Fehlerfläche graphisch dargestellt. (Figuren A.3–A.7).

Die benötigten MATLAB Skript-Files befinden sich auf der beigelegten CD-ROM. *Bitte beachten Sie neben den folgenden Anleitungen auch die zusätzlichen Hinweise und Kommentare in den Textdateien im Verzeichnis der jeweiligen Simulation.*

A.3.1 Vorbereitende Überlegungen und Definitionen: MSE, $J_{\min}$, $\underline{w}^o$, System-Fehler-Mass Δw_{dB} und ERLE im Kontext der Systemidentifikation

In diesem Abschnitt werden die allgemeinen Beziehungen für den MSE, $J_{\min}$ und die Wiener-Lösung gemäss (6.3), (6.4) und (6.5) im Kontext der Systemidentifikation betrachtet. Bei einem weissen Eingangssignal können diese Grössen direkt in Funktion der Systemimpulsantwort und des Gewichtsvektors angegeben werden. Weil aus dem MSE bei einem farbigen Eingang nur bedingt auf die Genauigkeit

A.3 ANLEITUNG ZU DEN SIMULATIONEN

der Systemidentifikation geschlossen werden kann, wird das sog. System-Fehler-Mass Δw_{dB} definiert. Ein weiteres Mass (ERLE: 'echo-return loss enhancement') gibt die erzielte Echounterdrückung bei der Anwendung der Systemidentifikation zur Echokompensation an.

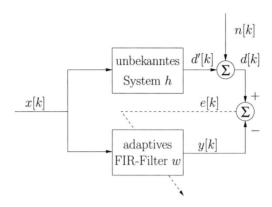

Figur A.2: Identifikation eines unbekannten Systems mit einer (kausalen) FIR- oder IIR-Impulsantwort $h[.]$ durch ein adaptives FIR-Filter

Das unbekannte System (Figur A.2) sei durch eine (kausale) FIR- oder IIR-Impulsantwort $h[.]$ charakterisiert. Analog zu (2.2) und (2.4) wird der Gewichtsvektor $\underline{h}$ der Länge N_h definiert (bei IIR: $N_h \to \infty$), dessen i-tes Element h_i durch

$$h_i = h[i-1] \qquad i = 1, \ldots, N_h \tag{A.7}$$

gegeben ist. Um die Wiener-Lösung und den MSE zu ermitteln, betrachten wir zunächst eine FIR-Systemimpulsantwort (N_h endlich):

- **Fall $N \geq N_h$:**
  Wenn die Anzahl adaptiver Gewichte $\underline{w}$ die Anzahl der Gewichte der FIR-Systemimpulsantwort übersteigt, $N \geq N_h$, gilt für die Wiener-Lösung: $\underline{w}^o = \underline{h}$. Dann ist nämlich $y[k] = d'[k]$, $e[k] = n[k]$ und $J_{\min} = \sigma_n^2$. (das Messrauschen $n[k]$ ist unkorreliert zu $x[k]$ und bleibt deshalb in $e[k]$ erhalten.) Bei einer Abweichung $\Delta \underline{w} = \underline{w} - \underline{w}^o = \underline{w} - \underline{h}$ von der Systemimpulsantwort wächst der MSE gemäss (2.85) an:

$$J = J_{\min} + \Delta \underline{w}^t \mathbf{R} \Delta \underline{w} = \sigma_n^2 + \Delta \underline{w}^t \mathbf{R} \Delta \underline{w} \tag{A.8}$$

Bei einem *weissen Eingangssignal* ($\mathbf{R} = \sigma_x^2 \mathbf{I}$) vereinfacht sich der Ausdruck zu

$$J = \sigma_n^2 + \sigma_x^2 \sum_{i=1}^{N_h} |\Delta w_i|^2 \tag{A.9}$$

d.h. jede Komponente Δw_i der Abweichung $\Delta\underline{w}$ von der Systemimpulsantwort trägt gleichgewichtig zur Vergrösserung des MSE bei.

Bei einem *allgemeinen farbigen Eingangssignal* betrachten wir die entkoppelte MSE-Gleichung (2.144)

$$J = \sigma_n^2 + \sum_{i=1}^{N_h} \lambda_i |\Delta w_i'|^2 \qquad (A.10)$$

wobei $\Delta\underline{w}'$ der Abweichungsvektor in Hauptachsenkoordinaten ist: $\Delta\underline{w}' = \mathbf{Q}^H \Delta\underline{w}$. Zur anschaulichen Erklärung dieser Beziehung ersetzen wir die unitäre Modalmatrix $\mathbf{Q}$ durch die DFT-Matrix $\mathbf{F}^H$, die gemäss den Ausführungen von Abschnitt 5.1.4 ebenfalls eine unitäre Matrix ist und die Autokorrelationsmatrix (näherungsweise) diagonalisiert, und somit (A.8) entkoppelt. (A.8) bzw. (A.10) wird dann zu

$$J \approx \sigma_n^2 + \sum_{i=1}^{N_h} P_{X_i} |\Delta W_i|^2 \qquad (A.11)$$

wobei $\Delta\underline{W}$ die DFT von $\Delta\underline{w}$ ist, ($\Delta\underline{W} = \mathbf{F}\Delta\underline{w}$) und der Eigenwert λ_i wegen (5.44) durch die Leistung des Eingangs bei der i-ten Frequenz ersetzt wurde. Aus (A.11) ist ersichtlich, dass sich eine Abweichung $\Delta W_i = W_i - H_i$ von der Systemübertragungsfunktion H bei der i-ten Frequenz jeweils entsprechend der Gewichtung durch die Leistung P_{X_i} des Eingangs bei dieser Frequenz auf den MSE auswirkt.

- **Fall** $N < N_h$:

Wenn die Anzahl adaptiver Gewichte kleiner als die Anzahl der Gewichte der FIR-Systemimpulsantwort ist ($N < N_h$), kann $\underline{h}$ nicht direkt nachgebildet werden. $\underline{w}^\circ$ stellt dann die im MSE-Sinn optimale Approximation von $\underline{h}$ dar. Mit der Erweiterung des Gewichtsvektors $\underline{w}$ um $(N_h - N)$ Nullen auf die Länge N_h

$$\underline{w} = [w_1, w_2, \ldots, w_N, 0, \ldots, 0] \qquad (A.12)$$

ergibt sich bei einem *weissen Eingangssignal* für den MSE mit (A.9):

$$\begin{aligned}
J &= \sigma_n^2 + \sigma_x^2 \sum_{i=1}^{N_h} |w_i - h_i|^2 \qquad (A.13)\\
&= \sigma_n^2 + \sigma_x^2 \sum_{i=1}^{N} |w_i - h_i|^2 + \sigma_x^2 \sum_{i=N+1}^{N_h} |w_i - h_i|^2 \\
&= \sigma_n^2 + \sigma_x^2 \sum_{i=1}^{N} |w_i - h_i|^2 + \sigma_x^2 \sum_{i=N+1}^{N_h} |0 - h_i|^2 \\
&= \sigma_n^2 + \sigma_x^2 \sum_{i=N+1}^{N_h} |h_i|^2 + \sigma_x^2 \sum_{i=1}^{N} |w_i - h_i|^2 \qquad (A.14)
\end{aligned}$$

A.3 ANLEITUNG ZU DEN SIMULATIONEN

Damit gilt bei einem *weissen Eingangssignal* für den MSE:

$$J = J_{\min}(N) + \sigma_x^2 \sum_{i=1}^{N} |w_i - h_i|^2 \qquad (A.15)$$

Der MSE wird minimal, wenn die N Gewichte w_i den ersten N Werten der Systemimpulsantwort h entsprechen: $w_i^o = h_i$ für $1 \leq i \leq N$. Die ersten beiden Summanden in (A.14) sind durch $\underline{w}$ nicht beeinflussbar und stellen den minimalen MSE dar:

$$J_{\min}(N) = \sigma_n^2 + \sigma_x^2 \sum_{i=N+1}^{N_h} |h_i|^2 \qquad (A.16)$$

$J_{\min}(N)$ nimmt mit wachsendem N ab und erreicht die untere Schranke σ_n^2 für $N = N_h$.

Ist das *Eingangssignal nicht weiss*, wird $J_{\min}$ durch die allgemein gültige Beziehung (2.58)

$$J_{\min} = \sigma_d^2 - \underline{p}^t \underline{w}^o \qquad (A.17)$$

und der MSE durch (2.85) bzw. (A.11) berechnet. Die N Gewichte w_i sind optimal ($\underline{w}^o = \mathbf{R}^{-1}\underline{p}$), wenn die Summe der quadrierten Abweichungen von der Systemimpulsantwort im Frequenzbereich $|\Delta W_i|^2$, jeweils gewichtet mit der Leistung P_{X_i}, minimal wird. Wegen der Gewichtung mit P_{X_i} bei der Optimierung kann $\underline{w}^o$ im Zeitbereich von $\underline{h}$ verschieden sein. Liegt beispielsweise am Eingang eine Sinusschwingung an, wird das System nur bei der Frequenz der Schwingung identifiziert. Betrag und Phase des Systems sind bei dieser Frequenz durch zwei Filtergewichte exakt bestimmt, so dass hier die untere Schranke σ_n^2 des MSE bereits für $N \geq 2$ erreicht wird: $J_{\min}(N \geq 2) = \sigma_n^2$. Ein kleiner MSE-Wert bedeutet also lediglich, dass das System bei den dominierenden Frequenzen des Eingangssignals gut nachgebildet wurde. Um eine Systemidentifikation mit gleicher Genauigkeit bei allen Frequenzen zu erreichen, ist deshalb ein Eingangssignal mit möglichst flachem Spektrum erforderlich.

Zusammengefasst: Für den Fall $N \geq N_h$ gilt: $\underline{w}^o = \underline{h}$, $J_{\min} = \sigma_n^2$ und der MSE ist durch (A.9) für ein weisses und durch (A.11) für eine allgemeines Eingangssignal gegeben. Falls $N < N_h$, entspricht bei einem weissen Eingangssignal $\underline{w}^o$ den ersten N Werten der Systemimpulsantwort. Der MSE ist durch (A.15) und $J_{\min}$ durch (A.16) gegeben. Bei einem allgemeinen Eingangssignal kann $\underline{w}^o$ von $\underline{h}$ verschieden sein, weil das System vor allem bei den dominierenden Frequenzen des Eingangssignals nachgebildet wird.

Die Überlegungen für den Fall $N < N_h$ gelten auch für IIR-Systemimpulsantworten ($N_h \to \infty$). Weil IIR-Systemimpulsantworten einen zeitlich abklingenden

Verlauf aufweisen, reicht es in der Praxis aus, nur einen endlichen Abschnitt zu betrachten.

Aus der Fehlersignalleistung und den daraus abgeleiteten Grössen, dem MSE, dem Überschussfehler J_{ex} und der Fehleinstellung M kann nur bedingt (nämlich nur bei einem weissen Eingangssignal durch (A.15)) auf die Qualität der Systemidentifikation geschlossen werden. Ein geeignetes Mass hierfür ist das System-Fehler-Mass.

System-Fehler-Mass:

Das System-Fehler-Mass (engl. system error norm) beschreibt – normiert auf die Energie der Systemimpulsantwort – die Genauigkeit der Systemidentifikation:

$$\Delta w_{dB} = 10 \log_{10} \left(\frac{\sum_{i=1}^{N_h} |w_i - h_i|^2}{\sum_{i=1}^{N_h} |h_i|^2} \right) \qquad (A.18)$$

Aufschlussreich ist auch das System-Fehler-Mass im Frequenzbereich. Es beschreibt die Genauigkeit der Systemidentifikation bei der i-ten Frequenz:

$$\Delta W_{dB}(i) = 10 \log_{10} \left(\frac{|W_i - H_i|^2}{|H_i|^2} \right) \qquad (A.19)$$

Echounterdrückung ERLE (engl. echo-return loss enhancement)

Bei Anwendung der Systemidentifikation zur Echokompensation (siehe Figur 1.27) ist das Ausmass der Echounterdrückung ERLE (engl. echo-return loss enhancement) von Interesse. Die Echounterdrückung ist als Verhältnis der Echoleistung zur Restecholeistung definiert [1]. Sie kann während Sprachpausen des lokalen Sprechers (Sprecher 2 in Figur 1.27, d.h. $n[k] = 0$) als Verhältnis der Mikrophonleistung zur Fehlersignalleistung berechnet werden

$$\text{ERLE} = 10 \log_{10} \left(\frac{E\{d^2[k]\}}{E\{e^2[k]\}} \right) = 10 \log_{10} \left(\frac{\sigma_d^2}{J} \right) \qquad (A.20)$$

wobei $E\{e^2[k]\} = E\left\{ (d[k] - \hat{d}[k])^2 \right\}$. Ein Wert von ERLE = 30 dB bedeutet beispielsweise, dass die Echoleistung durch den Einsatz des adaptiven Filters um 30 dB gesunken ist.

Zusammenhang MSE, Δw_{dB} und ERLE für weisse Eingangssignale

Bei einem *weissen Eingangssignal* kann ein einfacher Zusammenhang zwischen dem MSE und Δw_{dB} bzw. ERLE angegeben werden. Ohne Verlust der Allgemeinheit nehmen wir an, dass $\sigma_x^2 = 1$ und $\sum_{i=1}^{N_h} |h_i|^2 = 1$. Weil für ein weisses

A.3 ANLEITUNG ZU DEN SIMULATIONEN

Signal ($\mathbf{R} = \sigma_x^2 \mathbf{I}$) gilt

$$\sigma_{d'}^2 = E\left\{d'^2[k]\right\} = E\{\underline{h}^t \underline{x}[k] \underline{x}^t[k] \underline{h}\} = \underline{h}^t \mathbf{R} \underline{h} \tag{A.21}$$

$$= \sigma_x^2 \sum_{i=1}^{N_h} |h_i|^2 \tag{A.22}$$

bedeutet dies auch, dass: $\sigma_{d'}^2 = 1$.

Daraus folgt mit (A.13) und (A.18) für den MSE:

$$J = \sigma_n^2 + 10^{\frac{\Delta w_{\text{dB}}}{10}} \tag{A.23}$$

Insbesondere gilt bei einer kleinen Messrauschleistung $\sigma_n^2 \approx 0$ für den MSE (in dB):

$$J_{\text{dB}} \approx \Delta w_{\text{dB}} = 10 \log_{10}\left(\sum_{i=1}^{N_h} |w_i - h_i|^2\right) \tag{A.24}$$

Und für $J_{\min}$ (in dB):

$$J_{\min \text{ dB}} \approx \Delta w_{\text{dB}}|_{\underline{w}=\underline{w}^\circ} = 10 \log_{10}\left(\sum_{i=N+1}^{N_h} |h_i|^2\right) \tag{A.25}$$

Weil die Echounterdrückung für $\sigma_n^2 = 0$ (Sprachpausen des lokalen Sprechers) bestimmt wird, gilt $\sigma_d^2 = \sigma_{d'}^2 + \sigma_n^2 = 1$ und es folgt somit aus (A.20) und (A.23):

$$\text{ERLE} = -J_{\text{dB}} = -\Delta w_{\text{dB}} = -10 \log_{10}\left(\sum_{i=1}^{N_h} |w_i - h_i|^2\right) \tag{A.26}$$

Die erzielte Echounterdrückung hängt wie erwartet von der Genauigkeit der Identifikation des Systems (hier der LRMI) ab.

A.3.2 Simulationsbeschreibung

Zur Simulation des unbekannten Systems h gemäss Figur A.2 wird einerseits ein IIR-Filter erster Ordnung (in S3 und S4) und anderseits ein FIR-Filter mit 1500 Koeffizienten (in S5), das als LRMI in einem Seminarraum gemessen worden ist, verwendet.

Als Eingangssignale dienen neben einem weissen Rauschsignal zwei Signaltypen:

Typ A (in S3 und S4):

$$x[k] = \frac{1}{\sqrt{1+\sigma_c^2}} \left[u[k] + \sqrt{2\sigma_c^2} \cos(2\pi f_n k)\right] \tag{A.27}$$

$u[k]$ ist ein weisses Rauschsignal. Durch Addition der Kosinusschwingung kann die Konditionszahl $\chi(\mathbf{R})$, entsprechend der Gewichtung durch σ_c^2, vergrössert werden. Die Leistung des Eingangssignals ist auf $\sigma_x^2 = 1$ normiert.

Typ B (in S5):
Da bei vielen Anwendungen Sprachsignale im Mittelpunkt stehen, wird ein Eingangssignal verwendet, das ein sprachtypisches Spektrum aufweist, ein sog. autoregressiver (AR) Prozess 16. Ordnung: $x[k]$ entsteht durch Filterung eines weissen Rauschsignals $u[k]$ mit einem Allpol-Filter (16 Pole). Es handelt sich hierbei um das Synthesefilter $H(z)$ aus Figur 1.12, dessen Koeffizienten durch LPC-Analyse eines Sprachausschnitts (Laut 'e', Figur 1.11) ermittelt wurden. Es gilt wiederum $\sigma_x^2 = 1$.

Der Systemausgang $d'[k]$ entsteht durch Filterung von $x[k]$ mit dem Systemfilter h. Ohne Verlust der Allgemeinheit wird das Systemfilter derart skaliert, dass $\sigma_{d'}^2 = 1$ gilt. Bei einem normierten weissen Eingangssignal bedeutet dies nach (A.21): $\sum_{i=1}^{N_h} |h_i|^2 = 1$. In S4 c) wird das Systemfilter nach Filterung des ersten Viertels von $x[k]$ negiert ($\underline{h} \to -\underline{h}$), um das Nachführverhalten ('tracking') der Algorithmen bei einer Systemänderung zu untersuchen.

Dem Systemausgang $d'[k]$ wird anschliessend ein weisses Messrauschsignal mit der Leistung σ_n^2 überlagert um das erwünschte Signal $d[k]$ zu erhalten:

$$d[k] = d'[k] + n[k] \tag{A.28}$$

Das System wird nun durch ein adaptives FIR-Filter mit N Gewichten identifiziert. Mittels einer Eingabemaske (Figur A.3) können wichtige Parameter wie z.B. N, μ, σ_n^2, die Konditionierung des Eingangs u.a. variiert werden und deren Einfluss auf den entsprechenden Adaptionsalgorithmus beobachtet werden.

In den Simulationen S3 a) und S4 a) wird der Rekursionverlauf verschiedener Adaptionsalgorithmen auf der Fehlerfläche dargestellt (Figur A.8).

Um Ensemblemittelwerte, wie die Lernkurve, den MSE nach Adaptionsende (k_e) $J[k_e]$, den Überschussfehler J_{ex}, und die Fehleinstellung M abzuschätzen, werden jeweils mehrere Realisationen der Adaption durchgeführt und gemittelt. Weil das Eingangssignal künstlich erzeugt wurde, ist die Statistik bekannt, so dass auch die Wiener-Lösung und $J_{\min}$ berechnet werden kann. $J_{\min}$ wird als untere Schranke der Lernkurve zusammen mit dem MSE nach Adaptionsende $J[k_e]$, der durch Mittelung der letzten Werte der Lernkurve ermittelt wird, eingezeichnet (Figur A.4).

Die adaptiven Gewichte werden nach Adaptionsende k_e mit der Systemimpulsantwort und der Wiener-Lösung verglichen und das System-Fehler-Mass Δw_{dB} nach (A.18) angegeben (Figur A.5). Die Darstellung der Filter und des System-Fehler-Masses im Frequenzbereich $\Delta W_{\text{dB}}(i)$ (A.19) soll den Grund der Abhängigkeit des LMS-Algorithmus von der Konditionierung verdeutlichen: ungleichmässige Kon-

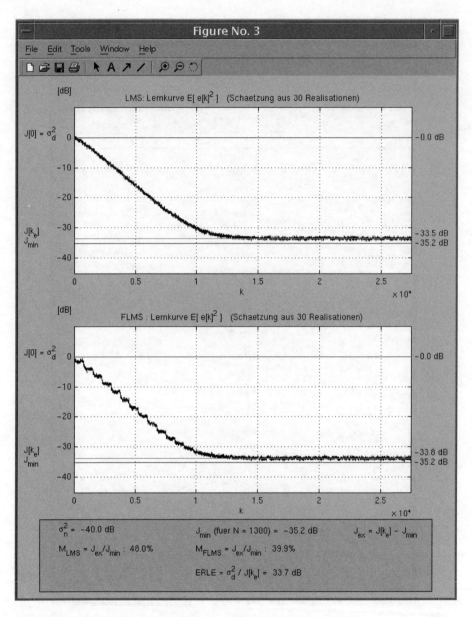

Figur A.4: Lernkurven, $J[k_e]$, J_{min}, M und ERLE beim LMS- und FLMS- Algorithmus (bei einem weissen Eingangssignal)

A.3 ANLEITUNG ZU DEN SIMULATIONEN

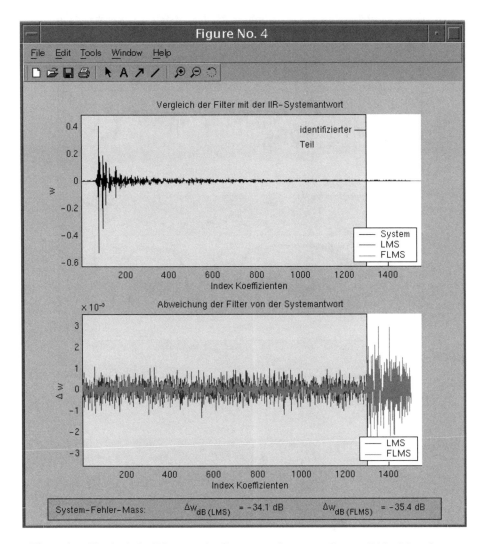

Figur A.5: Vergleich der Filter mit der Systemimpulsantwort, System-Fehler-Mass Δw_{dB}

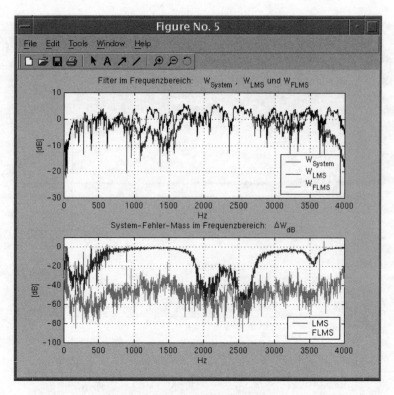

Figur A.6: System, Filter und System-Fehler-Mass ΔW_{dB} im Frequenzbereich

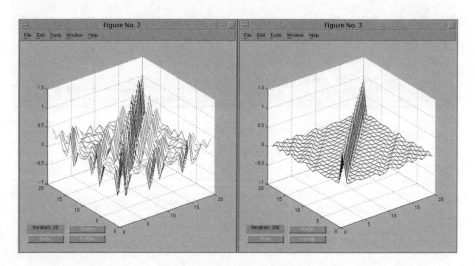

Figur A.7: Zeitliche Entwicklung der deterministischen Autokorrelationsmatrix $\mathcal{R}_k$

A.3 ANLEITUNG ZU DEN SIMULATIONEN

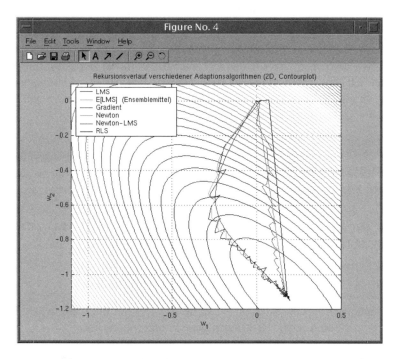

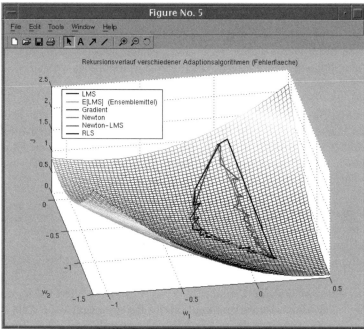

Figur A.8: Rekursionsverlauf verschiedener Adaptionsalgorithmen auf der Fehlerfläche

vergenzgeschwindigkeiten der Modi (hier Gewichte im Frequenzbereich) bei der Adaption.

Neben dem zeitlichen Verlauf der Filterkoeffizienten bei der Adaption kann in S4 b) die zeitliche Entwicklung der deterministischen Autokorrelationsmatrix $\mathcal{R}_k$ verfolgt werden (Figur A.7), die bei schwacher Stationarität eine Schätzung der Autokorrelationsmatrix **R** ist.

S1: Analyse der Fehlerfläche bei einer Sinusschwingung als Eingangssignal

Thema: *Darstellung der Fehlerfläche im $\underline{w}$-, $\underline{v}$- und $\underline{v}'$-Koordinatensystem, Rolle der Eigenwerte von **R**, Konditionierung des Eingangs.*

MATLAB-File: *sim1.m*.
Ergänzende Hinweise: *README1.ps* bzw. *README1.pdf*.

Diese Simulation bezieht sich auf Aufgabe 3, wo es um die Unterdrückung eines 50 Hz Netzbrummes ging. Es wurden dort **R** und $\underline{p}$ berechnet:

$$\mathbf{R} = \frac{1}{2} \cdot \begin{bmatrix} 1 & \cos(2\pi f_n) \\ \cos(2\pi f_n) & 1 \end{bmatrix} \quad \text{und} \quad \underline{p} = \frac{1}{2} \cdot \begin{pmatrix} \cos\left(\frac{\pi}{3}\right) \\ \cos\left(2\pi f_n + \frac{\pi}{3}\right) \end{pmatrix} \quad (A.29)$$

Es soll nun die Fehlerfläche im $\underline{w}$-, $\underline{v}$- und $\underline{v}'$-Koordinatensystem dargestellt und der Zusammenhang zu den Eigenwerten von **R** verdeutlicht werden.

a) Führen Sie das MATLAB-Skriptfile *sim1.m* aus. Neben einer Darstellung der Fehlerfläche gemäss (2.155), (2.157) und (2.160) werden die Schnittparabeln längs der Hauptachsen gezeichnet. Wie ist der Zusammenhang zwischen den Eigenwerten bzw. der Konditionszahl und der Form der Fehlerfläche? Überprüfen Sie auch Gleichung (2.154).

b) Da **R** (in diesem Beispiel) von der normierten Frequenz $f_n = \frac{f_0}{f_s}$ abhängt, kann die Konditionszahl durch Variation der Abtastfrequenz f_s verändert werden. Testen Sie $f_s = 200$ Hz und weitere Werte $200 \leq f_s \leq 2000$. Wie verändert sich die Konditionszahl und die Form der Fehlerfläche?

c) Das Filter schätzt das Signal $n[k] = \cos\left(2\pi f_n k + \frac{\pi}{3}\right)$ (siehe Aufgabe 3 und Figur A.1) durch Linearkombination des Referenzsignals zur Zeit k, $x[k] = \cos(2\pi f_n k)$ und zur Zeit $(k-1)$, $x[k-1] = \cos(2\pi f_n(k-1))$. Zeichnen Sie $n[k]$, $x[k]$ und $x[k-1]$ für unterschiedliche f_n in einem Zeigerdiagramm auf und erklären Sie, warum die Konditionierung für $f_n = \frac{1}{4}$ am besten ist.

Kommentare zu S1

a,b) Die Eigenwerte sind proportional zur 2. Ableitung der Fehlerfunktion längs der Hauptachsen. Bei einer Konditionszahl von $\chi(\mathbf{R}) = \frac{\lambda_{\max}}{\lambda_{\min}} = 1$ (bei $f_n = 0.25$) ist die Fehlerfläche rotationssymmetrisch. Die Fläche nimmt mit wachsender Konditionszahl die Form einer 'Rinne' an.

c) Zeigerdiagramm von $n[k]$, $x[k]$ und $x[k-1]$ für $f_n = \frac{1}{4}/\frac{1}{10}/\frac{1}{100}$ (die Zeiger haben nichts mit den Eigenvektoren zu tun):

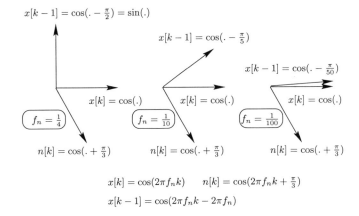

$$x[k] = \cos(2\pi f_n k) \quad n[k] = \cos(2\pi f_n k + \tfrac{\pi}{3})$$
$$x[k-1] = \cos(2\pi f_n k - 2\pi f_n)$$

Der Vektor $n[k]$ ist eine Linearkombination der Vektoren $x[k]$ und $x[k-1]$. Das Vektorpaar rechts benötigt dazu grössere Koeffizienten als jenes in der Mitte. Ideal ist die Linearkombination eines Sinus und eines Kosinus.
Für die Konditionszahl gilt $\chi(\mathbf{R}) = 1$, falls $\mathbf{R}$ eine Diagonalmatrix ist, d.h. wenn $E\{x[k]x[k-1]\} = 0$ ist. Ein Sinus ist orthogonal zu einem Kosinus. Deshalb wird $\chi(\mathbf{R}) = 1$ erreicht, wenn die Phasenverschiebung nach dem Verzögerungsglied gerade $\frac{\pi}{2}$ entspricht, also für $f_n = \frac{1}{4}$. Wird nun die Abtastrate erhöht, steigt die Abhängigkeit von $x[k]$ und $x[k-1]$, und die Konditionierung verschlechtert sich.

S2: Rang von R bei einer Summe von K Sinusschwingungen als Eingangssignal

Thema: *Eigenwerte und Rang einer positiv semidefiniten Autokorrelationsmatrix.*

MATLAB-File: *sim2.m*.
Ergänzende Hinweise: *README2.ps* bzw. *README2.pdf*.

Die Autokorrelationsmatrix $\mathbf{R}$ ist in der Regel positiv definit. In diesem Fall sind alle Eigenwerte grösser als null, der Rang von $\mathbf{R}$ ist N und $\mathbf{R}$ somit invertierbar.

Ausnahme: Das Eingangssignal besteht aus K Sinusschwingungen unterschiedlicher Frequenzen. Nach (2.98) ist **R** positiv *semi*definit, falls für die Dimension $N \times N$ gilt:

$$2K < N \qquad (A.30)$$

Das Programm berechnet nach Eingabe von K und N die $N \times N$ Matrix **R** des Summensignals von K Sinusschwingungen (K verschiedene Frequenzen). Die Eigenwerte werden graphisch (der Grösse nach sortiert) dargestellt und der Rang von **R** angegeben. (Eigenwerte $\lambda_i = 0$ werden in Rot eingezeichnet.)

a) Betrachten Sie zunächst nur eine Frequenz ($K = 1$) für $N = 2, 3, \ldots$. Wie entwickeln sich die Eigenwerte und der Rang von **R**? Wann ist **R** singulär?

b) Variieren Sie nun $K = 1, 2, \ldots$ für $N = 20$. Wie verändern sich die Eigenwerte und der Rang mit jeder neu hinzukommenden Frequenz?

Kommentare zu S2

a) Entsprechend (A.30) ist **R** bei einer Frequenz ab $N = 3$ positiv *semi*definit. Nur zwei Eigenwerte sind von Null verschieden.

b) Mit jeder neu hinzukommenden Frequenz erhöht sich die Anzahl der Eigenwerte, die nicht null sind, um zwei (entsprechend auch der Rang von **R**). **R** hat vollen Rang N, wenn $2K \geq N$. Dann ist **R** positiv definit und invertierbar, und es existiert eine eindeutige Wiener-Lösung $\underline{w}^\circ = \mathbf{R}^{-1}\underline{p}$. Da das Wiener-Filter im Frequenzbereich durch Amplitude und Phase bei jeder Frequenz gegeben ist, sind pro Frequenz nur zwei Parameter festzulegen. Werden mehr als zwei Parameter pro Frequenz zur Verfügung gestellt ($N > 2K$), existieren Freiheitsgrade, was sich in einer singulären Autokorrelationsmatrix ausdrückt.

In der Praxis besteht ein Eingangsignal *nicht* aus einer endlichen Summe von Sinusschwingungen (kein Linienspektrum), so dass i.Allg. $2K > N$, **R** positiv definit ist und alle Eigenwerte von Null verschieden sind. Jedoch kann die Konditionierung ungünstig sein (grosser Wertebereich der Eigenwerte).

S3: LMS-Algorithmus

Thema:
S3 a) *Verlauf der Rekursion des Newton-, Gradienten-Verfahrens und des LMS-Algorithmus auf der Fehlerfläche, abhängig von der Konditionierung $\chi(\mathbf{R})$.*
S3 b) *LMS-Algorithmus: Lernkurve, MSE, $J_{\min}$, Einfluss von μ, N, $\chi(\mathbf{R})$ und σ_n^2.*

MATLAB-Files: *sim3a.m, sim3b.m*.
Ergänzende Hinweise: *README3.ps* bzw. *README3.pdf*.

S3 a)
Systemimpulsantwort: FIR, $N_h = 2$.
Adaptives Filter: FIR, $N = 2$ (zur 3D Darstellung der Fehlerfläche).
Eingangssignal: Typ A, Konditionierung $\chi(\mathbf{R})$ variabel.
Algorithmen: Newton-, Gradienten-Verfahren und LMS-Algorithmus.

1. Betrachten Sie den Rekursionsverlauf auf der Fehlerfläche bei unterschiedlicher Konditionierung $\chi(\mathbf{R})$ (Variation des Kosinus-Anteils a_c in $x[k]$). Weshalb ist der Rekursionsverlauf beim Newton-Verfahren im Gegensatz zum Gradienten-Verfahren und LMS-Algorithmus unabhängig von $\chi(\mathbf{R})$? Was kann über die LMS-Konvergenz im Ensemblemittel gesagt werden?

2. Setzen Sie $a_c = 0$. Welchen Einfluss haben μ und σ_n^2 auf die LMS-Lernkurve? Überprüfen Sie die Beziehung für $J_{\min}$ (A.16) (hier ist $N_h = N = 2$). Wie gross ist der MSE nach Adaptionsende $J[k_e]$?

S3 b)
Systemimpulsantwort: IIR erster Ordnung.
Adaptives Filter: FIR, N variabel.
Eingangssignal: Typ A, Konditionierung $\chi(\mathbf{R})$ variabel.
Algorithmen: LMS-Algorithmus.

1. Welchen Einfluss hat die Schrittweite μ auf $J_{\min}$ und $J[k_e]$ (Eingabe: Liste für μ, ein Wert für N)? Wann wird der Algorithmus instabil? Vergleichen Sie mit der oberen Grenze $\mu_{\max 2}$ nach (6.21) (hier: $\sigma_x^2 = 1$).

2. Welchen Einfluss hat die Filterordnung $(N-1)$ auf $J_{\min}$ und $J[k_e]$ (Eingabe: Liste für N, ein Wert für μ)? Vergleichen Sie mit (A.15) und (A.16). Was ist also bei der Wahl von N zu berücksichtigen?

3. Vergleichen Sie für einen weissen Eingang die Systemimpulsantwort mit den Gewichten des adaptiven Filters für variierende N. Wie entwickelt sich das System-Fehler-Mass $\Delta \underline{w}_{\mathrm{dB}}$ (Vergleich mit (A.18))? Welchen Einfluss hat das Messrauschen σ_n^2 auf den Wert des LMS System-Fehler-Masses?

4. Wie vergleichen sich die Filtergewichte und die Wiener-Lösung mit der Systemimpulsantwort bei einem farbigen Eingangssignal? Wieso erreicht der MSE trotz der Abweichung von der Systemimpulsantwort einen relativ kleinen Wert?

S4: RLS- und LMS-Algorithmus

Thema:
S4 a) *Verlauf der Rekursion des Newton-LMS-, LMS- und RLS-Algorithmus auf der Fehlerfläche abhängig von der Konditionierung $\chi(\mathbf{R})$.*
S4 b) *RLS-Algorithmus: Unabhängigkeit von der Konditionierung $\chi(\mathbf{R})$, Vergleich mit LMS-Algorithmus, Lernkurve, MSE, $J_{\min}$, Fehleinstellung M, Δw_{dB}, deterministische Autokorrelationsmatrix $\mathcal{R}_k$.*
S4 c) *RLS-Algorithmus mit Vergessensfaktor ρ: Nachführverhalten bei einer Systemänderung ('tracking'), Lernkurven, MSE, Fehleinstellung M, Δw_{dB}.*

MATLAB-Files: *sim4a.m, sim4b.m, sim4c.m*.
Ergänzende Hinweise: *README4.ps* bzw. *README4.pdf*.

S4 a)
Systemimpulsantwort: FIR, $N_h = 2$.
Adaptives Filter: FIR, $N = 2$.
Eingangssignal: Typ A, Konditionierung $\chi(\mathbf{R})$ variabel.
Algorithmen: RLS-, Newton-LMS- und LMS-Algorithmus.

1. Betrachten Sie den Rekursionsverlauf auf der Fehlerfläche und die Konvergenzzeiten der Algorithmen bei unterschiedlicher Konditionierung $\chi(\mathbf{R})$. Was bewirkt die Vormultiplikation mit der Inversen der Autokorrelationsmatrix beim RLS- und Newton-LMS-Algorithmus in (4.55) und (3.188)?

S4 b)
Systemimpulsantwort: IIR erster Ordnung.
Adaptives Filter: FIR, N variabel.
Eingangssignal: Typ A, Konditionierung $\chi(\mathbf{R})$ variabel.
Algorithmen: RLS- und LMS-Algorithmus.

1. Vergleichen Sie den RLS- und den LMS-Algorithmus bezüglich Konvergenzgeschwindigkeit, $J[k_e]$, Fehleinstellung M und Δw_{dB} (bei einer Variation von $\chi(\mathbf{R})$, N und σ_n^2).

2. Wieviele Iterationen (abhängig von N) benötigt der RLS-Algorithmus bis die Gewichte eingeschwungen sind? Betrachten Sie auch den Fall $\sigma_n^2 \approx 0$ ($\sigma_n^2 = -200$ dB).

A.3 ANLEITUNG ZU DEN SIMULATIONEN

3. Die deterministische Autokorrelationsmatrix $\mathcal{R}_k$ ist bei schwacher Stationarität eine Schätzung von $\mathbf{R}$ (4.88). Verfolgen Sie die zeitliche Entwicklung von $\mathcal{R}_k$ für ein weisses und ein farbiges Eingangssignal.

S4 c)
Systemimpulsantwort: IIR erster Ordnung, Systemänderung $\underline{h} \to -\underline{h}$ bei $k_\mathrm{e}/4$.
Adaptives Filter: FIR, N variabel.
Eingangssignal: Typ A, Konditionierung $\chi(\mathbf{R})$ variabel.
Algorithmen: RLS-Algorithmus mit Vergessensfaktor ρ und LMS-Algorithmus.

1. Betrachten Sie das Nachführverhalten des RLS-Algorithmus bei Variation des Vergessensfaktors ρ. Vergleichen Sie jeweils das Einschwingverhalten zu Beginn der Adaption und nach der Systemänderung bei $k_\mathrm{e}/4$. Vergleichen Sie auch mit dem LMS-Algorithmus.

2. Inwieweit geht das verbesserte Nachführverhalten des RLS-Algorithmus mit $\rho < 1$ auf Kosten der Genauigkeit (M, $J[k_\mathrm{e}]$ und Δw_dB, Variation von ρ bei fixem System)? Vergleichen Sie mit (6.31).

S5: FLMS- und LMS-Algorithmus

Thema:
Echokompensation durch den FLMS-Algorithmus. Unabhängigkeit von der Konditionierung $\chi(\mathbf{R})$. Vergleich mit LMS-Algorithmus, Rechenaufwand/-zeit, Lernkurve, MSE, J_min, Fehleinstellung M, Filter und System-Fehler-Mass im Zeit- und Frequenzbereich, Beschleunigung langsamer Modi durch die frequenzabhängige Schrittweite beim FLMS-Algorithmus, erzielte Echounterdrückung ERLE.

MATLAB-File: *sim5.m*.
Ergänzende Hinweise: *README5.ps* bzw. *README5.pdf*.

Systemimpulsantwort: erste 1500 Werte einer IIR Raumimpulsantwort (LRMI), gemessen in einem Seminarraum.
Adaptives Filter: FIR, N variabel.
Eingangssignal: weiss oder Typ B, AR-Prozess 16. Ordnung, charakteristisch für Sprache.
Algorithmen: FLMS- und LMS-Algorithmus.

Diese Simulation bezieht sich auf die in Abschnitt 1.3.7 beschriebene und in Figur 1.27 dargestellte Anwendung eines adaptiven Filters zur Unterdrückung des akustischen Echos bei einer Freisprecheinrichtung. Die hier verwendete FIR-Systemimpulsantwort von 1500 Koeffizienten stammt von einer Messung der LRMI eines kleinen Seminarraumes. Als realitätsnahes Eingangssignal (mit einem sprachtypischen Spektrum) dient ein AR-Prozess 16. Ordnung, dessen Parameter durch LPC-Analyse (Abschnitt 1.3.3) eines Sprachausschnitts (Laut 'e') gewonnen wurden.

1. Vergleichen Sie den FLMS- und den LMS-Algorithmus zunächst für ein weisses Eingangssignal. Wählen Sie dabei die Parameter N, L und C derart, dass die Overlap-Save-Bedingung $C \geq N + L - 1$ erfüllt ist und beide Algorithmen die gleiche Anzahl freier Filtergewichte[3] erhalten: $N_{\text{FLMS}} = N_{\text{LMS}}$. Die Wahl von L und C bei vorgegebenen N kann auf Wunsch auch automatisch erfolgen.

2. Wieviele Gewichte N sind erforderlich, wenn die Echounterdrückung mindestens ERLE = 30 dB betragen soll?

3. Wie sieht der LMS-FLMS Vergleich unter der realistischeren Annahme aus, dass ein Eingangssignal mit einem sprachtypischen Spektrum (AR-Prozess) anliegt? Betrachten Sie die Filter und das System-Fehler-Mass $\Delta W_{\text{dB}}(i)$ im Frequenzbereich, um die verlangsamte LMS-Konvergenz zu erklären. Vergleichen Sie dazu die langsamen Modi (Frequenzen mit $\Delta W_{\text{dB}}(i) \approx 0$ dB) mit dem Leistungsdichtespektrum des Eingangssignals.

4. Beachten Sie auch das Verhältnis des Rechenaufwandes der beiden Algorithmen.

---

[3]Der FLMS-Algorithmus besitzt $N_{\text{FLMS}} = C - L + 1$ freie Gewichte (5.36).

B Die lineare und die zyklische Faltung

Bekanntlich kann die Faltung langer Sequenzen effizienter im Frequenzbereich durchgeführt werden, indem die Sequenzen DFT-transformiert werden, elementweise multipliziert und dann wieder rücktransformiert werden[1]. Allerdings entspricht diese Vorgehensweise einer zyklischen Faltung. Im Allgemeinen ist die lineare und die zyklische Faltung nicht identisch. Wie hier graphisch verdeutlicht werden soll, entspricht jedoch ein Teil der zyklischen Faltung der linearen Faltung, wenn mindestens eine der Sequenzen am Ende Elemente aufweist, die Null sind. Mit dem sog. Overlap-Save-Verfahren, das über die DFT recheneffizient eine lineare Faltung berechnet, findet diese Tatsache Anwendung.

In den Figuren verwenden wir die folgenden Muster für die verschiedenen Blöcke:

Nullen

Daten

unbrauchbarer Anteil der zyklischen Faltung

Die (diskrete) **lineare Faltung** der Sequenzen $x[n]$ und $w[n]$ ist wie folgt definiert:

$$y[n] = \sum_{i=-\infty}^{\infty} x[i] \cdot w[n-i] \qquad (B.1)$$

Als Abkürzung dieser Faltungssumme wird die Notation

$$y[n] = x[n] * w[n] \qquad (B.2)$$

verwendet.[2]

Nun nehmen wir an, dass die Sequenzen $x[n]$ und $w[n]$ nur in einem Bereich der Länge C (C ist die DFT-Länge) Werte aufweisen, die von Null verschieden sind,

---
[1]siehe z.B. [16].
[2]Eine weitere Notation ist: $y[n] = (x*w)[n]$.

und wir die Faltung $y[n]$ nur für eine Verschiebung n im Bereich von $0 \leq n \leq C-1$ berechnen wollen:

$$y[n] = \sum_{i=0}^{C-1} x[i] \cdot w[n-i] \qquad 0 \leq n \leq C-1 \qquad (B.3)$$

Diese Situation kann wie folgt graphisch dargestellt werden:

Sequenzen $x[n]$ und $w[n]$:

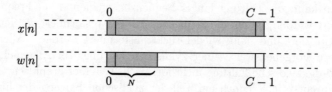

Lineare Faltung (gezeichnet für den Fall $n = 0$):

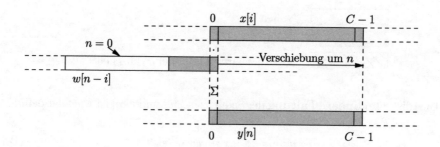

Im Vergleich dazu die **zyklische Faltung** (Bezeichnung ⊛):

$$\tilde{y}[n] = \sum_{i=0}^{C-1} x[i] \cdot w\left[(n-i) \bmod C\right] \qquad 0 \leq n \leq C-1 \qquad (B.4)$$

$$\tilde{y}[n] = x[n] \circledast w[n] \qquad 0 \leq n \leq C-1 \qquad (B.5)$$

B DIE LINEARE UND DIE ZYKLISCHE FALTUNG

Die zyklische Faltung (gezeichnet für den Fall $n = 0$):

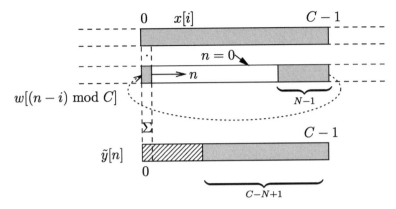

Es ist sofort ersichtlich, dass die lineare und die zyklische Faltung für diejenigen Werte von n identisch sind, für welche $w[n-i \bmod C]$ bei der zyklischen Faltung 'ungeteilt' vorliegt, d.h. es gilt:

$$\tilde{y}[n] = y[n] \quad \text{für} \quad N-1 \leq n < C \tag{B.6}$$

Es stimmen also die letzten $(C-N+1)$ Werte der zyklischen Faltung $\tilde{y}[n]$ mit der linearen Faltung $y[n]$ überein. Diese Werte werden beim Overlap-Save-Verfahren weiterverwendet, um blockweise eine lineare Faltung zusammenzusetzen.

C Berechnung des Gradienten von Vektor-Matrix-Gleichungen

In diesem Abschnitt wird erklärt, wie der Gradient einer Vektor-Matrix-Gleichung berechnet wird. Ferner wird die bilineare und quadratische Form erläutert.

1. Der **Gradient** einer **skalaren Funktion** $g(\underline{w})$ eines $N \times 1$ Vektors $\underline{w}$ ist wiederum ein $N \times 1$ Vektor (der Gradientenvektor):

$$\boxed{\nabla_{\underline{w}}\{g(\underline{w})\} = \left[\frac{\partial g}{\partial w_1}, \frac{\partial g}{\partial w_2}, \ldots, \frac{\partial g}{\partial w_N}\right]^t} \quad (C.1)$$

Er gibt die Ableitung einer skalaren Funktion nach einem Vektor an.

2. Das **Skalarprodukt** zweier Vektoren $\underline{u}$ und $\underline{v}$ (beide $N \times 1$) ist definiert[1] als:

$$\langle \underline{u}, \underline{v} \rangle = \sum_{i=1}^{N} u_i v_i = u_1 v_1 + u_2 v_2 + \ldots + u_N v_N = g \quad (C.2)$$

Es gilt also:

$$\langle \underline{u}, \underline{v} \rangle = \underline{u}^t \underline{v} = \underline{v}^t \underline{u} = \langle \underline{v}, \underline{u} \rangle = g \quad (C.3)$$

Das Skalarprodukt ergibt eine skalare Grösse, also kann auch dessen Gradient berechnet werden.

3. Der **Gradient eines Skalarproduktes** zweier Vektoren $\underline{u}$ und $\underline{v}$ nach einem der Vektoren ergibt den anderen Vektor, also:

$$\boxed{\nabla_{\underline{v}} g = \nabla_{\underline{v}}\{\underline{u}^t \underline{v}\} = \underline{u} \; ; \; \nabla_{\underline{u}} g = \nabla_{\underline{u}}\{\underline{v}^t \underline{u}\} = \underline{v}} \quad (C.4)$$

---
[1] Wir setzen hier jeweils reelle Vektoren voraus.

Beispiel: $\underline{u} = [u_1, u_2]^t$, $\underline{v} = [v_1, v_2]^t$:

$$\nabla_{\underline{v}} g = \nabla_{\underline{v}} \{\underline{u}^t \underline{v}\} = \nabla_{\underline{v}} \{u_1 v_1 + u_2 v_2\} = \begin{bmatrix} \frac{\partial g}{\partial v_1} \\ \frac{\partial g}{\partial v_2} \end{bmatrix} = \begin{bmatrix} u_1 \\ u_2 \end{bmatrix} = \underline{u}$$

4. Der **Gradient eines Vektor-Matrix Produktes** der Form $\underline{w}^t \mathbf{R}$ nach $\underline{w}$ ergibt die Matrix $\mathbf{R}$, wobei $\underline{w}$ von der Dimension $N \times 1$ und $\mathbf{R}$ von der Dimension $N \times N$ ist, also:

$$\boxed{\nabla_{\underline{w}} \{\underline{w}^t \mathbf{R}\} = \mathbf{R}} \qquad \text{(C.5)}$$

Beispiel:

$$\underline{w} = [w_1, w_2]^t, \; \mathbf{R} = \begin{bmatrix} a & b \\ c & d \end{bmatrix}$$

$$\underline{w}^t \mathbf{R} = [w_1, w_2] \begin{bmatrix} a & b \\ c & d \end{bmatrix} = [aw_1 + cw_2, bw_1 + dw_2]$$

$$\nabla_{\underline{w}} \{\underline{w}^t \mathbf{R}\} = \begin{bmatrix} \frac{\partial (aw_1+cw_2)}{\partial w_1} & \frac{\partial (bw_1+dw_2)}{\partial w_1} \\ \frac{\partial (aw_1+cw_2)}{\partial w_2} & \frac{\partial (bw_1+dw_2)}{\partial w_2} \end{bmatrix} = \begin{bmatrix} a & b \\ c & d \end{bmatrix} = \mathbf{R}$$

Folglich ergibt der Gradient eines transponierten Vektors $\underline{w}^t$ nach $\underline{w}$ die Einheitsmatrix:

$$\nabla_{\underline{w}} \{\underline{w}^t\} = \frac{\partial \underline{w}^t}{\partial \underline{w}} = \nabla_{\underline{w}} \{\underline{w}^t \mathbf{I}\} = \mathbf{I} \qquad \text{(C.6)}$$

Beispiel: $\underline{w}^t = [w_1, w_2]$:

$$\nabla_{\underline{w}} \{\underline{w}^t\} = \begin{bmatrix} \frac{\partial w_1}{\partial w_1} & \frac{\partial w_2}{\partial w_1} \\ \frac{\partial w_1}{\partial w_2} & \frac{\partial w_2}{\partial w_2} \end{bmatrix} = \begin{bmatrix} 1 & 0 \\ 0 & 1 \end{bmatrix} = \mathbf{I}$$

5. Gegeben sei das Skalarprodukt g zweier Vektoren $\underline{u}(\underline{w})$ und $\underline{v}(\underline{w})$, die beide von einem dritten Vektor $\underline{w}$ abhängen. Um den Gradienten von g bezüglich $\underline{w}$ zu berechnen, müssen wir die bekannte **Produktregel** anwenden. Mit

$$g = \underline{u}^t(\underline{w}) \underline{v}(\underline{w}) = \underline{v}^t(\underline{w}) \underline{u}(\underline{w}) \qquad \text{(C.7)}$$

erhalten wir:

$$\nabla_{\underline{w}} \{g\} = \nabla_{\underline{w}} \{\underline{u}^t(\underline{w}) \underline{v}(\underline{w})\} = \nabla_{\underline{w}} \{\underline{u}^t(\underline{w})\} \underline{v}(\underline{w}) + \underline{u}^t(\underline{w}) \nabla_{\underline{w}} \{\underline{v}(\underline{w})\} \quad \text{(C.8)}$$

Weil wir aber nur sinnvoll den Gradienten eines Vektors in seiner transponierten Form berechnen können, müssen wir den zweiten Term in (C.8) umformen. Weil dieser wiederum ein Skalarprodukt darstellt, gilt nach (C.3):

$$\underline{u}^t(\underline{w}) \nabla_{\underline{w}} \{\underline{v}(\underline{w})\} = \nabla_{\underline{w}} \{\underline{v}^t(\underline{w})\} \underline{u}(\underline{w}) \qquad \text{(C.9)}$$

Eingesetzt in (C.8) erhalten wir die **Produktregel für den Gradienten:**

$$\nabla_{\underline{w}}\{g\} = \nabla_{\underline{w}}\{\underline{u}^t(\underline{w})\}\,\underline{v}(\underline{w}) + \nabla_{\underline{w}}\{\underline{v}^t(\underline{w})\}\,\underline{u}(\underline{w}) \qquad (C.10)$$

Bilineare und Quadratische Form

Man nennt das Skalarprodukt

$$B = \underline{x}^t \mathbf{A} \underline{y} = \langle \underline{x}, \mathbf{A}\underline{y} \rangle \qquad (C.11)$$

eine **bilineare Form** der Variablen x_i und y_i, wobei $\underline{x} = [x_1, x_2, \ldots, x_n]^t$, $\underline{y} = [y_1, y_2, \ldots, y_n]^t$ und

$$\mathbf{A} = \begin{bmatrix} a_{11} & a_{12} & \ldots & a_{1n} \\ a_{21} & a_{22} & \ldots & a_{2n} \\ \vdots & \vdots & \ldots & \vdots \\ a_{n1} & a_{n2} & \ldots & a_{nn} \end{bmatrix} \qquad (C.12)$$

Ausgeschrieben erhält man für B:

$$\begin{aligned} B &= \sum_{i=1}^{n}\sum_{j=1}^{n} a_{ij} x_i y_j \\ &= a_{11}x_1y_1 + a_{12}x_1y_2 + \ldots + a_{1n}x_1y_n \\ &\, + a_{21}x_2y_1 + a_{22}x_2y_2 + \ldots + a_{2n}x_2y_n \\ &\, + \ldots \\ &\, + a_{n1}x_ny_1 + a_{n2}x_ny_2 + \ldots + a_{nn}x_ny_n \end{aligned} \qquad (C.13)$$

$\mathbf{A}$ wird als Koeffizientenmatrix der bilinearen Form B bezeichnet. Ist $\underline{x} = \underline{y}$, so erhalten wir die sogenannte **quadratische Form** Q der Variablen $x_1, x_2, \ldots, x_n$, also:

$$Q = \underline{x}^t \mathbf{A} \underline{x} = \langle \underline{x}, \mathbf{A}\underline{x} \rangle \qquad (C.14)$$

Ausgeschrieben ergibt sich für Q:

$$Q = \sum_{i=1}^{n}\sum_{j=1}^{n} a_{ij} x_i x_j \qquad (C.15)$$

Für $(i \neq j)$ haben alle Koeffizienten der Terme $x_i x_j$ die Form $(a_{ij} + a_{ji})$. Wir ändern den Wert von Q nicht, wenn wir für $(i \neq j)$ sowohl a_{ij} wie auch a_{ji} als $\frac{1}{2}(a_{ij} + a_{ji})$ annehmen. So wird die Koeffizientenmatrix $\mathbf{A}$ symmetrisch. Ohne Einschränkung der Allgemeinheit kann man also die Matrix $\mathbf{A}$ **symmetrisch** annehmen. Ist übrigens $a_{ij}^* = a_{ji}$, dann ist die sogenannte **Hermitesche Form** H gegeben als:

$$H = \underline{x}^t \mathbf{A}\underline{x} = \sum_{i=1}^{n}\sum_{j=1}^{n} a_{ij} x_i^* x_j = \langle \underline{x}, \mathbf{A}\underline{x}\rangle \ ; \quad \text{mit } a_{ij}^* = a_{ji} \qquad (C.16)$$

Als Beispiel zur quadratischen Form gehen wir aus von:

$$Q = x_1^2 + x_2^2 + x_3^2 + 2x_1 x_2 + 4x_2 x_3 + 6x_3 x_1$$

Unter Ausnützung, dass die Koeffizienten der quadratischen Terme in der Diagonalen liegen und die übrigen Koeffizienten via die Form $\frac{1}{2}(a_{ij} + a_{ji})$ zu einer symmetrischen **A**-Matrix zu ergänzen sind, können wir Q direkt in die Form (C.14) bringen:

$$Q = [x_1, x_2, x_3] \begin{bmatrix} 1 & 1 & 3 \\ 1 & 1 & 2 \\ 3 & 2 & 1 \end{bmatrix} \begin{bmatrix} x_1 \\ x_2 \\ x_3 \end{bmatrix}$$

Mit (2.47) kann der Gradient der quadratischen Form angegeben werden. Zusammen mit (C.14) folgt:

$$\nabla_{\underline{x}}\{Q\} = 2\mathbf{A}\underline{x} \qquad (C.17)$$

Für das obige Beispiel ergibt sich somit:

$$\nabla_{\underline{x}}\{Q\} = \begin{bmatrix} \frac{\partial Q}{\partial x_1} \\ \frac{\partial Q}{\partial x_2} \\ \frac{\partial Q}{\partial x_3} \end{bmatrix} = \begin{bmatrix} 2x_1 + 2x_2 + 6x_3 \\ 2x_1 + 2x_2 + 4x_3 \\ 6x_1 + 4x_2 + 2x_3 \end{bmatrix}$$

Literaturverzeichnis

[1] C. Breining, P. Dreiseitel, and E. Haensler. Acoustic Echo Control. *IEEE Signal Processing Magazine*, July 1999.

[2] P. M. Clarkson. *Optimal and Adaptive Signal Processing*. CRC Press, 1993.

[3] J. R. Deller, J. G. Proakis, and J.H. Hansen. *Discrete-Time Processing of Speech Signals*. Prentice-Hall, 1993.

[4] P. G. Estermann. *Adaptive Filter im Frequenzbereich: Analyse und Entwurfsstrategie*. PhD thesis, ETH Zürich, 1997.

[5] E. R. Ferrara. Frequency-domain adaptive filtering. In C.F.N. Cowan and P.M. Grant, editors, *Adaptive Filters*, pages 145–179. Prentice-Hall, 1985.

[6] G. O. Glentis, K. Berberidis, and S. Theodoridis. Efficient least squares adaptive algorithms for FIR transversal filtering: a unified view. *IEEE Signal Processing Magazine*, July 1999.

[7] L. Griffiths. A simple adaptive algorithm for real-time processing in antenna arrays. *Proc. IEEE*, 57:1696–1704, October 1969.

[8] L. Griffiths and C. Jim. An alternative approach to linear constrained optimum beamforming. *IEEE Trans. on Antennas and Propagation*, 30:27–34, January 1982.

[9] S. Haykin. *Adaptive Filter Theory*. Prentice Hall, 3rd edition, 1996.

[10] S. Haykin, editor. *Unsupervised Adaptive Filtering, Volume I, Blind Source Separation*. John Wiley & Sons, 2000.

[11] S. Haykin, editor. *Unsupervised Adaptive Filtering, Volume II, Blind Deconvolution*. John Wiley & Sons, 2000.

[12] M. Joho and G. S. Moschytz. Connecting partitioned frequency-domain filters in parallel or in cascade. *IEEE Transactions on Circuits and Systems–II*, accepted August 2000.

[13] R. E. Kalman. A New Approach to Linear Filtering and Prediction Problems. *Trans. of the ASME - Journal of Basic Engineering*, March 1960.

[14] K. Kroschel. *Statistische Nachrichtentheorie*. Springer, 3rd edition, 1996.

[15] O. Macchi. *Adaptive Processing*. John Wiley & Sons, 1995.

[16] A. V. Oppenheim and R. W. Schafer. *Discrete-Time Signal Processing*. Prentice Hall, 2nd edition, 1999.

[17] A. V. Oppenheim and R. W. Schafer. *Zeitdiskrete-Signalverarbeitung*. Oldenbourg, 3rd edition, 1999.

[18] A. Papoulis. *Probability, Random Variables, and Stochastic Processes*. McGraw-Hill, 3rd edition, 1991.

[19] J. G. Proakis. *Digital Communications*. McGraw-Hill, 3rd edition, 1995.

[20] P. C. W. Sommen. Partitioned frequency domain adaptive filters. In *Proc. Asilomar Conference on Signals, Systems, and Computers*, pages 676–681, Pacific Grove, CA, November 1989.

[21] M. M. Sondhi and D. A. Berkley. Silencing echoes on the telephone network. *Proc. IEEE*, 68(8):948–63, August 1980.

[22] J. Soo and K. Pang. A new structure for block FIR adaptive digital filters. *in Proc. IREECON*, 38:364–367, 1987.

[23] J. R. Treichler, C. R. Johnson, and M. G. Larimore. *Theory and Design of Adaptive Filters*. John Wiley & Sons, 1987.

[24] B. Widrow and M. E. Hoff. Adaptive switching circuits. *IRE Wescon Conv. Rec. Part 4*, pages 96–104, 1960.

[25] B. Widrow and S. D. Stearns. *Adaptive Signal Processing*. Prentice Hall, 1985.

Index

A
a posteriori-Fehler, 138
a priori
    -Ausgangswert, 136
    -Fehler, 136, 137
Abtastintervall, 4
Abtastrate, 29, 223
Abtasttheorem, 4
Abtastung, 4
Abweichungsvektor, 56
AD-Wandlung, 5
Adaptionsalgorithmen
    blinde -, 2
    Block-LMS, *siehe* Block-LMS-
        Algorithmus
    'Fast'-LMS-Algorithmus, 166
    'Fast'-RLS-Algorithmus, 154
    FLMS, *siehe* FLMS-Algorithmus
    Frequenzbereichs-, *siehe* Frequenz-
        bereichsalgorithmen
    Gradienten-Suchalgorithmen, *siehe*
        Gradienten-Suchalgorithmen
    Gradienten-Verfahren, *siehe*
        Gradienten-Verfahren
    Klassifikation, 189
    Leistungskriterien, 5
    LMS, *siehe* LMS-Algorithmus
    Newton-LMS, *siehe* Newton-LMS-
        Algorithmus
    Newton-Verfahren, *siehe* Newton-
        Verfahren
    PFLMS, *siehe* PFLMS-Algorithmus
    RLS, *siehe* RLS-Algorithmus
    self-orthogonalizing, 123, 150, 172,
        189
    stochastic gradient, 78, 189
Adaptive Differentielle 'Pulse-Code-
    Modulation' (ADPCM), 18

adaptive Echokompensation, *siehe*
    Echokompensation
adaptive Filter
    Algorithmus, *siehe* Adaptionsalgo-
        rithmen
    Anwendungen, *siehe* Anwendungen
    Filterstrukturen, 38
    - im Frequenzbereich, *siehe*
        Frequenzbereichsalgorithmen
    Linearität, 2
adaptive noise cancellation (ANC), 10
adaptive Störgeräuschunterdrückung, 10
Algorithmus, *siehe* Adaptions-
    algorithmen
Allpass
    idealer -, 23
Allpol-Filter, 16, 39, 152, 216
Analysefilter, 15
Anregungssignal, 16
Anwendungen
    Beispiele, 10
    Klassifizierung
        Elimination von Störungen, 10
        Inverse Modellierung, 9
        Lineare Prädiktion, 9
        Systemidentifikation, 8
    Klassifizierung der -, 8
    Anzahl reeller Multiplikationen, *siehe*
        Rechenaufwand
Aufstartphase, 149, 187, 189
Augendiagramm, 24
Ausgangssignal, 40
Autokorrelationsfunktion, 32
Autokorrelationsmatrix, 6
    Definition, 43
    deterministische -, 130
        als Schätzung der -, 146
    Eigenschaften, 44

Eigenvektoren, 61
Eigenwerte, 61, 223
positiv definite -, 45
positiv semidefinite -, 45, 60
Rang, 223
Autokovarianz
-funktion, 33
-matrix des Abweichungsvektors, 107
autoregressiver (AR) Prozess, 152, 176, 189, 216

B
Basis, orthonormale, 64
Beamformer, 12, **198**
Block
-index, 158
-länge, 84
-raster, 164
-verarbeitung, 158
-verschiebung, 159
Block-LMS-Algorithmus, 84, 189
bounded-input bounded-output (BIBO), 208

C
charakteristische Gleichung, 62

D
Daten
-rate, 18
-reduktion, 18, 19
Datenübertragung, 21
definit, *siehe* Matrix
Dekoder, 18
Dekorrelation des Eingangssignals
beim FLMS-Algorithmus, 158
beim Newton-LMS-Algorithmus, 122
beim RLS-Algorithmus, 150
durch die DFT, 166
durch die KLT, 73
desired signal, 41
deterministische
- Autokorrelationsmatrix, 130
- Fehlerfunktion, 129
deterministischer Kreuzkorrelationsvektor, 131
Diagonalisierung der Autokorrelationsmatrix
- durch die DFT, 167
- durch die KLT, 74
unitäre Ähnlichkeitstransformation, 65
Dichtefunktion, 31
Differenzfilter, 58
Digitaler Signal-Prozessor DSP, 5
Diskrete Fourier-Transformation (DFT), 157, **159**
Dekorrelationseigenschaft der -, 166
-Koeffizienten, 159
-Länge, 158
-Matrix, 159
Vergleich mit KLT, 170
'doubletalk'-Phase, 27

E
Echokompensation, 25, 227
akustisches Echo, 28
- bei Freisprecheinrichtungen, 28
elektrisches Echo, 25
ERLE, *siehe* ERLE
LRMI, *siehe* LRMI
Restecholeistung, 214
Echtzeitsystem, 5, 176
Egalisation, 19
Eigenvektoren der Autokorrelationsmatrix
Eigenschaften der -, 61
Eigenvektoren der Autokorrelationsmatrix
- als orthonormale Basis, 64
Eigenwerte der Autokorrelationsmatrix
Eigenschaften der -, 61
eigenvalue spread, 73
Konditionszahl, 73
Eingangssignal
- mit positiv semidefiniter Autokorrelationsmatrix, 60
-leistung, 98
-vektor
Definition, 40
Transformation, 74
farbiges -, 152, 174, 189, 210
weisses -, 60, 103, 119, 152, 174, 189, 210

INDEX

Elimination von Störungen, *siehe* Anwendungen
Ellipsen, konzentrische, 69
Empfangsfilter, 25
Enkoder, 18
Ensemble, 30
Ensemblemittelwert, 32
 - geschätzt durch zeitliche Mittelung, 34, 146
Entzerrung, 21
Enveloppe, 16
Ergodizität, 34
ERLE: echo-return loss enhancement, 214
error performance surface, *siehe* Fehlerfläche
erwünschtes ('desired') Signal, 41
Erwartungswert, 32
excess mean-squared error, *siehe* Überschussfehler
exponentielle Datengewichtung, 142

F

Faltung
 lineare -, 160, 229
 zyklische -, 160, 229
farbiges Rauschen, *siehe* Rauschen
'Fast'-Fourier-Transformation (FFT), 158, 173
'Fast'-LMS-Algorithmus, 166
'Fast'-RLS-Algorithmus, 154
Fehleinstellung, 5, 111, **113**
 LMS-, 115
 siehe auch jeweilige Algorithmen
Fehlerfläche, 46
Fehlerfunktion
 Definition, 42
 deterministische, 129
 Minimierung der -, 46
Fehlersignal, 41
Filter
 Impulsantwort
  FIR: Finite Impulse Response, 38
  IIR: Infinite Impulse Response, 38
 kausale -, 38, 208, 211
 Notch-, 12
 Nullstellen, 38
 -ordnung, 38

Pole, 38
Stabilität, 39
-strukturen, 38
Filterkoeffizienten, 38
 optimale -, 49
Finite Impulse Response (FIR), *siehe* Filter
FLMS-Algorithmus, **164**, 189
 constrained, 166
 Dekorrelationseigenschaft des -, 166
 Fehleinstellung, 173
 Herleitung, 158
 Konvergenz
  -Verhalten, 172, 176, 189
  -zeit, 166, 176, 189
 Lernkurve, 176, 189
 Nachführverhalten, 191
 Notation, 158
 Parameter des -, 159, 172
 partitionierter -, *siehe* PFLMS-Algorithmus
 Rechenaufwand, 173
 Rekursionsschema, 164
 Schrittweite
  frequenzabhängige -, 163
  Skalierung der -, 163
 Simulation, 174, 189, 210
 Überschussfehler, 176
 unconstrained, 166
 Vergleich mit RLS- und LMS-Algorithmus, 189
 Zusammenfassung, 188
Fluktuation der Filtergewichte, 111
forgetting factor, *siehe* Vergessensfaktor
Formanten, 16
Freiheitsgrade, 60
Freisprecheinrichtung, 28
Frequency-Domain-LMS-Algorithmus, *siehe* FLMS-Algorithmus
Frequenzbereichsalgorithmen, 157
 FLMS, *siehe* FLMS-Algorithmus
 PFLMS, *siehe* PFLMS-Algorithmus
fundamentale Annahmen, 93

G

Gütemass, 37
Gabelschaltung

aktive -, 26
passive -, 26
Gedächtnis, 142
Gewichtsvektor
   Definition, 40
   optimaler -, 49
   Transformation des -, 66
Gradient, 49
   approximierter -, 83
   einer Vektor-Matrix-Gleichung, 233
   Momentan-, 84
Gradienten-Suchalgorithmen für
   FIR-Filter, 77, 184, 189
   stochastic gradient, 189
Gradienten-Verfahren, **79**, 189
   Herleitung, 79
   Konvergenz
      -Analyse, 88
      -Bedingung, 98
      -Verhalten, 88
      -zeitkonstante, 103, 106
   Lernkurve, 104, 113
   Schrittweite, 79
      obere Grenze der -, 98
Gradientenrauschvektor, 106
Griffiths-Algorithmus, *siehe*
   P-Vektor-Algorithmus

H

Hauptachsen, 70, 72
   -koordinaten, 72, 101, 108, 113
hermitesch, 44
Hess'sche Matrix, 47

I

Impulsantwort, *siehe* Filter
Infinite Impulse Response (IIR),
   siehe Filter
intersymbol interference (ISI), 23
Inverse Modellierung,
   siehe Anwendungen

J

J, *siehe* MSE
J_{ex}, *siehe* Überschussfehler

K

Kalman-Filter, 3

Kammfilter, 59
Kanal, nichtidealer, 21
Karhunen-Loève-Transformation (KLT), 74
   Dekorrelationseigenschaft der -, 74
   Vergleich mit DFT, 170
kausal, *siehe* Filter
Klassifikation
   - der Adaptionsalgorithmen, 189
   - der Anwendungen, 8
komplexer LMS-Algorithmus, **120**, 189
Konditionierung
   - des Eingangssignals, 73
   Konditionszahl, 73
   schlechte -, 73
   Unabhängigkeit von der -, 75
   Zusammenhang Spektrum und -, 73
Konditionszahl, 73
Konvergenzeigenschaften, *siehe* jeweilige Algorithmen
Konvergenzzeit, 5
   - der Filterkoeffizienten, 103
   - der Lernkurve, 105
   siehe auch jeweilige Algorithmen
Koordinaten
   Hauptachsen-, 72
   -transformation, 75
Korrelations
   -funktion, 32
   -matrix, *siehe* Autokorrelationsmatrix
Kovarianz
   -funktion, 32
   -matrix, *siehe* Autokovarianzmatrix
Kreuzkorrelationsfunktion, 33
Kreuzkorrelationsvektor
   Definition, 43
   deterministischer -, 131
Kreuzkovarianzfunktion, 33

L

Least-Mean-Square-Algorithmus, *siehe*
   LMS-Algorithmus
Least-Squares-Verfahren, **127**, 189
   deterministische Fehlerfunktion, 129
   deterministische Wiener-
      Hopf-Gleichung, 132

Recursive Least-Squares-Algorithmus, *siehe* RLS-Algorithmus
Lernen
  überwachtes, 'supervised', 1
  nicht überwachtes, 'unsupervised' , 1
Lernkurve, 103
  siehe auch jeweilige Algorithmen
Linear Predictive Coding, *siehe* LPC-Analyse
lineare Faltung, 160, 229
lineare optimale Filterung, 3, 6, 41, 46
lineare Prädiktion, *siehe* Anwendungen
Linienspektrum, 59
LMS-Algorithmus, **85**, 189
  'Fast'-, 166
  komplexer -, 120
  normierter (NLMS), 119, 189
  Varianten des -, **119**, 189
  Block-, 84
  Fehleinstellung, 115
  Herleitung, 82
  Konvergenz
    -Analyse, 92
    -Bedingung, 98
    - 'im Mittel', 92
    -Verhalten, 92, 116, 117, 189
    -zeitkonstante, 103, 106
  Lernkurve, 104, 113, 118, 189
  Momentangradient, 84
  Nachführverhalten, 191
  Newton-, 121
  Rechenaufwand, 86
  Rekursionsschema, 85
  Schrittweite, 85
    obere Grenze der -, 98
  Simulation, 117, 154, 174, 189, 210
  Überschussfehler, 115
  Vergleich mit RLS- und FLMS-Algorithmus, 189
  Zusammenfassung, 185
LPC-Analyse, 14
  Koeffizienten, 15
LRMI Lautsprecher-Raum-Mikrophon-Impulsantwort, 29

M
MATLAB-Simulationen, *siehe* Simulationsanleitungen
Matrix
  hermitesche -, 44
  Hess'sche -, 47
  negativ definite -, 45
  positiv definite -, 45
  positiv semidefinite -, 45
  singuläre, 45
  Spur, 97
  symmetrische -, 44
  -Transposition, 44
  Toeplitz-, 45
  zirkuläre -, 168
Matrixinversions-Lemma, 134
Mean-Squared Error (MSE), *siehe* mittlerer quadratischer Fehler
Mehrwegausbreitung, 19
Messrauschen, *siehe* Rauschen
Methode der kleinsten Fehlerquadrate, *siehe* Least-Squares-Verfahren
minimaler mittlerer quadratischer Fehler (MMSE), 49
  - bei der Systemidentifikation, 211
Minimum Mean-Squared Error (MMSE), *siehe* minimaler mittlerer quadratischer Fehler
misadjustment, *siehe* Fehleinstellung
Mittelwert
  Ensemble-, 32
  Zeit-, 34
mittlerer quadratischer Fehler (MSE), 42
  - bei der Systemidentifikation, 211
MMSE, *siehe* minimaler mittlerer quadratischer Fehler
Modalmatrix, 65
Modellparameter, 5
Modem, 24
Modi der Adaption, 102, 151, 166, 172
Moment, 32
Momentangradient, 84
MSE, *siehe* mittlerer quadratischer Fehler
Musterfunktion, 30

N

Nachführphase, 149, 188, 189
Nachführverhalten, 5
   siehe auch jeweilige Algorithmen
Netzstörung, Netzbrumm, 12
neuronale Netzwerke, 1
Newton-LMS-Algorithmus, **121**, 189
   Dekorrelationseigenschaft des -, 122
Newton-Verfahren, **79**, 189
   Herleitung, 79
normierter LMS-Algorithmus (NLMS), **119**, 189
Notchfilter, 12
Nullstellen, 38
   - des Differenzfilters, 59
numerische Robustheit, 5, 141, 155
Nutzsignal, 10
Nyquistkriterium, 22

O

optimale lineare Filterung, *siehe* lineare optimale Filterung
Optimalitätskriterium, 37
Orthogonalität, 36
Orthogonalitätsprinzip, 52
   geometrische Deutung, 53
orthonormale Basis, 64
Overlap-Save-Verfahren, 160
   Bedingung, 160
   Berechnung der linearen Faltung, 160

P

P-Vektor-Algorithmus, 124
Paraboloid, 69
   rotationssymmetrisches -, 72
Parameterlösung, 58
Partitioned Frequency-Domain-LMS-Algorithmus (PFLMS), *siehe* PFLMS-Algorithmus
Partitionen, 177
PFLMS-Algorithmus, **179**, 189
   Herleitung, 176
   Parameter des -, 178, 180
   Rekursionsschema, 179
Pole, 38
positiv definit, *siehe* Matrix
positiv semidefinit, *siehe* Matrix
Prädiktion, lineare, *siehe* Anwendungen

Prädiktions
   -fehler, 15
   -filter, 15
Prädiktorordnung, 15
Produktregel, 234
Projektionsmatrix, 161, 165
Prozess, stochastischer
   autoregressiver -, 152, 176, 189, 216
   ergodischer -, 34
   Musterfunktion, 30
   Realisierung, 30
   schwach stationärer -, 34
   stationärer -, 33
   Zufallsvariable, 30

Q

Qualitätsverlust, 18
Quantisierung, 5, 18
Quantisierungsbits, 19
quasistationär, 15

R

Rückkopplungspfad, 28
Rauschen
   farbiges -, 152, 174, 189
   Mess-, 118, 152, 174, 210
   weisses -, 60, 74, 103, 119, 152, 174, 189, 210
Realisierung, 30
Rechenaufwand, 5
   siehe auch jeweilige Algorithmen
Recursive Least-Squares-Algorithmus, *siehe* RLS-Algorithmus
Referenz
   -mikrophon, 11
   -signal, 10, 11
Resynthese, 17
RLS-Algorithmus, **137**, 189
   Dekorrelationseigenschaft des -, 150
   exponentielle Datengewichtung, 142
   'Fast'-, 154, 189
   Fehleinstellung, 150
   Gedächtnis, 142
   Herleitung, 133
   - in LMS-Form, 149
   Initialisierung, 141
   Konvergenz
      -Analyse, 146

-Verhalten, 149, 154, 189
-zeit, 149
Lernkurve, 154, 189
- mit Vergessensfaktor, **145**, 189
Matrixinversions-Lemma, 134
Nachführverhalten, 191
Rechenaufwand, 141, 154
Rekursionsschema, 137
Schrittweite, 138, 148, 150
Simulation, 154, 189, 210
Vergleich mit FLMS- und LMS-
    Algorithmus, 189
Zusammenfassung, 187

S
Schätzfehler, 51
Schar, 30
Schrittweite
    frequenzabhängige -, 163
    normierte -, 103
    siehe auch jeweilige Algorithmen
self-orthogonalizing adaptive filtering
    algorithms,
        siehe Adaptionsalgorithmen
semidefinit, *siehe* Matrix
Sendefilter, 22
Sicherheitskonstante, 120
Simulationsanleitungen, 210
Skalarprodukt, 233
SNR: signal-to-noise ratio, 130, 152, 199
spektrales Theorem, 66
Spektrum
    - eines Sprachsignals, 16
    Linien-, 59
    Zusammenhang Konditionierung und -, 73
Sprache
    Grundfrequenz, 16
    LPC-Analyse von -, 14
    quasistationär, 15
    stimmhaft, 16
    stimmlos, 16
Spracherkennung, automatische, 14
Sprachkodierung
    ADPCM, 18
    Vokodersystem, 18
Sprachmodell, 16

Sprachspektrum, 16
Sprecherverifizierung, 14
Spur, *siehe* Matrix
Störsignal, -geräusch, 5, 10
    -quelle, 11
    -unterdrückung, 10
Stationarität
    schwache -, 34
    strenge -, 33
stochastic gradient, *siehe* Adaptionsalgorithmen
Stossantwort, *siehe* Impulsantwort
Superpositionsprinzip, 2
Synthesefilter, **16**, 152, 216
System-Fehler-Mass, 214
Systemänderung, 154, 189, 216, 226
Systemidentifikation, *siehe* An
    -wendungen

T
tapped delay line, *siehe* Filter, FIR
Teilfilter, 178
Telefon
    -leitung, 21
    -system, 25
Toeplitz-Matrix, 45
tracking, *siehe* Nachführverhalten
Trainingsphase, 1
Transformationsmatrix
    - der DFT, 159
    - der KLT, 74
Transposition, 44
Troposcatter Communication System, 19

U
Überschussfehler, 77, 104, 111, **112**, 186
    FLMS-, 176
    LMS-, 115
Übersprechen, 23
Übertragungsfunktion, 24, 27, 29, 38, 54, 60
Unabhängigkeit, 35
Unabhängigkeits-Theorie, 93
Unitäre Ähnlichkeitstransformation, 66
Unkorreliertheit, 35

V
Varianz, 34

Verarbeitungsverzögerung, 158, 173, 180
Vergessensfaktor, 142
Verteilungsfunktion, 31
Vokaltrakt, 17
Vokodersystem, 18
Vorfilterung, 138
Vorzeichen-LMS-Algorithmus, 125

W
weisses Rauschen, *siehe* Rauschen
Wiener-Filter, 3
    Fehlerfläche, *siehe* Fehlerfläche
    Fehlerfunktion, *siehe* Fehlerfunktion
    MMSE, 49
    MSE, 42
    Wiener-Hopf-Gleichung, 49
    Wiener-Losung, 46
Wiener-Hopf-Gleichung, 49
    -deterministische, 132
    entkoppelte Form, 67
Wiener-Losung, 46

Z
z-Transformation, 38, 199
Zeitkonstante
    - der Filtergewichte, 103
    - der Lernkurve, 106
zirkuläre Matrix, 168
Zufalls
    -variable, 30
    -zahl, 30
Zusammenfassung der Konvergenzeigen-
       schaften, 183
zyklische Faltung, 160, 229

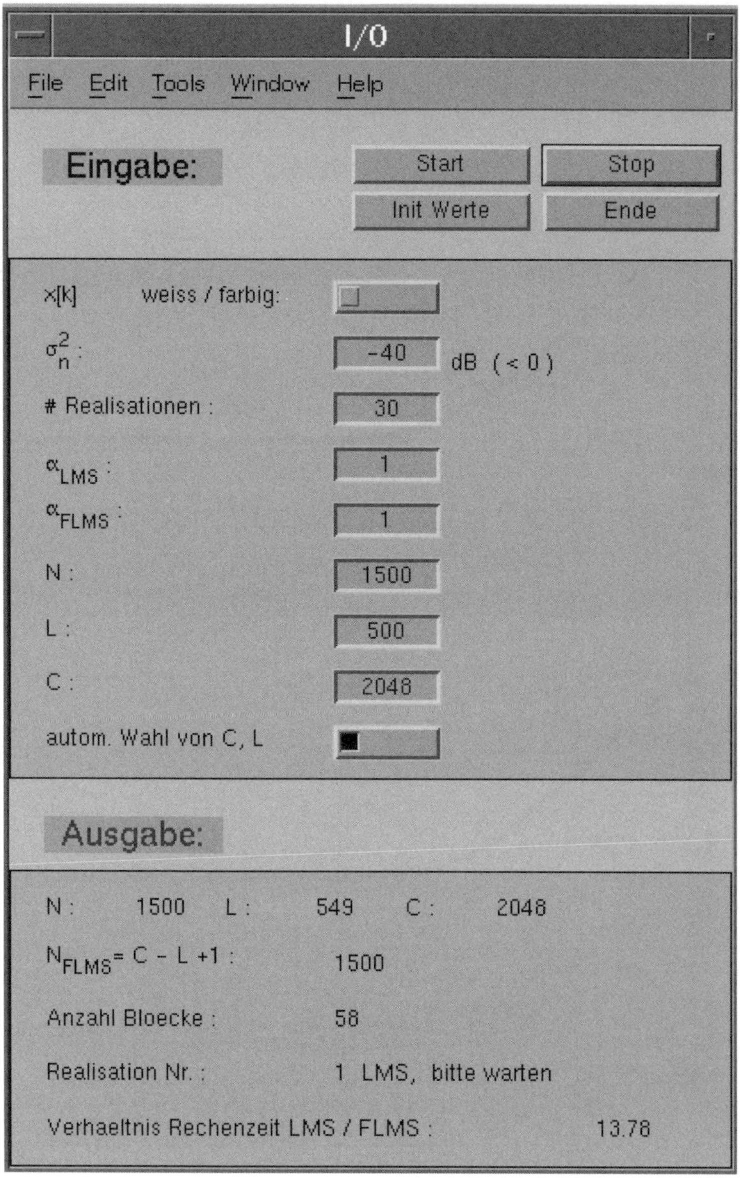

A.3 ANLEITUNG ZU DEN SIMULATIONEN

I/O

File Edit Tools Window Help

Eingabe:

[Start] [Stop]
[Init Werte] [Ende]

$x[k]$ weiss / farbig:	☐	
σ_n^2 :	-40	dB (< 0)
# Realisationen :	30	
α_{LMS} :	1	
α_{FLMS} :	1	
N :	1500	
L :	500	
C :	2048	
autom. Wahl von C, L	■	

Ausgabe:

N : 1500   L : 549   C : 2048

$N_{FLMS} = C - L + 1$:   1500

Anzahl Bloecke :   58

Realisation Nr. :   1 LMS, bitte warten

Verhaeltnis Rechenzeit LMS / FLMS :   13.78

Figur A.3: Ein- und Ausgabemaske für S5 (FLMS-Algorithmus)